高职高专机电类专业系列教材
高等职业教育示范专业系列教材
（电气工程及自动化类专业）

变频器技术与应用

主　编　张小洁
副主编　刘保朝
参　编　白　蕾　高文华
　　　　侯　伟　董佳辉

机 械 工 业 出 版 社

本书主要内容有：变频器的基础知识，变频器中的电力电子器件，通用变频器的基本工作原理，变频器的控制方式，变频器的接线端子与功能参数，变频调速控制电路的设计，变频器的选择、安装、调试及维护，变频器在调速系统中的应用，西门子 MM440 变频器实训以及附录等。

本书在编写中兼顾了理论知识与实践技能两个方面，贯彻“理论够用，实践为重”的原则，坚持以培养学生的实践能力为根本，做到详略得当，重点突出；内容上突出新知识、新技能，涉及 PLC、触摸屏相关知识，使学生对所学知识融会贯通；以变频器的应用为出发点，详细介绍变频器的功能以及在恒压供水系统、工业锅炉及起重设备等领域的应用。

本书可作为高职高专院校机电类专业的教材，也可作为应用型本科相关专业的教材，还可作为相关工程技术人员研究变频器技术与应用的参考用书。

为方便教学，本书提供免费的电子课件、习题解答、模拟试卷及答案等，凡选用本书作为授课用教材的老师，均可免费索取。电话：010-88379758；邮箱：cmpgaoyayun@163.com。

图书在版编目（CIP）数据

变频器技术与应用/张小洁主编. —北京：机械工业出版社，2017.8（2021.7 重印）

高职高专机电类专业系列教材　高等职业教育示范专业系列教材. 电气工程及自动化类专业

ISBN 978-7-111-57180-3

Ⅰ. ①变…　Ⅱ. ①张…　Ⅲ. ①变频器-高等职业教育-教材　Ⅳ. ①TN773

中国版本图书馆 CIP 数据核字（2017）第 125608 号

机械工业出版社（北京市百万庄大街 22 号　邮政编码 100037）

策划编辑：于　宁　责任编辑：于　宁　王宗锋　高亚云

责任校对：潘　蕊　封面设计：鞠　扬

责任印制：张　博

涿州市般润文化传播有限公司印刷

2021 年 7 月第 1 版第 3 次印刷

184mm×260mm · 15 印张 · 362 千字

标准书号：ISBN 978-7-111-57180-3

定价：45.00 元

电话服务　　网络服务

客服电话：010-88361066　　机　工　官　网：www.cmpbook.com

010-88379833　　机　工　官　博：weibo.com/cmp1952

010-68326294　　金　书　网：www.golden-book.com

封底无防伪标均为盗版　　机工教育服务网：www.cmpedu.com

前言

伴随着经济的发展、技术的进步，变频技术正在为工业自动化、智能化建设发挥其作用。从家用电器到工农业生产，到处都能看到变频技术的身影。尤其在能源紧缺的状态下，变频技术充分发挥了其节能功效。变频技术已经成为现代制造业不可缺少的一门技术。

“变频器技术与应用”是实践性较强的综合性课程，融合了电力电子技术、计算机技术以及现代控制理论等相关知识。本书兼顾理论知识讲解与实践技能培养，详略得当，重点突出；内容上突出新知识、新技能，涉及 PLC、触摸屏等知识，使学生对所学知识融会贯通；以变频器的应用为出发点，详细介绍变频器的功能以及在恒压供水系统、工业锅炉及起重设备等领域的应用。

本书由陕西工业职业技术学院张小洁任主编，刘保朝任副主编，白蕾、高文华、侯伟和董佳辉参与编写。第 2 章由高文华编写，第 3 章由刘保朝编写，第 6 章由董佳辉编写，第 7 章由侯伟编写，第 8 章由白蕾编写，其余由张小洁编写。张小洁负责全书统稿。编者在编写过程中参考了欧姆龙公司以及西门子公司提供的系列产品资料，机械工业出版社的编辑对本书的编写工作给予了大力支持，在此对他们致以衷心的感谢。在本书的编写过程中，编者参考了有关书籍及论文，并引用了其中的一些资料，在此一并向这些作者表示感谢。

限于编者的经验和水平，加之相关技术的飞速发展，书中难免有不足和缺漏之处，恳请专家、读者批评指正。

编　者

目 录

第7章 变频器的选择、安装、调试及维护 …… 131

第8章 变频器在调速系统中的应用 …… 156

第1章　变频器的基础知识

变频技术是建立在控制技术、电力电子技术、微电子技术和计算机技术基础上的一门综合性技术，并随着这些技术的发展而不断发展起来。

变频器是将恒压恒频的交流电变成变压变频的交流电的装置。变频器的问世，使得交流调速代替了直流调速，交流调速是现代电力传动技术的重要发展方向，随着新型大功率半导体器件的推出、控制理论的不断更新与发展以及微电子技术的不断完善，变频技术日趋完善。近年来，国内外变频器市场一直保持快速增长的势头，变频器已经越来越广泛地应用在工业生产和日常生活的诸多领域，取得了极佳的经济节能效益。

本章学习目标：了解变频器的发展历史以及发展趋势；了解变频器的分类以及在各个行业的应用；掌握三相异步电动机的几种调速方法以及变频器的主要技术指标。

1.1 变频器概述

1.1.1 变频器的发展历史

变频器经历了40余年的研发与应用实践，随着新型电力电子器件和高性能微处理器的应用及控制技术的发展，其性能价格比越来越高，应用越来越普及。

1. 电力电子器件是变频器发展的基础

无论是交-直-交变频器还是交-交变频器，其主电路都是采用电力电子器件作为开关器件的，所以，电力电子器件是变频器发展的基础。

第一代电力电子器件是出现于1957年的晶闸管，它为半导体器件应用于强电领域的自动控制迈出了重要的一步，20世纪70年代晶闸管开始派生出各种系列产品。普通晶闸管不能自关断，属于半控型器件。由晶闸管组成的变频器工作频率低，应用范围窄。

第二代电力电子器件是以门极关断晶闸管（GTO晶闸管）、电力双极结型晶体管（BJT）和电力MOS场效应晶体管（Power MOSFET）为代表的电流型自关断器件。这类器件可方便实现逆变和斩波，但开关频率低。尽管这时已经出现了脉宽调制（PWM）技术，但因载波频率和最小脉宽都受到限制，难以达到较为理想的正弦脉宽调制波形，使异步电动机在变频调速时产生刺耳的噪声，限制了变频器的推广应用。

第三代电力电子器件是以复合型的电力MOS场效应晶体管（MOSFET）、绝缘栅双极晶体管（IGBT）为代表的电压型自关断器件，栅极信号功率小，其开关频率可以达到20kHz以上，采用PWM的逆变器谐波噪声大大降低。而且其电压和电流参数均已超过GTR（电力晶体管），因此变频器中的IGBT逐渐取代了GTR，低压变频器的容量在380V级达到了540kVA；而600V级达到了700kVA，最高输出频率可达400~600Hz，能对中频电动机进行调速控制。

第四代电力电子器件以智能功率模块（IPM）为代表，IPM不仅把功率开关器件和驱动电路集成在一起，而且内部集成有过电压、过电流和过热等故障检测电路，并可将检测信号送到 CPU（中央处理器）。它由高速低功耗的管芯和优化的门极驱动电路以及快速保护电路构成。即使发生负载事故或使用不当，也可以保证 IPM 自身不受损坏。IPM 一般使用 IGBT 作为功率开关器件，内部集成了电流传感器及驱动电路。IPM 具有高可靠性，是变频调速的一种非常理想的电力电子器件。

2. 计算机技术和自动控制理论是变频器发展的支柱

变频器的发展得益于计算机技术的支持。从 20 世纪 80 年代以来，计算机技术得到了突飞猛进的发展，已用 64 位微处理器取代了 32 位微处理器，使变频器的功能也从单一的变频调速功能发展为包含算术、逻辑运算及智能控制的综合功能；自动控制理论的发展使变频器在改善压频比控制性能的同时，能实现矢量控制、直接转矩控制、模糊控制和自适应控制等多种模式。现代的变频器已经内置有参数辨识系统、PID 调节器、PLC（可编程序控制器）和通信单元等，根据需要可实现拖动不同负载、宽调速和伺服控制等多种功能。

3. 市场需求是变频器发展的动力

随着变频技术的高速发展与综合利用，变频器在医学、通信、交通、运输、电力、电子及环保等领域得到空前的发展和应用，几乎国民经济各行各业都与变频器密不可分。从整体看，目前我国变频器行业的竞争日趋激烈。由于极具吸引力，市场已形成一定规模，潜在容量也十分可观，不断吸引着行业新参与者。随着国内厂家的技术进步和质量稳定性的提升，加上服务和价格方面的优势，预计未来几年高端产品被国外厂家垄断的市场局面将有所改观。

1.1.2 变频器的发展趋势

1. 低电磁噪声、静音化

新型变频器除采用高频载波方式的 SPWM 实现静音化外，还在变频器输入侧加入交流电抗器或有源功率因数校正（APFC）电路，而在逆变电路中采用 SOFT-PWM 技术等，以改善输入电流波形、降低电网谐波，在抗干扰和抑制高次谐波方面符合 EMC（电磁兼容）国际标准，实现清洁电能的变换。

2. 专用化

为更好地发挥变频调速控制技术的独特功能，并尽可能满足现场控制的需要，派生了许多专用变频器，如风机水泵空调专用型、超重机专用型、交流电梯专用型及纺织机械专用型等。

3. 系统化

变频器除了发展单机的数字化、智能化及多功能化外，还向集成化、系统化方向发展，目的是为用户提供更好的系统功能。

4. 网络化

变频器可提供多种兼容的通信接口，支持多种不同的通信协议，内装 RS-485 接口，可由个人计算机向变频器输入运行命令和设定功能码数据等。

1.1.3 变频器的分类

变频器的分类方法有多种，下面按照不同的方法进行分类。

1. 按变频的原理分类

（1）交-直-交变频器 先把工频交流电通过整流器变换成直流电，然后把直流电变换成频率电压可调的交流电，又称间接式变频器。由于把直流电逆变成交流电的环节较易控制，因此在频率的调节范围以及改善频率后的电动机的特性等方面都有明显的优势，目前广泛应用于通用变频器。

（2）交-交变频器 将固定频率的交流电直接变换成频率和电压都连续可调的交流电，又称直接式变频器。它的主要优点是没有中间环节，变换效率高。但其连续可调的频率范围较窄，一般在额定频率的 1/2 以下（$0<f<f_N/2$），故主要用于容量较大的低速拖动系统。

交-交变频器按相数可以分为单相输出交-交变频器和三相输出交-交变频器；按照电路中是否存在环流可以分为有环流交-交变频器和无环流交-交变频器；按输出波形可以分为方波交-交变频器和正弦波交-交变频器。

2. 按变频器的控制方式分类

（1）U/f 控制变频器 U/f 控制又称为压频比控制。它的基本特点是对变频器输出的电压和频率同时进行控制。在额定频率以下，通过保持 U/f 恒定使电动机获得所需的转矩特性。这种方式的控制电路成本低，多用于精度要求不高的通用变频器。

（2）转差频率控制变频器 转差频率控制也称为 SF 控制，是在 U/f 控制基础上的一种改进方式。采用这种控制方式，变频器通过电动机、速度传感器构成速度反馈闭环调速系统。变频器的输出频率由电动机的实际频率与转差频率之和来自动设定，从而达到在调速控制的同时也使输出转矩得到控制。该方式是闭环控制，故与 U/f 控制相比，调速精度与转矩特性较优。但是由于这种控制方式需要在电动机轴上安装速度传感器，并需依据电动机特性调节转差，故通用性较差。

（3）矢量控制变频器 矢量控制（Vector Control）简称 VC，是 20 世纪 70 年代由德国人 F. Blaschke 首先提出来的针对交流电动机的一种新的控制思想和控制技术，也是异步电动机的一种理想调速方法。矢量控制的基本思想是将异步电动机的定子电流分解为产生磁场的电流分量（励磁电流）和与其相垂直的产生转矩的电流分量（转矩电流），并分别加以控制。由于在这种控制方式中必须同时控制异步电动机定子电流的幅值和相位，即控制定子电流矢量，所以这种控制方式被称为矢量控制。

矢量控制方式使异步电动机的高性能成为可能。矢量控制变频器不仅在调速范围上可以与直流电动机相媲美，而且可以直接控制异步电动机转矩的变化，所以已经在许多需精密或快速控制的领域得到应用。

（4）直接转矩控制变频器 直接转矩控制（Direct Torque Control）简称 DTC，1985 年德国鲁尔大学 Depenbrock 教授首先提出直接转矩控制理论。它是把转矩直接作为控制量来控制。其实质是用空间矢量的分析方法，以定子磁场定向方式对定子磁链和电磁转矩进行直接控制。这种方法不需要复杂的坐标变换，而是直接在电动机定子坐标上计算磁链的模和转矩的大小，并通过磁链和转矩的直接跟踪实现 PWM（脉宽调制）和系统的高动态性能。

3. 按直流环节的储能方式分类

（1）电压型变频器 电压型变频器的特点是中间直流环节的储能元件采用大电容，负载的无功功率将由它来缓冲，直流电压比较平稳，直流电源内阻较小，相当于电压源，故称为电压型变频器，常用于负载电压变化较大的场合。

（2）电流型变频器　电流型变频器的特点是中间直流环节采用大电感作为储能环节，缓冲无功功率，即扼制电流的变化，使电压接近正弦波，由于该直流电源内阻较大，故称电流源型变频器（电流型变频器）。电流型变频器的优点是能扼制负载电流频繁而急剧的变化，常选用于负载电流变化较大的场合。

4. 按输出电压调节方式分类

变频调速时，需要同时调节逆变器的输出电压和频率，以保证电动机主磁通恒定。对输出电压的调节主要有脉幅调制方式和脉宽调制方式。

（1）脉幅调制　脉幅调制（Pulse Amplitude Modulation，PAM）方式是通过改变电压源 U_d 或电流源 I_d 的幅值进行输出控制的。在变频器中，逆变器只负责调节输出频率，而输出电压的调节则由相控整流器或者直流斩波器通过调节直流电压去实现。采用此种方式，当系统在低速运行时，谐波和噪声都比较大，只有在与高速电动机配套的高速变频器中才采用。

（2）脉宽调制　脉宽调制（Pulse Width Modulation，PWM）方式是在变频器输出波形的一个周期内通过调节输出脉冲波的个数来调节输出电压的。变频器中的整流部分采用不可控的二极管整流电路，变频器的输出频率和电压的调节都由逆变器按照 PWM 方式完成。利用参考电压波和载频三角波互相比较，来决定主开关器件的导通时间，从而实现调压。利用脉冲宽度的改变来得到幅值不同的正弦基波电压。参考信号为正弦波、输出电压平均值近似为正弦波的 PWM 方式，称为正弦 PWM 调制，简称 SPWM 方式。通用变频器中大多采用这种方式。

5. 按用途分类

对一般用户来说，更为关心的是变频器的用途，根据用途的不同，对变频器进行如下分类。

（1）通用变频器　顾名思义，通用变频器的特点是其通用性。随着变频技术的发展和市场需求的不断扩大，通用变频器也在朝着两个方向发展：一是低成本的简易型通用变频器；二是高性能多功能的通用变频器。它们分别具有以下特点：

简易型通用变频器是一种以节能为主要目的而简化了一些系统功能的通用变频器。它主要应用于水泵、风扇、鼓风机等对于系统调速性能要求不高的场合，并具有体积小、价格低等方面的优势。

高性能多功能的通用变频器在设计过程中充分考虑了在变频器应用中可能出现的各种需要，并为满足这些需要在系统软件和硬件方面都做了相应的准备。在使用时，用户可以根据负载特性选择算法并对变频器的各种参数进行设定，也可以根据系统的需要选择厂家所提供的各种备用选件来满足系统的特殊需要。

（2）专用变频器

1）高性能专用变频器。随着控制理论、交流调速理论和电力电子技术的发展，异步电动机的矢量控制得到发展，矢量控制变频器及其专用电动机构成的交流伺服系统的性能已经达到和超过了直流伺服系统。此外，由于异步电动机还具有环境适应性强、维护简单等许多直流伺服电动机所不具备的优点，因此在要求高速、高精度的控制中，这种高性能交流伺服变频系统正在逐步代替直流伺服系统。

2）高频变频器。在超精密加工和高性能机械中，常常要用到高速电动机，为了满足这些高速电动机的驱动要求，出现了采用 PAM 控制方式的高频变频器，其输出频率可达到 3kHz，驱动两极异步电动机时的最高转速为 180000r/min。

3）高压变频器。高压变频器一般是大容量的变频器，最高功率可达到 5000kW，电压等级为 3kV、6kV 和 10kV。

高压变频器主要有两种结构形式：一种是用低压变频器通过升降压变压器构成，称为“高-低-高”式高压变频器，亦称为间接式高压变频器；另一种是采用大容量门极关断（GTO）晶闸管或集成门极换流晶闸管（IGCT）串联方式，不经变压器直接将高压电源整流为直流，再逆变输出高压，称为“高-高”式高压变频器，亦称为直接式高压变频器。

此外，变频器还可以按国际区域分类，按主开关元器件分类，按输入电压高低分类等。

1.1.4 变频器的应用

随着工业自动化程度不断提高，变频器的应用领域越来越广泛，目前产品已被广泛应用于冶金、矿产、造纸、化工、建材、机械、电力及建筑等工业领域中，可以有效达到调速节能、过电流保护、过电压保护、过载保护等多种功能。

1. 变频器在塑胶行业的应用

在塑料产品的生产过程中，由于塑料的特性不同、产品的规格繁多和生产工艺的要求不同，很多地方都需要对生产机械进行调速，随着电力电子技术的迅速发展，变频调速的技术已经成熟，其平滑无级调速、高可靠性、高精度及节能等优点，在一定程度上提高了塑胶机械的自动化水平，推动了塑胶行业的发展。

2. 变频器在造纸行业的应用

造纸企业是高能耗企业，每吨纸所耗电能在 500kWh 以上，电能消耗十分严重，从设备类型看 50%以上为风机、泵类负载，而这些设备目前基本上是采用阀门或挡板来调节风量或液体流量的，大量的能量消耗在阀门或挡板上，采用变频器进行调节，可以大量减少能量消耗，节能经济利益十分明显，值得企业大力推广。

3. 变频器在注塑机中的应用

注塑机是对各种塑料进行加热、熔融、搅拌、增压，将塑料流体注入型腔内，完成工件一次注塑成型的设备。它的工序过程基本是相同的，大致可分为 7 个工序过程：锁模、射胶、保压、熔胶、冷却、开模、顶出。每个工序都需要不同的压力和流量，也就是说被加工的工件不都是在最大压力或流量下工作的，其压力和流量靠压力比例阀和流量比例阀来调节，通过调整压力比例阀或流量比例阀的开度来控制压力和流量大小。

然而，油泵电动机在恒速运转时各工序中油泵的输入功率并没有多大变化，若用变频器来调节油泵电动机的转速，来实现对压力和流量的调节，既经济又实用。

4. 变频器在中央空调冷却泵上的应用

中央空调的基本工作原理为采用压缩机强迫制冷循环，将建筑物中的热量通过冷媒（通常为水）转移到制冷剂中，通过冷却塔再将热量转移到大气中，其中循环水的冷却泵和冷冻泵所消耗的能量约占总耗能的 60%。空调设备的设计工况是按最大制冷量来考虑的，绝大多数的时间在低负荷情况下工作，因此，使用变频器进行驱动将节约大量的能量。

1.2 交流电动机调速基础知识

异步电动机结构简单、价格低廉、控制方便，在生产实际中得到广泛应用。三相交流异步电动机也是目前变频调速应用最广泛的领域。

1.2.1 交流电动机的调速原理及方法

长期以来，在要求调速性能较高的场合占据主导地位的是直流调速系统。但直流电动机存在一些固有的缺点，如电刷和换向器易磨损，需经常维护。换向器换向时会产生火花，使直流电动机的最高速度受到限制，也使应用环境受到限制，而且直流电动机结构复杂，制造困难，所用钢铁材料消耗大，制造成本高。而交流电动机，特别是笼型异步电动机没有上述缺点，且转子惯量较直流电动机小，使得动态响应更好。在同样体积下，交流电动机输出功率可比直流电动机提高10%~70%，此外，交流电动机的体积可比直流电动机造得大，达到更高的电压和转速。所以，交流调速系统与直流调速系统相比较，主要具有如下优点：

1）交流电动机具有更大的单机容量。

2）交流电动机的运行转速高且耐高压。

3）交流电动机的体积、重量、价格均小于同容量的直流电动机。直流电动机的主要劣势在其机械换向部分，相比而言，交流电动机构造简单、坚固耐用、经济可靠、转动惯量小。

4）交流电动机特别是笼型异步电动机的环境适应性广。在恶劣环境中，直流电动机几乎无法使用。

5）调速装置方面，计算机技术、电力电子器件技术的发展，新的控制算法的应用，使得交流电动机调速装置反应速度快、精度高且可靠性高，能达到与直流电动机调速系统同样的性能指标。

根据电机学相关知识可知，三相交流异步电动机的同步转速（即旋转磁场的转速）n_0（r/min）可表示为

$$n_0 = \frac{60f}{p} \tag{1.1}$$

式中，f 为电源频率（Hz）；p 为电动机极对数。

根据异步电动机的工作原理，异步电动机要产生转矩，同步转速 n_0 与转子转速 n 必须有差异。这个转速差（n_0-n）与同步转速 n_0 的比值 s 称为转差率，表示为

$$s = \frac{n_0 - n}{n_0} \tag{1.2}$$

因此，三相异步电动机转速 n 可表示为

$$n = \frac{60f}{p}(1 - s) \tag{1.3}$$

由上式可见，要调节三相异步电动机的转速 n，只要改变公式中的任意一个变量都可以实现。所以，三相异步电动机的调速就可以分为以下三种：

1）变频调速。变频调速利用变频器改变电源频率调速，调速范围大，稳定性、平滑性较好，机械特性较硬。带额定负载时转速相比于空载转速下降得少。变频调速属于无级调速，适用于大部分三相笼型异步电动机。

2）变极调速。变极调速指改变磁极对数调速，属于有级调速，调速平滑性差，一般用于金属切削机床。

3）变转差率调速。变转差率调速根据调速方式不同，又可以分为以下几种：

①转子回路串电阻调速：调速范围小，电阻要消耗功率，电动机效率低。用于交流绕线转子异步电动机。

②改变电源电压调速：调速范围小，转矩随电压下降而大幅下降。一般不用于三相电动机，多用于单相电动机调速，如风扇。

③串级调速：实质是转子引入附加电动势，改变其大小来调速。串级调速只用于绕线转子电动机。

④电磁调速：只用于滑差电动机。通过改变励磁线圈的电流实现无级平滑调速，机构简单，但控制功率较小，不宜长期低速运行。

1.2.2 交流调速系统的现状和发展趋势

1. 交流调速系统的现状

1）从中小容量等级发展到大容量、特大容量等级，填补了直流调速系统留下的特大容量电动机调速空白。

2）交流调速系统已具备高可靠性和长期连续运行的能力，能满足实际工况中高可靠性、长期不停机检修等特殊要求。

3）控制装置的设计可以达到和直流调速控制同样良好的控制性能，交流电动机设计可以满足各种工业现场要求，实现了交流调速系统的高性能、高精度转速控制。

4）交流调速系统已从原来作为直流调速系统的补充手段，发展到在大部分场合取而代之的应用状态。

2. 交流电动机调速系统的发展趋势

1）研制新型开关元器件和储能元器件。

2）最新控制思想、控制算法、控制技术不断应用于交流调速产品。

3）控制装置可靠性越来越高，不断解决瞬时停电后的装置安全及恢复正常问题。

4）高运算速度、高控制性能的微型计算机产品不断应用。

5）进行大容量、特大容量等级的新型交流调速技术研究与结构精巧的高效能、高精度交流控制电机技术研究。

1.2.3 异步电动机的机械特性

机械特性是异步电动机的主要特性，它是指在一定的电源电压 U_1 和转子电阻 R_2 下，电动机的转速与转矩的关系曲线 $n=f(T)$ 。

三相异步电动机的机械特性如图 1.1 所示。

下面分析反映异步电动机机械特性的三个特殊转矩。

1. 额定转矩 T_N

电动机在额定负载下稳定运行时的输出转矩称为额定转矩 T_N，对应的转速称为额定转速 n_N，转差率为额定转差率 s_N。电动机工作在额定工作点时，电磁转矩 $T_{em}=T_N=T_2+T_0$，其中 T_2 为负载转矩，T_0 为空载转矩，T_0 一般很小，常可忽略不计，所以电动机的额定转矩可

以根据铭牌上的额定转速和额定功率（输出机械功率）求出，即

$$T_N \approx T_2 = \frac{P_N \times 10^3}{(2\pi n_N)/60} = \frac{9550 P_N}{n_N} \tag{1.4}$$

式中，P_N 的单位为 kW；n_N 的单位为 r/min。

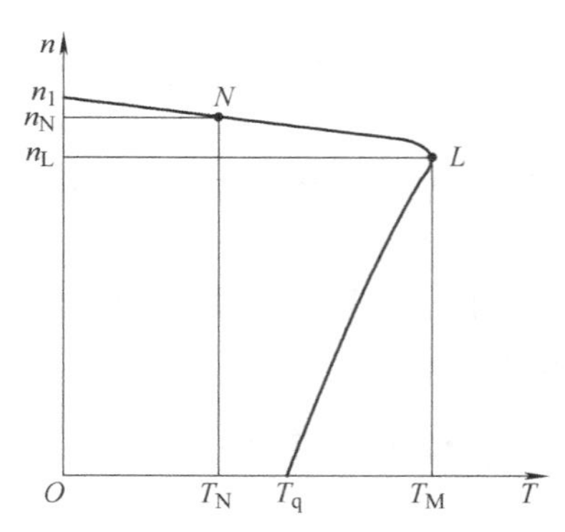

图 1.1　三相异步电动机的机械特性

2. 最大转矩 T_M

电动机转矩的最大值称为最大转矩 T_M（或称为临界转矩，对应于特性曲线上的 L 点）。此时转差率 s_M 称为临界转差率。

当负载转矩超过最大转矩时，电动机将因带不动负载而发生停车，俗称“闷车”。此时电动机的电流立即增大到额定值的 6~7 倍，将引起电动机严重过热，甚至烧毁。如果负载转矩只是短时间接近最大转矩而使电动机过载，这是允许的，因为时间很短，电动机不会立即过热。

为了保证电动机在电源电压的波动时能正常工作，规定电动机的最大转矩 T_M 要比额定转矩 T_N 大得多，通常用过载系数 $\lambda = T_M/T_N$ 来衡量电动机的过载能力。一般 $\lambda = 1.8 \sim 2.5$。λ 的数值可在电动机产品目录中查到。

3. 起动转矩 T_q

电动机刚接入电源但尚未转动时的转矩称为起动转矩 T_q。起动转矩和额定转矩的比值 $\lambda_q = T_q/T_N$ 反映了异步电动机的起动能力。一般 $\lambda_q = 0.9 \sim 1.8$。笼型异步电动机取值较小，绕线转子异步电动机取值较大。

1.2.4 交流调速系统的性能指标

衡量一种交流调速系统的优劣，应该依据生产实践的需求，从技术和经济角度全面评价，综合各种应用实践，可以用以下的性能指标作为考评依据。

1. 调速效率

无论何种应用，都希望调速效率越高越好，尤其是为了节能而采用的调速，对调速效率要求更加严格。电动机的调速效率应该分为调速电动机本身的效率以及调速控制装置的效率两个部分，而通常由电力半导体器件构成的调速控制装置效率都在 95% 以上，因此系统的效率重点取决于异步电动机。

2. 调速平滑性

调速平滑性即可以获得的转速准确度，通常用有级和无级来衡量。有级调速是阶梯型的，各个速度之间不连续；而无级调速则是直线型的，在调速范围之内，速度点之间是连续的，大多数生产实践都要求平滑性好的调速，这样可以满足各种生产条件的需求。

3. 调速范围

定义为 D=最高转速/最低转速，但也可以反过来定义。调速范围应该依据实际生产需要科学确定，不能盲目追求过大，这是因为扩大调速范围通常要付出技术和经济的代价。但调速范围也受调速的方法约束，有些调速方法如改变极数调速或串级调速，无论如何也不能将调速范围扩得很大。

4. 动态速降

它是指电动机由空载突加额定负载时最大的速度跌落（下降），其值越小，表明系统响应越快，系统特性越硬。

5. 恢复时间

它是指当电动机突加额定负载后可以恢复到原来速度所需的时间，时间越短，响应越好，反之表明系统响应慢。

以上的论述出于科学、严谨，但是过于专业化，对于大多数以节能为目标的用户和生产技术人员，简单、通俗的评判标准会更实用，为此，可以将上述的内容凝练成三性，即：

1）节能性——调速系统效率高，平均不低于 85%。

2）可靠性——电动机和控制装置的故障率低，过载能力强。

3）经济性——价格相对低廉，维护费用小，投资回收期短。

1.3 变频器的型号及主要技术参数

1.3.1 变频器的型号

本书以欧姆龙 3G3MX2 变频器为例，来介绍通用变频器的原理及应用。3G3MX2 系列变频器是欧姆龙公司于 2009 年年末推出的紧凑型高功能小型变频器。

所有变频器在出厂时都贴了铭牌，说明变频器的型号和主要技术参数。图 1.2 所示为欧姆龙 3G3MX2 变频器的铭牌。

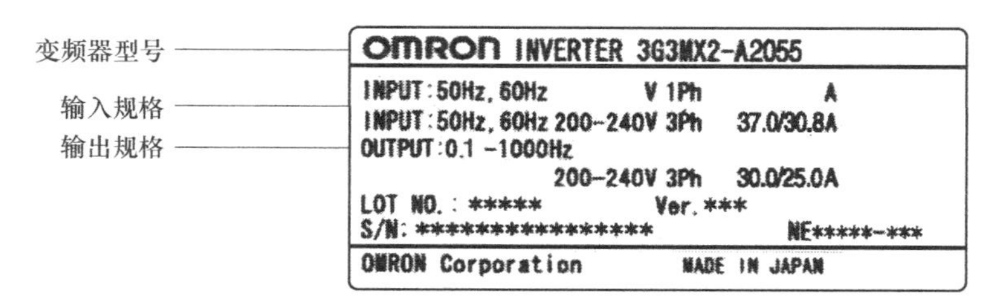

图 1.2　欧姆龙 3G3MX2 变频器铭牌

欧姆龙 3G3MX2 变频器型号说明如图 1.3 所示。

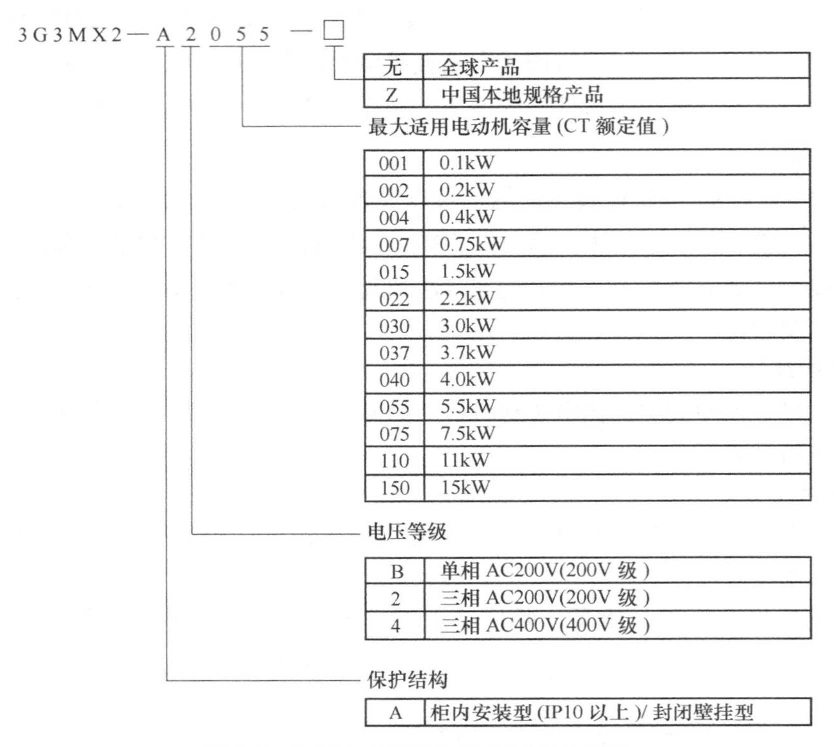

图 1.3　欧姆龙 3G3MX2 变频器型号说明

1.3.2 变频器的主要技术参数

不同型号的变频器的技术参数有所不同，随着变频器功能增加，变频器的重量、外形尺寸以及变频器额定输出电流和额定输出容量都在增大。下面介绍通用变频器的主要技术参数。

1. 输入电压

主要指变频器的输入电压的相数、大小和频率，常见的有以下几种：

1）三相 380V 50/60Hz。绝大多数变频器采用这种规格。

2）三相 220V 50/60Hz。主要用于某些进口变频器。

3）单相 220V 50/60Hz。主要用于家用小容量变频器。

2. 输出电压

由于变频器在变频的同时也要变压，所以输出电压是指输出电压的相数、电压变动范围和频率变动范围。一般输出电压的变动范围为 0V ~ 输入电压，即输出电压的最大值和输入电压相等。

但不管变频器的输入电压是单相还是三相，变频器输出的总是三相交流电压。

3. 额定输出电流 I_N

通常指的是允许长时间输出的最大电流，是用户选择变频器的主要依据。

4. 额定输出容量 S_N

S_N 取决于 U_N 和 I_N 的乘积，即

$$S_N = \sqrt{3} U_N I_N \tag{1.5}$$

式中，U_N 为额定输出电压；I_N 为额定输出电流。

5. 过载能力

是指变频器输出电流超过额定电流的允许范围和时间。大多数变频器都规定为 $1.5I_N$ 和 60s。

6. 输出频率

不同厂家不同型号的变频器的输出频率有所不同，欧姆龙 3G3MX2 变频器的输出频率范围为：0.10~400Hz（高频模式时：1000Hz）。

本章小结

变频器是将固定频率、固定电压的交流电变换成电压和频率都可调的交流电的装置。

变频器是随着电力电子技术、计算机技术和自动控制理论等的不断发展而发展起来的。电力电子器件的发展是变频器发展的基础，计算机技术和自动控制理论的发展是变频器发展的支柱，市场需求是变频器发展的动力。变频器的发展趋势为：低电磁噪声、静音化、专用化、系统化和网络化。

变频器根据分类方法不同可以分成很多种类。按变频的原理分类：交-直-交变频器、交-交变频器。按控制方式分类：U/f 控制变频器、转差频率控制变频器、矢量控制变频器和直接转矩控制变频器。按用途分类：通用变频器和专用变频器。

随着工业自动化程度不断提高，变频器的应用领域越来越广泛，目前产品已被广泛应用于冶金、矿产、造纸、化工、建材、机械、电力及建筑等工业领域中，可以有效达到调速节能、过电流保护、过电压保护、过载保护等多种功能。

交流异步电动机结构简单、价格低廉、控制方便，在生产实际中得到广泛应用。三相交流异步电动机也是目前变频调速应用最广泛的领域。三相交流异步电动机有三种调速方式：变频调速、变极调速和变转差率调速。衡量一种交流调速的优劣，主要通过调速效率、调速平滑性、调速范围、动态速降以及恢复时间等性能指标。

变频器的主要技术参数：输入电压、输出电压、输出电流、输出容量和过载能力等。

思考与练习

1. 什么是变频器？变频器有哪些应用？
2. 变频器的发展与哪些因素相关？
3. 变频器按照工作原理分为几类？
4. 异步电动机的变频调速原理是什么？
5. 变频器的主要技术参数有哪些？

第 2 章　变频器中的电力电子器件

电力电子器件是构成变频器的关键器件之一，也是弱电控制强电的纽带，因而掌握各种常用电力电子器件的特性和正确的使用方法是学好变频器技术与应用的基础。本章主要介绍晶闸管、门极关断晶闸管、电力晶体管、电力 MOS 场效应晶体管及绝缘栅双极晶体管等电力电子器件的结构、工作原理、主要参数、测试方法和使用时应注意的问题。

本章学习目标：掌握晶闸管、绝缘栅双极晶体管等电力电子器件的结构、工作原理和测试方法；了解晶闸管、绝缘栅双极晶体管等电力电子器件的主要参数及应用特点；掌握电力电子器件的驱动。

2.1 晶闸管（SCR）

晶闸管（Thyristor）是硅晶体闸流管的简称，又称作可控硅整流器（Silicon Controlled Rectifier，SCR），是半控型器件。其能承受的电压和电流容量是目前电力电子器件中最高的，而且工作可靠，因此在大容量的应用场合，仍然具有比较重要的地位。

2.1.1 晶闸管的结构

晶闸管是大功率的半导体器件，管芯由半导体材料构成，如图 2.1a、b 所示，其内部有三个 PN 结，是一个四层（P_1—N_1—P_2—N_2）三端（A、K、G）的功率半导体器件。其三端分别是阳极 A、阴极 K 和门极 G，其图形符号如图 2.1c 所示。

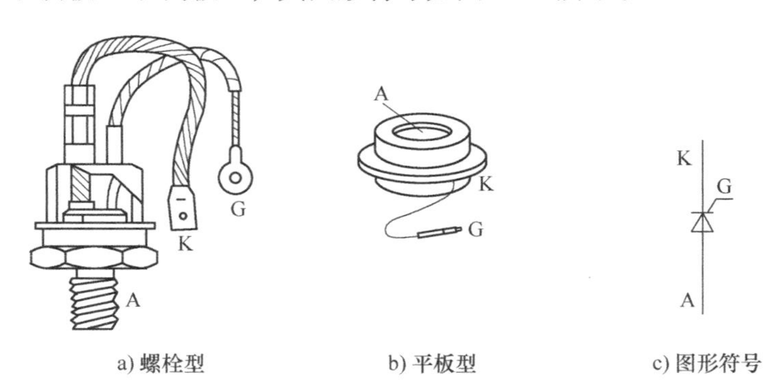

图 2.1　晶闸管管芯及图形符号

2.1.2 晶闸管的工作原理

理论分析和实验验证表明：

1）只有同时承受正向阳极电压和正向门极电压时晶闸管才能导通，两者缺一不可。

2）晶闸管一旦导通后门极将失去控制作用，门极电压对晶闸管随后的导通或关断均不起作用，故使晶闸管导通的门极电压不必是一个持续的直流电压，只要是一个具有一定宽度的正向脉冲电压即可，脉冲的宽度与晶闸管的开通特性及负载性质有关。这个脉冲常称为触发脉冲。

3）要使已导通的晶闸管关断，必须使阳极电流降低到某一数值之下（约几十毫安）。这可以通过增大负载电阻、降低阳极电压至接近于零或施加反向阳极电压来实现。能保持晶闸管导通的最小电流称为维持电流，是晶闸管的一个重要参数。

晶闸管为什么会有以上导通和关断的特性，这与晶闸管内部发生的物理过程有关。晶闸管具有 P_1—N_1—P_2—N_2四层半导体结构，内部形成三个 PN 结 J_1、J_2、J_3。这三个 PN 结的功能可以看作是一个 PNP 型晶体管 VT_1（P_1—N_1—P_2）和一个 NPN 型晶体管 VT_2（N_1—P_2—N_2）构成的复合作用，如图 2.2 所示。

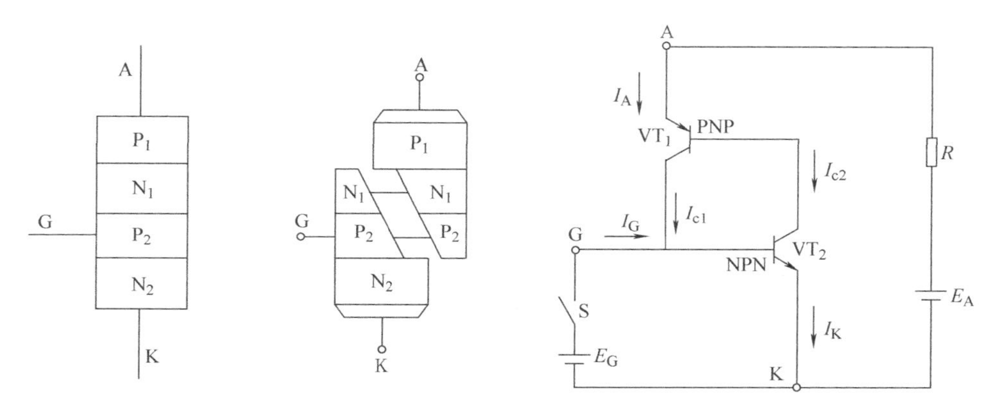

图 2.2 晶闸管的结构和等效复合晶体管效应

可以看出，两个晶体管连接的特点是一个晶体管的集电极电流就是另一个晶体管的基极电流，当有足够的门极电流 I_G流入时，两个相互复合的晶体管电路就会形成强烈的正反馈，导致两个晶体管饱和导通，即晶闸管的导通。

如果晶闸管承受的是反向阳极电压，由于等效晶体管 VT_1、VT_2均处于反压状态，无论有无门极电流 I_G，晶闸管都不能导通。

2.1.3 晶闸管的主要参数

要正确使用一个晶闸管，还必须定量地掌握晶闸管的一些主要参数。现对经常使用的几个晶闸管的参数作一介绍。

1. 电压参数

（1）晶闸管的额定电压 U_{Tn} 取 U_{DRM}（断态重复峰值电压）和 U_{RRM}（反向重复峰值电压）中较小的一个，并整定至等于或小于该值的规定电压等级上。电压等级不是任意决定的，额定电压在 1000V 以下是每 100V 一个电压等级，1000~3000V 则是每 200V 一个电压等级。

由于晶闸管工作中可能会承受瞬时过电压，为了确保安全运行，在选用晶闸管时应使其额定电压为正常工作时可能承受电压峰值 U_{TM}的 2~3 倍，以作安全裕量。

$$U_{Tn} = (2\sim3)\ U_{TM} \tag{2.1}$$

（2）通态平均电压 $U_{T(AV)}$　指在晶闸管通过单相工频正弦半波电流，额定结温、额定平均电流下，晶闸管阳极与阴极间电压的平均值，也称为管压降。在晶闸管型号中，常按通态平均电压的数值进行分组，以大写英文字母 A~I 表示，对应 0.4~1.2V 共九个组别。通态平均电压影响器件的损耗与发热，应该选用管压降小的器件来使用。

2. 电流参数

（1）晶闸管的额定电流（通态平均电流）$I_{T(AV)}$　在环境温度为+40℃、规定的冷却条件下，晶闸管器件在电阻性负载、单相、工频、正弦半波、导通角不小于 170°的电路中，当结温稳定在额定值 125℃时所允许的通态时的最大平均电流称为额定电流（通态平均电流）$I_{T(AV)}$。选用晶闸管时应根据有效电流值相等的原则来确定晶闸管的额定电流。即不论流过晶闸管的电流波形如何，不论晶闸管的导通角是多大，只要使实际的电流有效值等于额定电流 $I_{T(AV)}$ 的电流有效值（严格地说，应使各种运行情况下的管芯结温等于额定结温），则管芯的发热是允许的。

在选择晶闸管时，由于晶闸管的过载能力小，为保证安全可靠工作，应使所选用晶闸管的额定电流 $I_{T(AV)}$ 对应的有效值电流为实际流过电流有效值的 1.5~2 倍。晶闸管额定电流的选择可按下式计算。

$$I_{T(AV)} = (1.5 \sim 2)\ I_T/1.57 \tag{2.2}$$

式中，I_T 为实际流过电流有效值；1.57 为正弦半波电流的有效值与平均值之比。

（2）维持电流 I_H　维持电流是指晶闸管维持导通所必需的最小电流，一般为几十到几百毫安。维持电流与结温有关，器件的额定电流越大，维持电流也越大。

（3）擎住电流 I_L　晶闸管刚从阻断状态转变为导通状态并撤除门极触发信号时，要维持器件导通所需的最小阳极电流称为擎住电流。一般擎住电流比维持电流大 2~4 倍。

上述介绍的是晶闸管使用中的一些主要参数。晶闸管还有一些其他参数，使用时请参考相关手册和资料。

2.1.4 晶闸管的型号

普通型晶闸管型号可表示如下：

KP［电流等级］-［电压等级/100］［通态平均电压组别］

其中 K 代表闸流特性，P 为普通型。如 KP500-15 型号的晶闸管表示其通态平均电流（额定电流）$I_{T(AV)}$ 为 500A，额定电压 U_{Tn} 为 1500V，通态平均电压组别以英文字母标出，小容量的元件可不标。

2.1.5 晶闸管的测试

1. 判断晶闸管管脚极性

用万用表 $R\times1\text{k}\Omega$ 档测量晶闸管的任意两个管脚电阻，其中有一管脚对另外两管脚的正反向电阻都很大，在几百千欧以上，此管脚是阳极 A。再用万用表 $R\times10\Omega$ 档测量另外两个管脚间电阻值，应为数十欧到数百欧，但正反向电阻值不一样，阻值小的黑表笔所接的管脚为门极 G，另一管脚就是阴极 K。

2. 判断晶闸管好坏

用万用表欧姆档判断晶闸管好坏的方法是：将万用表置于 $R\times1\text{k}\Omega$ 档，测量阳极、阴极之间正反向电阻，正常时都应在几百千欧以上，如测得的阻值很小或为零，则阳极、阴极之间短路；用万用表 $R\times10\Omega$ 档测门极、阴极之间正反向电阻，正常时应为数十欧到数百欧，反向电阻较正向电阻略大，如测得的正反向电阻都很大，则门极、阴极之间断路，如测得的阻值很小或为零，则门极、阴极之间短路。千万注意：在测量门极、阴极之间的电阻时，不允许使用 $R\times10k\Omega$ 档，以免表内高压电池击穿门极的 PN 结。

3. 晶闸管使用注意事项

1）选择晶闸管的额定电压时，应参考实际工作条件下的峰值电压的大小，留出一定的裕量。

2）选择晶闸管的额定电流时，除了考虑通过器件的平均电流外，还应注意正常工作时导通角的大小、散热通风条件等因素。在工作中还应注意管壳温度不超过相应电流下的允许值。

3）使用晶闸管之前，应该用万用表检查晶闸管是否良好。发现有短路或断路现象时，应立即更换。

4）严禁用兆欧表检查器件的绝缘情况。

5）电流为 5A 以上的晶闸管要装散热器，并且保证所规定的冷却条件。

6）按规定对主电路中的晶闸管采用过电压及过电流保护。

7）要防止晶闸管门极的正向过载和反向击穿。

2.1.6 晶闸管的触发电路

晶闸管触发电路的作用是产生符合要求的门极触发脉冲，确保晶闸管在需要的时刻由阻断转为导通。触发信号可以是交流形式，也可以是直流形式，但它对门极-阴极来说必须是正极性的。同时由于晶闸管组成的电路的工作方式不尽相同，所以对触发电路的要求也不同。晶闸管触发导通后，门极即失去控制作用，为了减少门极的损耗及触发电路的功率，触发信号通常采用脉冲形式。

晶闸管触发电路的具体作用是将控制信号 U_C 转变成触发延迟角信号 α，向晶闸管提供门极电流，决定各个晶闸管的导通时刻。因此，触发电路与主电路一样是晶闸管装置中的重要部分。两者之间既相对独立，又相互依存。正确设计的触发电路可以充分发挥晶闸管装置的潜力，保证运行的安全可靠。触发电路在晶闸管变流装置中，可把触发电路和主电路看成一个功率放大器，以小功率的输入信号直接控制大功率的输出。

1. 触发电路要求

晶闸管装置种类很多，工作方式也不同，故对触发电路的要求也不同。下面介绍对触发电路的基本要求。

1）一般触发信号采用脉冲形式。

2）触发信号应有一定的功率和宽度。由于晶闸管器件门极参数的分散性及其触发电压、触发电流随温度变化的特性，为使晶闸管可靠触发，触发电路提供的触发电压和触发电流必须大于晶闸管产品参数提供的触发电压与触发电流值，即必须保证具有足够的触发功率。但触发信号的电压、电流和功率不允许超过额定值，以防损坏晶闸管的门极。

为使被触发的晶闸管能保持住导通状态，晶闸管的阳极电流必须在触发脉冲消失前达到擎住电流，因此要求触发脉冲应具有一定的宽度，不能过窄。特别是当负载为电感性负载时，因其中电流不能突变，更需要较宽的触发脉冲。

3）为使并联晶闸管器件能同时导通，触发电路应能产生强触发脉冲。在大电流晶闸管并联电路中，要求并联的器件同一时刻导通，使各器件的 di/dt 在允许的范围内。但是由于器件特性的分散性，先导通的器件的 di/dt 值会超过允许值而被损坏。高电压晶闸管串联电路也有类似情况。此时宜采取强触发措施，使晶闸管能够在相同时刻内导通。其中，强触发电流幅值为触发电流值的 3~5 倍，脉冲前沿的陡度通常取为 1~2A/μs，脉冲宽度对应时间应大于 50μs，持续时间应大于 550μs。

4）保证触发脉冲的同步及足够的移相范围。在可控整流、有源逆变及交流调压的触发电路中，为了保持电路的品质及可靠性，要求晶闸管在每个周期都在相同的相位上触发。因此，晶闸管的触发电压必须与其主回路的电源电压保持某种固定的相位关系，即实现同步。同时，为了使电路能在给定范围内工作，必须保证触发脉冲有足够的移相范围。

5）采取隔离输出方式及抗干扰措施。触发电路通常采用单独的低压电源供电，因此为了避免彼此之间的干扰，应与主电路进行电气隔离。常用的方法是在触发电路与主电路之间连接脉冲变压器，但此类变压器需做专门设计。同时为避免来自于主电路的干扰进入触发电路，可考虑采用静电屏蔽、串联二极管及并联电容等抗干扰措施。

2. 分立元器件组成的晶闸管触发电路

由分立元器件组成的晶闸管触发电路种类很多，有阻容移相桥触发电路、单结晶体管触发电路及同步信号为正弦波或锯齿波的触发电路等，这些电路都有自己的特点和适用范围。相比较而言，同步信号为锯齿波的触发电路由于不受电网波动和波形畸变的影响，同时具有较宽的调节范围和较强的抗干扰能力，得到了广泛应用。此电路的输出为双窄脉冲（也可为单宽脉冲），适用于必须有两相的晶闸管同时导通才能形成通路的电路，例如晶闸管三相桥式全控电路。

3. 集成触发器

随着电力电子技术及微电子技术的发展，集成触发器已得到广泛应用。集成触发器具有体积小、功耗低、性能可靠及使用方便等优点。国内常用 KC（或 KJ）系列单片移相触发电路。KC04 晶闸管移相触发电路是具有 16 个引脚的标准双列直插式集成触发器，广泛应用于晶闸管电力拖动系统、整流供电装置、交流无触点开关以及交流电路和直流电路的调压、调速、调光等领域，是目前国内晶闸管控制系统中广泛使用的集成电路之一。

4. 数字触发器

分立元器件组成的晶闸管触发电路及集成触发器都属于模拟电路。它们的结构比较简单，也较为可靠，但存在着共同的缺点，即采用控制电压和同步电压叠加的移相方法。由于元器件参数的分散性、同步电压波形畸变等原因，各个触发器的移相特性不一致。另外，此类电路还会受到电网电压的影响。例如，当同步电压不对称度为±1°时，输出脉冲的不对称度会达到 3°~5°，这会导致整流输出谐波电压增大，并使输出电压出现畸变，三相电压中性点偏移。这种影响对于数字式移相触发装置而言，输出脉冲不对称度仅为±1.5°，精度可提高 2~3 倍，因而可使上述影响大为减轻。在各种数字触发电路中，目前使用较多的是以微机为控制核心的数字触发器。这种触发电路的特点是结构简单，控制灵活，准确可靠。目前使用的数字式触发电路大多为由计算机（通常为单片机等）构成的数字触发器。

2.2 门极关断晶闸管（GTO晶闸管）

门极关断晶闸管（Gate Turn-off Thyristor）简称GTO晶闸管。GTO晶闸管快速性能好，工作频率高，控制方便，关断时不需要转换阳极电压极性，且电压、电流容量较大。GTO晶闸管在高压直流输电、大型轧机和电力机车等兆瓦级以上的大功率变换场合发挥了重要作用。在日本，绝大多数的电力机车均采用拥有GTO晶闸管的VVVF变频器。

2.2.1 GTO晶闸管的结构

GTO晶闸管和普通晶闸管一样，是P-N-P-N四层半导体结构，外部也是引出阳极、阴极和门极，内部结构和图形符号如图2.3所示。但和普通晶闸管不同的是，GTO晶闸管是一种多元的功率集成器件，虽然外部同样引出3个极，但内部包含数十个甚至数百个共阳极的小GTO元，这些GTO元的阴极和门极则在器件内部并联在一起。

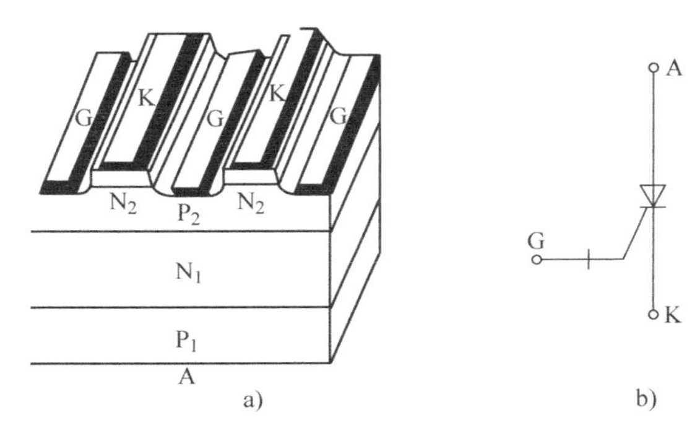

图2.3 GTO晶闸管内部结构及图形符号

这种特殊结构是为了便于实现门极控制关断而设计的。GTO晶闸管可以通过在门极施加负的脉冲电流使其关断。GTO晶闸管的多元集成结构除了对关断有利外，也使其比普通晶闸管开通过程更快，承受$\mathrm{d}i/\mathrm{d}t$的能力更强。但GTO晶闸管有很大的缺点，即它的关断控制电流必须是阳极电流的1/5~1/3，关断控制电流大使控制复杂且控制功率较大。

GTO晶闸管与普通晶闸管的结构相似，所以其工作原理仍然可以用双晶体管的模型来分析。由于GTO晶闸管导电时处于临界饱和状态，不像普通晶闸管那样深度饱和，这就为用门极负脉冲关断GTO晶闸管提供了有利条件。这是GTO晶闸管与普通晶闸管的一个主要区别。

2.2.2 GTO晶闸管的主要参数

GTO晶闸管与普通晶闸管的关断机理不同，有些参数也不相同。GTO晶闸管的特征参数有两个：

1）最大可关断阳极电流I_{ATO}。GTO晶闸管的电流容量一般用这个参数来标称。比如500A/1000V的GTO晶闸管，即指最大可关断阳极电流为500A、耐压为1000V的GTO晶闸管。

2）电流关断增益β。GTO晶闸管是用门极负电流去关断阳极电流的，人们总是希望用较小的门极负电流关断较大的阳极电流，于是定义了 GTO 晶闸管的另一特征参数——电流关断增益 β，即阳极电流 I_A 与使它关断所需的最小门极负电流 $I_{G(min)}$ 的比值。一般 β 取值在 5 左右。

2.2.3 GTO 晶闸管的门极驱动电路

GTO 晶闸管可以用门极正电流导通和门极负电流关断。在工作机理上，导通时与一般晶闸管基本相同，关断时则完全不一样，因此需要具有特殊的门极关断功能的门极驱动电路。门极驱动结构示意图和理想的门极驱动电流波形如图 2.4 所示，驱动电流波形的上升沿陡度、波形的宽度和幅度及下降沿的陡度等对 GTO 晶闸管的特性有很大影响。GTO 晶闸管门极驱动电路包括门极导通电路、门极关断电路和门极反偏电路。对 GTO 晶闸管而言，门极控制的关键是关断控制。

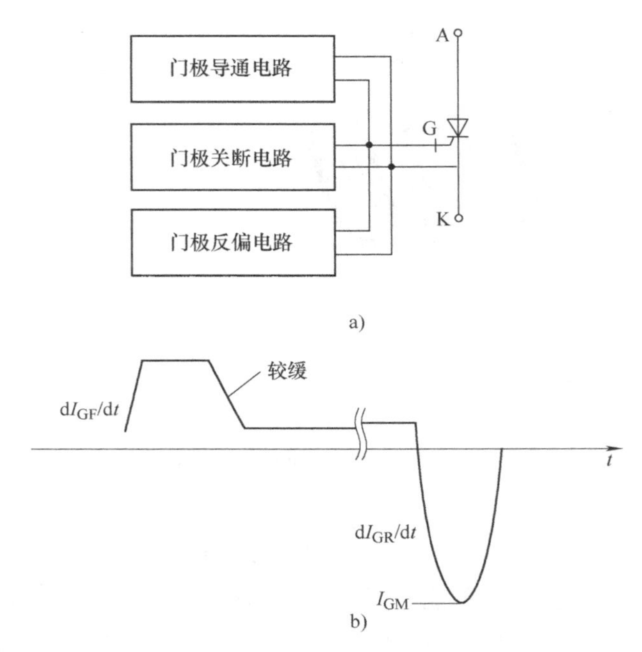

图 2.4 门极驱动结构示意图及理想的门极驱动电流波形

1. 门极导通电路

GTO 晶闸管的门极触发特性与普通晶闸管基本相同，导通电路设计也基本一致。要求门极导通控制电流信号具有前沿陡、幅度高、宽度大、后沿缓的脉冲波形。脉冲前沿陡有利于 GTO 晶闸管的快速导通，一般 dI_{GF}/dt 为 5~10A/μs；脉冲幅度高可实现强触发，有利于缩短导通时间，减少导通损耗；脉冲宽度大则可保证阳极电流可靠建立；脉冲后沿缓一些可防止产生振荡。

2. 门极关断电路

已导通的 GTO 晶闸管用门极负电流来关断，门极负电流波形对 GTO 晶闸管的安全运行有很大影响。要求门极关断控制电流信号具有前沿较陡、宽度足够、幅度较高、后沿平缓的波形。一般关断控制电流的上升率 dI_{GR}/dt 取 10~50A/μs，这样可缩短关断时间，减少关断损耗，但 dI_{GR}/dt 过大时会使电流关断增益下降，通常的电流关断增益为 3~5，可见关断控制电流要达到阳极电流的 1/5~1/3，才能将 GTO 晶闸管关断。若电流关断增益保持不变，增加关断控制电流幅值可提高 GTO 晶闸管的阳极可关断能力。关断脉冲的宽度一般为 120μs 左右。

3. 门极反偏电路

由于结构原因，GTO 晶闸管与普通晶闸管相比承受 du/dt 的能力较差，如阳极电压上升率较高时可能会引起误触发。为此可设置反偏电路，在 GTO 晶闸管正向阻断期间在门极上施加负偏压，从而提高承受电压上升率 du/dt 的能力。

GTO 晶闸管驱动可分为脉冲变压器耦合式和直接耦合式两种类型。直接耦合式驱动电路可避免电路内部的相互干扰和寄生振荡，可得到较陡的脉冲前沿，目前应用较广，但其功耗大，效率较低。

图 2.5 是一个典型的直接耦合式 GTO 晶闸管驱动电路，该电路的电源由高频电源经二极管整流后提供，二极管 VD_1 和电容 C_1 提供+5V 电压，VD_2、VD_3 和 C_2、C_3 构成倍压整流电路提供+15V 电压，VD_4 和电容 C_4 提供−15V 电压，场效应晶体管 VF_1 开通时，输出正强脉冲；VF_2 开通时输出正脉冲平顶部分；VF_2 关断而 VF_3 开通时输出负脉冲；VF_3 关断后电阻 R_3 和 R_4 提供门极负偏压。

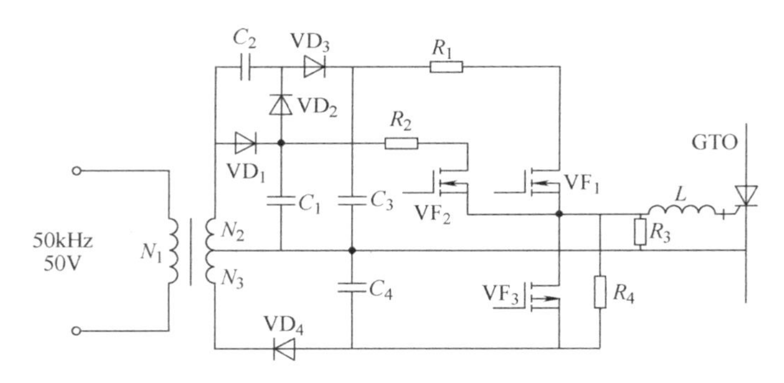

图 2.5 典型的直接耦合式 GTO 晶闸管驱动电路

2.3 电力晶体管（GTR）

电力晶体管（Giant Transistor，GTR）是一种耐高电压、大电流的双极结型晶体管（Bipolar Junction Transistor），所以也称为 Power BJT。GTR 是全控型器件，并具有开关时间短、饱和压降低和安全工作区宽等优点，且在应用中逐步实现了高频化、模块化和廉价化，因此自 20 世纪 80 年代以来，GTR 在中、小功率范围的斩波控制和变频控制领域逐步取代了晶闸管。

2.3.1 GTR 的结构

图 2.6a 为 NPN 型普通晶体管的结构示意图。图 2.6b 为 GTR 的结构示意图，一个 GTR 芯片包含大量的并联晶体管单元，这些晶体管单元共用一个大面积集电极，而发射极和基极则被化整为零。图 2.6c 为 GTR 的图形符号，与普通晶体管完全相同。

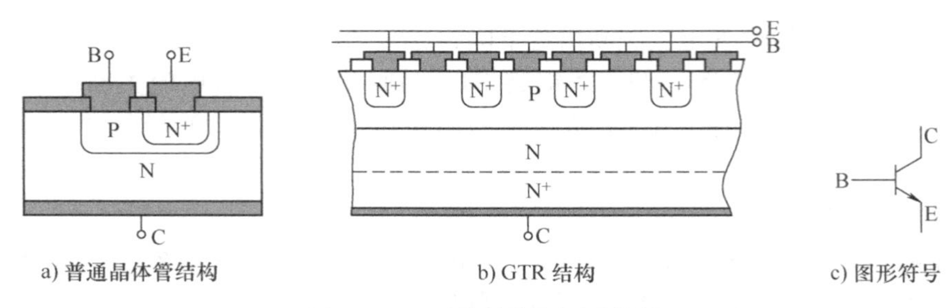

a) 普通晶体管结构　　b) GTR 结构　　c) 图形符号

图 2.6　GTR 的结构与图形符号

2.3.2 GTR 的主要参数

1. 电压参数

(1) 最高 ISK 电压 U_{CEM}　加在 GTR 上的电压如超过规定值时，会出现电压击穿现象。击穿电压与 GTR 本身特性及外电路的接法有关。各种不同接法时的击穿电压的关系如下：

$$U_{(BR)CBO}>U_{(BR)CEX}>U_{(BR)CES}>U_{(BR)CER}>U_{(BR)CEO}$$

其中，$U_{(BR)CBO}$为发射极开路时集电极与基极间的反向击穿电压；$U_{(BR)CEX}$为发射结反向偏置时集电极与发射极间的击穿电压；$U_{(BR)CES}$、$U_{(BR)CER}$分别为发射极与基极间用电阻短路或并联连接时集电极和发射极间的击穿电压；$U_{(BR)CEO}$为基极开路时集电极和发射极间的击穿电压。GTR 的最高工作电压 U_{CEM}应比最小击穿电压 $U_{(BR)CEO}$低，从而保证器件工作安全。

(2) 饱和压降 U_{CES}　处于深饱和区的集电极与发射极间电压称为饱和压降，单个 GTR 的饱和压降一般不超过 1~1.5V，U_{CES}随集电极额定电流 I_{CM}的增大而增大。

2. 电流参数

(1) 集电极连续直流电流额定值 I_C　集电极连续直流电流额定值是指只要保证结温不超过允许的最高结温，晶体管允许连续通过的直流电流值。

(2) 集电极额定电流（最大允许电流）I_{CM}　集电极额定电流是指在最高允许结温下，不造成器件损坏的最大电流。超过这一额定值必将导致晶体管内部结构件的烧毁。

(3) 基极最大允许电流 I_{BM}　基极最大允许电流比集电极额定电流的数值要小得多，通常取 $I_{BM}=(1/10\sim1/2)I_{CM}$。

3. 其他参数

(1) 最高结温 T_{JM}　最高结温是指正常工作时不损坏器件所允许的最高温度。它由器件所用的半导体材料、制造工艺、封装方式及可靠性要求来决定。塑封器件一般为 120~150℃，金属封装器件为 150~170℃。为了充分利用器件功率而又不超过允许结温，电力晶体管使用时必须选配合适的散热器。

(2) 集电极最大允许耗散功率 P_{CM}　集电极最大允许耗散功率是指最高结温下的耗散功率。它受最高结温的限制，由集电极工作电压和电流的乘积所决定。

2.3.3 GTR 的基极驱动电路

1. 基本要求

GTR 基极驱动电路的作用是将控制电路输出的控制信号电流放大到足以保证电力晶体管能可靠开通或关断。而 GTR 的基极驱动方式直接影响它的工作状况，可使某些特性参数得到改善或受到损害，故应根据主电路的需要正确选择、设计基极驱动电路。基极驱动电路一般应有以下基本要求：

1）以优化的基极驱动电流波形去控制器件的开关过程，保证较高的开关速度，减少开关损耗。优化的基极驱动电流波形与 GTO 晶闸管门极驱动电流波形相似。

2）基极驱动电路损耗要小，电路尽可能简单可靠，便于集成。

3）基极驱动电路中常要解决控制电路与主电路之间的电气隔离。

4）基极驱动电路应有足够的保护功能，防止 GTR 过电流或进入放大区工作。

2. 基极驱动电路的隔离

基极驱动电路要提供控制电路与主电路之间的电气隔离环节，一般采用光隔离或磁隔离。光隔离一般采用由发光二极管和光敏晶体管组成的光耦合器。其类型有普通型、高速型和高传输比型三种，基本接法如图 2.7 所示。普通光耦合器的响应时间约为 10μs 左右。高速光耦合器的响应时间小于 1.5μs。磁隔离的元件通常是脉冲变压器。当脉冲较宽时，为避免铁心饱和，常采用高频调制和解调的方法。

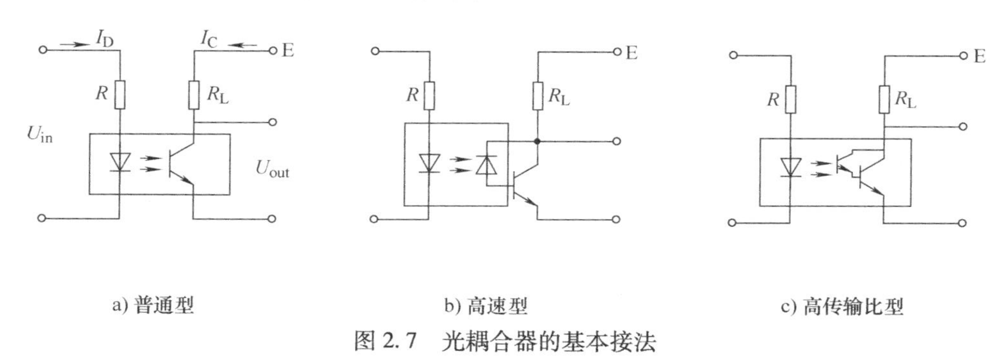

a) 普通型　b) 高速型　c) 高传输比型

图 2.7　光耦合器的基本接法

2.3.4 GTR 的过电流保护

GTR 承受电流冲击的能力很弱，使用快速熔断器作为过电流保护无任何意义，因为 GTR 可能先行烧毁。此时只能用电子开关的快速动作进行过电流保护，其原则是在集电极电流未达破坏器件之值前就撤去基极驱动信号，同时施加反向偏置使晶体管截止。

可通过减小和控制正向基极偏置使 GTR 处于饱和状态的边缘，即准饱和状态，此时其通态损耗比饱和状态下稍高，但大大低于线性放大状态。因此，工作在开关状态的 GTR 应通过基极电流 I_B 调整在准饱和区。可采用 U_{CE} 作为过载特征参数，实行有效的过电流保护。

2.4 电力 MOS 场效应晶体管（Power MOSFET）

电力 MOS 场效应晶体管（Power Metal-Oxide-Semiconductor Field-Effect Transistor，Power MOSFET）是一种多子导电的单极型电压控制型器件。它具有驱动电路简单、驱动功率小、开关速度快、工作频率高（它是所有电力电子器件中工作频率最高的）、输入阻抗高、热稳定性优良、无二次击穿及安全工作区宽等显著优点，但是电力 MOSFET 电流容量小、耐压低、通态电阻大，只适用于中小功率电力电子装置。因此，在中小功率的高性能开关电源、斩波器、逆变器中，得到了越来越广泛的应用。

2.4.1 MOSFET 的结构与工作原理

1. 结构

MOSFET 的类型很多，按导电沟道可分为 P 沟道和 N 沟道；根据栅极电压与导电沟道出现的关系可分为耗尽型和增强型。电力 MOSFET 一般为 N 沟道增强型。从结构上看，电力MOSFET常采用垂直导电结构，称为 VMOSFET（Vertical MOSFET），这种结构可提高MOSFET器件的耐电压、耐电流的能力。图 2.8 给出了具有垂直导电双扩散 MOS 结构的 VD-MOSFET（Vertical Double-diffused MOSFET）单元的结构图及图形符号。电力 MOSFET 是多元集成结构，即一个 MOSFET 器件实际上由许多小单元组成。

2. 工作原理

如图 2.8 所示，MOSFET 的三个极分别为栅极 G、漏极 D 和源极 S。以 N 沟道增强型MOSFET 为例，当漏极接正电源，源极接负电源，栅源极间的电压为零时，P 基区与 N 区之间的 PN 结反偏，漏源极之间无电流通过。如在栅源极间加一正电压 U_{GS}，则栅极上的正电压将其下面的 P 基区中的空穴推开，而将电子吸引到栅极下的 P 基区的表面，当 U_{GS}大于开启电压 U_T时，栅极下 P 基区表面的电子浓度将超过空穴浓度，从而使 P 型半导体反型成 N 型半导体，成为反型层，由反型层构成的 N 沟道使 PN 结消失，漏极和源极间开始导电。U_{GS}数值越大，MOSFET 导电能力越强，I_D也就越大。

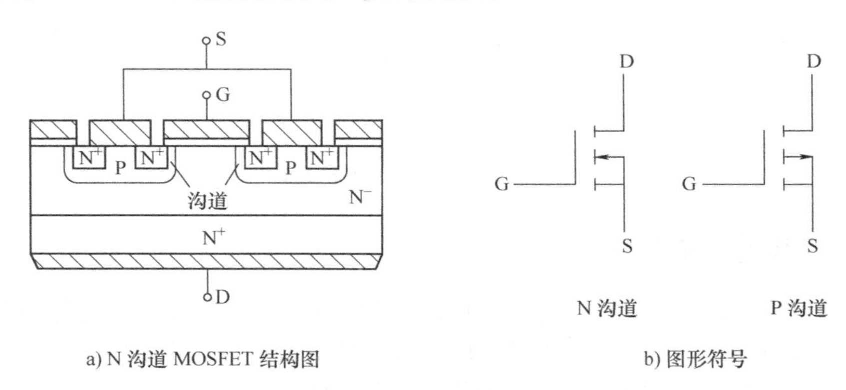

a) N 沟道 MOSFET 结构图　　b) 图形符号

图 2.8　VD-MOSFET 单元的结构图及图形符号

2.4.2 MOSFET 的主要参数

1. 漏源击穿电压 $U_{(BR)DS}$

漏源击穿电压 $U_{(BR)DS}$决定了 MOSFET 的最高工作电压，使用时应注意结温的影响，结温每升高 100℃，$U_{(BR)DS}$约增加 10%。这与双极型器件 GTR 等随结温升高而耐压降低的特性恰好相反。

2. 额定电流 I_D

额定电流 I_D指在器件内部温度不超过最高工作温度时，MOSFET 允许通过的最大漏极连续电流。I_{DM}为漏极脉冲电流峰值。

3. 栅源击穿电压 $U_{(BR)GS}$

造成栅源极之间绝缘层被击穿的电压称为栅源击穿电压 $U_{(BR)GS}$。栅源极之间的绝缘层很薄，U_{GS}>20V 就将发生绝缘层击穿。

4. 通态电阻 R_{on}

MOSFET 的通态电阻比 GTR 大，而且器件耐压越高通态电阻越大，这就是此种器件耐压等级难以提高的主要原因。通态电阻与栅源电压有关，随着栅源电压的升高通态电阻值减小。这样看似乎栅源电压越高越好，但过高的栅源电压会延缓关断时间，所以一般选择栅源电压为 10V。通态电阻几乎是结温的线性函数。随着结温升高，通态电阻增大，也就是通态电阻具有正的温度系数。

5. 最大耗散功率 P_D

最大耗散功率表示器件所能承受的最大发热功率。

2.4.3 电力 MOSFET 的驱动电路

电力 MOSFET 的输入阻抗很大，故驱动电路可做得很简单，且驱动功率也小。按驱动电路不同，电力 MOSFET 栅极的连接方式可分为直接驱动和隔离驱动，隔离驱动常采用脉冲变压器或光耦器件进行隔离。

电力 MOSFET 驱动电路的要求：

1）为提高开关速度，要求驱动电路要具有足够高的输出电压、较高的电压上升率和较小的输出电阻。

2）电力 MOSFET 各极间有分布电容，器件在开关过程中要对电容进行充放电，因此在动态驱动时还需一定的栅极驱动功率。

3）关断瞬间驱动电路最好能提供一定的负电压避免受到干扰产生误导通。

4）驱动电路结构简单可靠，损耗小，最好有隔离。

图 2.9 为电力 MOSFET 的一种驱动电路。专为驱动电力 MOSFET 而设计的还有混合集成电路，如三菱公司的 M57918L，其输入信号电流幅值为 16mA，输出最大脉冲电流为+2A 和−3A，输出驱动电压为+15V 和−10V。

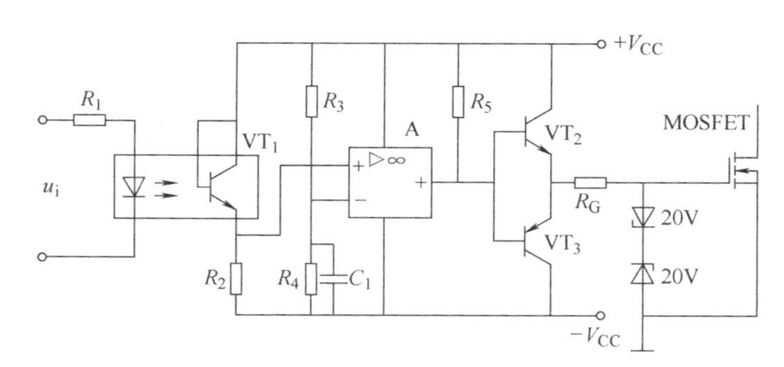

图 2.9　电力 MOSFET 的一种驱动电路

2.4.4 电力 MOSFET 并联运行的特点

1）通态电阻 R_{on}具有正温度系数，具有电流自动均衡的能力，容易并联。

2）注意选用通态电阻 R_{on}、开启电压 U_T、反馈电容 C_f等参数尽量相近的器件并联。

3）电路走线和布局应尽量对称。

4）可在源极电路中串入小电感，起到均流电抗器的作用。

2.4.5 电力 MOSFET 的测试

1. 判断栅极 G

用万用表 $R\times100\Omega$ 档，测量电力 MOSFET 任意两管脚之间的正反向电阻值，其中有一次测量时两管脚间的电阻值为数百欧，此时两表笔所接的管脚是漏极 D 与源极 S，则另一管脚是栅极 G。

2. 判断漏极 D、源极 S 及类型

用万用表 $R\times10\text{k}\Omega$ 档，测量漏极 D 与源极 S 之间的正反向电阻时，正向电阻约为几十千欧左右，反向电阻值在 $500\text{k}\Omega\sim\infty$。在测反向电阻时，红表笔所接的管脚不变，黑表笔脱离所接管脚后，与栅极触碰一下，然后黑表笔去接原管脚，此时会出现两种可能：

1）若万用表读数由原来的较大阻值变为零（在 $R\times10\text{k}\Omega$ 档），则此时红表笔所接为源极 S，黑表笔所接为漏极 D，用黑表笔触发栅极万用表读数变为零，说明该电力 MOSFET 为 N 沟道型。

2）若万用表读数仍为较大值，则黑表笔接回原管脚，用红表笔与栅极碰一下，此时万用表读数由原来较大阻值变为零，则此时黑表笔所接为源极 S，红表笔所接为漏极 D，触发栅极，万用表读数仍为零，则该电力 MOSFET 为 P 沟道型。

3. 判断电力 MOSFET 好坏

用万用表 $R\times1\text{k}\Omega$ 档测量电力 MOSFET 的任意两管脚之间的正反向电阻值，如果有两次或两次以上电阻较小，则该电力 MOSFET 损坏。

4. 电力 MOSFET 使用注意事项

1）为了安全使用电力 MOSFET，在线路的设计中不能超过管子的耗散功率、最大漏源电压、最大栅源电压和最大电流等参数的极限值。

2）各类型电力 MOSFET 在使用时，都要严格按要求的偏置接入电路中，要遵守电力 MOSFET 偏置的极性。

3）电力 MOSFET 由于输入阻抗极高，所以在运输、贮藏中必须将管脚短路，要用金属屏蔽包装，以防止外来感应电动势将栅极击穿。尤其要注意，不能将电力 MOSFET 放入塑料盒子内，保存时最好放在金属盒内，同时也要注意管的防潮。

4）为了防止电力 MOSFET 栅极感应击穿，要求一切测试仪器、工作台、电烙铁、线路本身都必须有良好的接地。管脚在焊接时，先焊源极。在连入电路之前，管的全部引线端保持互相短接状态，焊接完后才把短接材料去掉；从元器件架上取下管子时，应以适当的方式确保人体接地，如采用接地环等。当然，如果能采用先进的气热型电烙铁，焊接电力 MOSFET是比较方便的，并且确保安全。在未关断电源时，绝对不可以把管插入电路或从电路中拔出。以上安全措施在使用电力 MOSFET 时必须注意。

5）在安装电力 MOSFET 时，注意安装的位置要尽量避免靠近发热元件；为了防止管件振动，有必要将管壳体紧固起来；管脚引线在弯曲时，应当在大于根部尺寸 5mm 处进行，以防止弯断管脚和引起漏气等。对于功率型电力 MOSFET，要有良好的散热条件。因为功率型电力 MOSFET 在高负荷条件下运用，因此必须设计足够的散热器，确保壳体温度不超过额定值，使器件长期稳定可靠地工作。

2.5 绝缘栅双极晶体管（IGBT）

绝缘栅双极晶体管（Insulated-Gate Bipolar Transistor，IGBT）是一种新型复合器件，它集电力 MOSFET 和 GTR 的优点于一身，具有输入阻抗高、开关速度快、热稳定性好、所需驱动功率小而且驱动电路简单、通态压降低、阻断电压高以及承受电流大等优点。目前 400kW 以下的变频器基本上都采用 IGBT。IGBT 已逐步取代了原来 GTR 和一部分电力 MOSFET的市场，成为中小功率电力电子设备的主导器件，并在继续努力提高电压和电流容量，以期取代 GTO 晶闸管的地位。

2.5.1 IGBT 的结构与工作原理

1. 结构

IGBT 的基本结构如图 2.10a 所示，与 Power MOSFET 的结构十分相似，相当于一个用 MOSFET 驱动的厚基区 PNP 型晶体管。其内部实际上包含了两个双极结型晶体管（PNP 型及 NPN 型），它们又组合成了一个等效的晶闸管。这个等效晶闸管将在 IGBT 器件使用中引起一种“擎住效应”，会影响 IGBT 的安全使用。

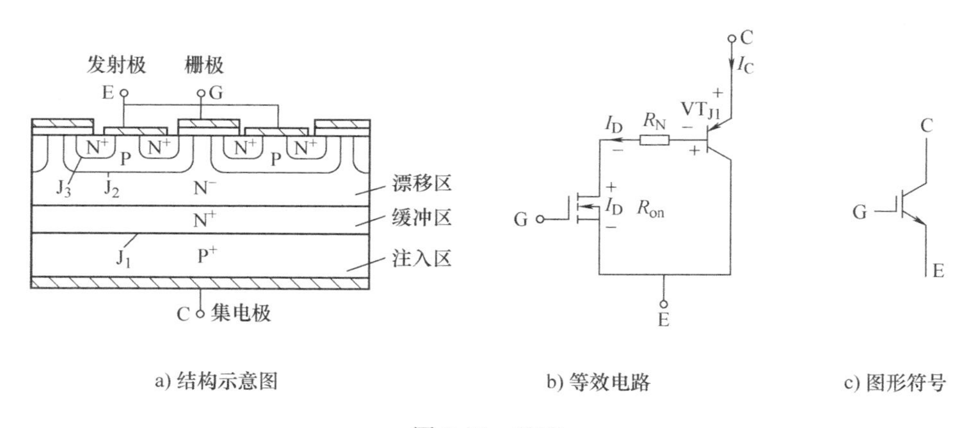

a) 结构示意图　　b) 等效电路　　c) 图形符号

图 2.10　IGBT

2. 工作原理

IGBT 的等效电路如图 2.10b 所示，是以 PNP 型厚基区 GTR 为主导器件、N 沟道 MOSFET 为驱动器件的达林顿电路结构器件，R_N为 GTR 基区内的调制电阻。图 2.10c 则是 IGBT 的电路图形符号。三个极分别为栅极 G、集电极 C 和发射极 E。

IGBT 的导通与关断由栅极电压控制。栅极加正向电压时 MOSFET 内部形成沟道，使 IGBT由高阻断态转入低阻通态。栅极加反向电压后，MOSFET 中的导电沟道消除，PNP 型晶体管的基极电流被切断，IGBT 关断。

2.5.2 IGBT 的驱动电路

IGBT 是具有 Power MOSFET 的高速开关特性和电压驱动特性及双极结型晶体管的低饱和电压特性的电力半导体器件。由于 IGBT 具有与 Power MOSFET 相似的输入特性，输入阻抗高，因此驱动电路相对比较简单，驱动功率也比较小。

IGBT 驱动电路的基本要求：

1）为快速建立驱动电压，要求驱动电路输出电阻要小。

2）具有合适的正向驱动电压 U_{GE}。当正向驱动电压 U_{GE} 增加时，IGBT 输出级晶体管的导通压降 U_{CE} 和导通损耗值将下降，一般正向驱动电压可取为 15~20V。

3）具有合适的反偏压。IGBT 关断时，栅极和发射极间加反偏压可使 IGBT 快速关断，但反偏压数值也不能过高，否则会造成栅射极反向击穿。反偏压的一般范围为-15~-5V。

4）驱动电路最好与控制电路隔离。

5）应根据 IGBT 的电流和电压额定值及开关频率的不同，选择合适的 R_G 阻值。在栅极串入一只低值电阻 R_G（数十欧左右）可以防止寄生振荡，并且可以减小集电极电流的上升率 di_C/dt。一般应选 R_G 在十几欧至几百欧之间。电阻阻值应随被驱动器件电流额定值的增大而减小。

IGBT 的驱动多采用专用的混合集成驱动器。常用的有三菱公司的 M579 系列（如 M57962L 和 M57959L）和富士公司的 EXB 系列（如 EXB840、EXB841、EXB850 和 EXB851）。同系列不同型号的驱动器其引脚和接线基本相同，只是适用被驱动器件的容量、开关频率及输入电流幅值等参数不同。

图 2.11 为 M57962L 型 IGBT 驱动器的原理和接线图。其输出正驱动电压为+15V，负驱动电压为-10V。其内部具有退饱和检测和保护环节，当发生过电流时能快速响应并关断 IGBT，并向外部电路给出故障信号。

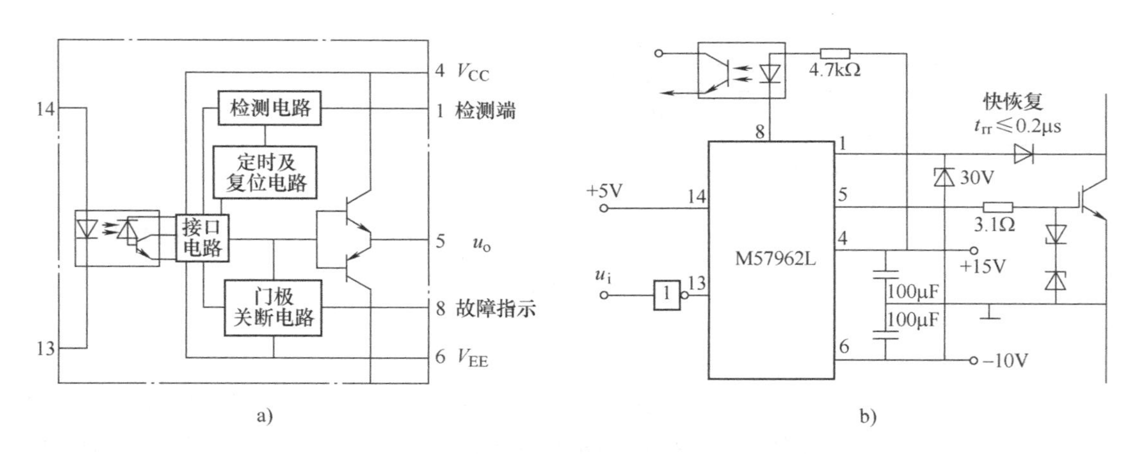

图 2.11 M57962L 型 IGBT 驱动器的原理和接线图

驱动模块的使用，大大简化了 IGBT 的驱动电路设计，且将保护与驱动集成于一体，不仅减小了控制电路的体积，而且提高了系统的抗干扰性和可靠性。

2.5.3 IGBT 并联运行的特点

1）在 1/2 或 1/3 额定电流以下的区段，通态压降具有负温度系数；在 1/2 或 1/3 额定电流以上区段，具有正温度系数。

2）并联使用时具有电流自动均衡能力，易于并联。

2.5.4 IGBT 的保护措施

IGBT 的保护措施有：

1）通过检测过电流信号来切断栅极控制信号，关断器件，实现过电流保护。

2）采用吸收电路抑制过电压、限制过大的电压上升率 dU_{CE}/dt。

3）用温度传感器检测 IGBT 的壳温，过热时使主电路跳闸予以保护。

2.5.5 IGBT 模块的选择

为了定量地选择主回路元器件，先看图 2.12 的变频器主回路。

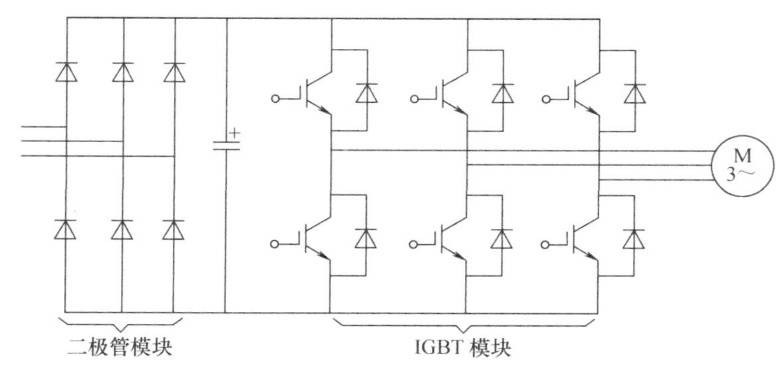

图 2.12 变频器主回路

1. 确定电压额定值 U_{CEP}

选择 IGBT 与选择整流二极管的最大不同是，整流二极管的输入端直接与电网相连，电网易受到外界的干扰，特别是雷电干扰，因此，选择的安全系数 α 较大；而 IGBT 位于逆变桥上，其输入端常与电力电容并联，起到了缓冲波动和干扰的作用，因此，安全系数不必取得很大。假定电网电压为 440V，滤波后的直流电压 E_d 由式（2.3）确定，式中 1.1 为波动系数，安全系数 α 一般取 1.1。

$$E_d = 440\text{V} \times \sqrt{2} \times 1.1\alpha = 753\text{V} \tag{2.3}$$

关断时的峰值电压 U_{CESP} 按式（2.4）计算。

$$U_{CESP} = (753\text{V} \times 1.15 + 150\text{V}) \times \alpha = 1118\text{V} \tag{2.4}$$

式中，1.15 为过电压保护系数；α 为安全系数，一般取 1.1；150V 为由 Ldi/dt 引起的尖峰电压。

令 $U_{CEP} \geqslant U_{CESP}$，并向上靠拢 IGBT 的实际电压等级，取 $U_{CEP} = 1200\text{V}$。

2. 确定额定电流值 I_C

设电网电压 U_{in} 为 440V，负载功率为 45kW，变频器容量为 67kVA。

变频器容量
$$P = \sqrt{3} U_0 I_0 \tag{2.5}$$

其中
$$U_0 = 0.9 U_{in} \tag{2.6}$$

$$I_0 = I_C / (\sqrt{2} \times 1.5 \times 1.4) \tag{2.7}$$

式中，0.9 为电网电压向下的波动系数；$\sqrt{2}$ 为表征 I_0 峰值的系数；1.5 为表征允许 1min 的过载容量的系数；1.4 为 I_C 减小系数。

由式（2.5）、式（2.6）和式（2.7）可得

$$I_C=\frac{\sqrt{2}\times1.5\times1.4P}{\sqrt{3}\times0.9U_{in}}\approx290A$$

根据 IGBT 的等级，实取 300A，即 300A/1200V。

表 2.1、表 2.2 为不同电动机额定功率、不同变频器额定容量下 IGBT 模块的选用情况。

表 2.1 AC 220V 电压下 IGBT 模块选用

电动机额定功率/kW	变频器额定容量/kVA	变频器用的 IGBT 模块
0.75	1	15A，600V，六合一
1.1	1.5	15A，600V，六合一
1.5	2	20A，600V，六合一
2.2	3	30A，600V，六合一
3.7	5	50A，600V，六合一
5.5	7.5	75A，600V，六合一
7.5	10	100A，600V，六合一
11	15	150A，600V，六合一
15	20	200A，600V，双单元 3 只
18	25	300A，600V，双单元 3 只
22	30	300A，600V，双单元 3 只
30	40	400A，600V，双单元 3 只
37	50	600A，600V，双单元 3 只

表 2.2 AC 460/480V 电压下 IGBT 模块选用

电动机额定功率/kW	变频器额定容量/kVA	变频器用的 IGBT 模块
0.75	1	15A，1200V，六合一
1.1	1.5	15A，1200V，六合一
1.5	2	20A，1200V，六合一
2.2	3	30A，1200V，六合一
3.7	5	30A，1200V，六合一
5.5	7.5	50A，1200V，六合一
7.5	10	50A，1200V，六合一
11	15	75A，1200V，六合一
15	20	100A，1200V，双单元 3 只
18	25	150A，1200V，双单元 3 只
22	30	150A，1200V，双单元 3 只
30	40	200A，1200V，双单元 3 只
37	50	300A，1200V，双单元 3 只
45	60	300A，1200V，双单元 3 只
55	75	400A，1200V，双单元 3 只
75	100	600A，1200V，一单元 6 只

2.5.6 IGBT 的测试

1. 判断 IGBT 极性

首先将万用表拨在 $R\times1k\Omega$ 档，用万用表测量时，若某一极与其他两极间阻值为无穷大，调换表笔后该极与其他两极的阻值仍为无穷大，则判断此极为栅极 G。其余两极再用万用表测量，若测得阻值为无穷大，调换表笔后测量阻值较小，则在测量阻值较小的一次中，红表笔接的为集电极 C；黑表笔接的为发射极 E。

2. 判断 IGBT 好坏

将万用表拨在 $R\times10k\Omega$ 档，用黑表笔接 IGBT 的集电极 C，红表笔接 IGBT 的发射极 E，此时万用表的指针在零位。用手指同时触及一下栅极 G 和集电极 C，这时 IGBT 被触发导通，万用表的指针摆向阻值较小的方向，并能停在某一位置。然后再用手指同时触及一下栅极 G 和发射极 E，这时 IGBT 被阻断，万用表的指针回零。此时即可判断 IGBT 是好的。

注意判断 IGBT 好坏时，一定要将万用表拨在 $R\times10k\Omega$ 档，因 $R\times1k\Omega$ 档以下各档内部电池电压太低，检测好坏时不能使 IGBT 导通，而无法判断 IGBT 的好坏。此方法同样也可以用于检测电力 MOSFET 的好坏。

3. IGBT 模块使用注意事项

（1）IGBT 模块的选定　在使用 IGBT 模块的场合，选择何种电压、电流规格的 IGBT 模块，需要进行周密考虑。

1）电流规格。IGBT 模块的集电极电流增大时，U_{CE}上升，所产生的额定损耗亦增大。同时，开关损耗增大，器件发热加剧。因此，根据额定损耗、开关损耗所产生的热量，控制器件结温 T_J在 150℃以下（通常为安全起见，以 125℃以下为宜），选择的电流规格在这时的集电极电流以下为宜。特别是用作高频开关时，由于开关损耗增大，发热也加剧，需十分注意。

一般来说，要将集电极电流的最大值控制在直流额定电流以下使用。

2）电压规格。IGBT 模块的电压规格与所使用装置的输入电源即市电电源电压紧密相关，见表 2.3。根据使用目的，并参考表 2.3，选择相应的 IGBT 模块。

表 2.3　IGBT 模块的电压规格与电源电压关系

	IGBT 模块的电压规格/V		
	600	1200	1400
电源电压/V	200；220；230；240	346；350；380；400；415；440	575

（2）防止静电　IGBT 模块的 U_{GE}的耐压值为±20V，在 IGBT 模块上加超出耐压值的电压的场合，会有导致 IGBT 模块损坏的危险，因而在栅极-发射极之间不能加超出耐压值的电压。

在使用 IGBT 模块的场合，如果栅极回路不合适或者栅极回路完全不能工作（栅极处于开路状态），此时若在主回路上加上电压，IGBT 就会损坏，为防止这类损坏情况发生，应在栅极-发射极之间接一只 10kΩ 左左的电阻为宜。

此外，由于 IGBT 模块为 MOS 结构，对于静电要十分注意。应注意下面几点：

1）在使用模块时，若手持分装件，不可触摸驱动端子部分。

2）在用导电材料连接驱动端子的模块时，在配线未布好之前，先不要接上模块。

3）尽量在底板良好接地的情况下操作。

4）当必须要触摸模块端子时，要先将人体或衣服上的静电放电后，再触摸。

5）在焊接作业时，焊机与焊槽之间的泄漏容易引起静电压的产生，为了防止静电的产生，应使焊机处于良好的接地状态下。

6）应选用不带静电的容器来装部件。

（3）并联问题　在控制大电流场合使用 IGBT 模块时，可以使用多个器件并联。并联时，使每个器件流过均等的电流是非常重要的，一旦电流平衡达到破坏，那么电流过于集中的那个器件将可能被损坏。为使并联时电流能平衡，挑选集射极间电压 $U_{CE(sat)}$ 相同的器件并联是很重要的。

（4）其他注意事项

1）保存半导体器件的场所的温度和湿度应保持在常温常湿状态，不应偏离太大。常温的规定为 5~35℃，常湿的规定为 45%~75%。

2）导通、关断时的浪涌电压等的测定，应在端子处测定。

2.6 其他新型功率半导体器件

2.6.1 静电感应晶体管和静电感应晶闸管

静电感应晶体管（SIT）和静电感应晶闸管（SITH）是两种结构与原理有许多相似之处的新型高频大功率电力电子器件，是利用静电感应原理控制工作电流的功率开关器件。SIT 和 SITH 具有功耗低、开关速度高、输入阻抗高及可用栅压控制开关的优点，在感应加热、超声波加工、广播发射等高频大功率装置以及逆变电源、开关电源、放电设备电源等新型电源的应用中具有很强的优势。

1. 静电感应晶体管（SIT）

图 2.13a 为 SIT 的结构原理图，图 2.13b 为 SIT 的图形符号。

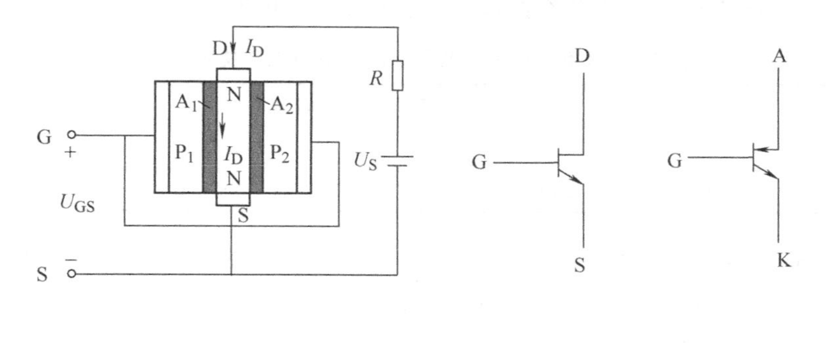

a) SIT 的结构　　b) SIT 的图形符号　　c) SITH 的图形符号

图 2.13　SIT 的结构、图形符号和 SITH 图形符号

静电感应晶体管（SIT）是一种结型场效应晶体管，于 1970 年已开始研制。SIT 引出漏极 D、源极 S 和栅极 G 三个端子。当 G、S 之间电压 $U_{GS}=0$ 时，电源 U_S 可以经很宽的 N 区（有多数载流子电子可导电）流过电流，N 区通道的等效电阻不大，SIT 处于通态。如果在

G、S两端外加负电压，即 $U_{GS}<0$，即图2.13a中半导体N接正电压，半导体P接负电压，P_1N 与 P_2N 这两个PN结都加了反向电压，则会形成两个耗尽层 A_1 和 A_2（耗尽层中无载流子，不导电），使原来可以导电的N区变窄，等效电阻加大。当G、S之间的反偏电压大到一定的临界值以后，两侧的耗尽层变宽连在一起，可使导电的N区消失，则漏极D和源极S之间的等效电阻变为无限大而使SIT转为断态。由于耗尽层是由外加反偏电压形成静电场而产生的，通过外加反偏电压形成静电场作用控制管子的通、断状态，故称之为静电感应晶体管。SIT在电路中的开关作用类似于一个继电器的常闭触点，G、S两端无外加电压 $U_{GS}=0$ 时SIT处于通态（闭合）接通电路，有外加反偏电压 U_{GS} 作用后SIT由通态（闭合）转为断态（断开）。

2. 静电感应晶闸管（SITH）

静电感应晶闸管（SITH）又称为场控晶闸管（Field Controlled Thyristor，FCT），其图形符号如图2.13c所示，其通断控制机理与SIT类似。结构上的差别仅在于SITH在SIT结构的基础上增加了一个PN结，而在内部多形成了一个晶体管，两个晶体管构成一个晶闸管而称之为静电感应晶闸管。

栅极不加电压时，SITH与SIT一样也处于通态，外加栅极负电压时由通态转入断态。由于SITH比SIT多了一个具有少子注入功能的PN结，所以SITH属于两种载流子导电的双极型功率器件。实际使用时，为了使器件可靠地导通，常取5~6V的正栅压而不是零栅压以降低器件通态压降。一般关断SIT和SITH需要几十伏的负栅压。

2.6.2 MOS门控晶闸管和集成门极换流晶闸管

1. MOS门控晶闸管（MCT）

MOS门控晶闸管（MCT）的静态特性与晶闸管相似，由于它的输入端由MOS场效应晶体管控制，因此MCT属于场控型器件，其开关速度快，驱动电路比GTO晶闸管的驱动电路要简单；MCT的输出端为晶闸管结构，其通态压降较低，与SCR相当，比IGBT和GTR都要低。

MCT的结构类似于IGBT，是一种复合型大功率器件，它将电力MOSFET的高输入阻抗、低驱动功率及快开关速度和晶闸管的高电压、大电流、低导通压降的特点结合起来。其等效电路及图形符号如图2.14所示。

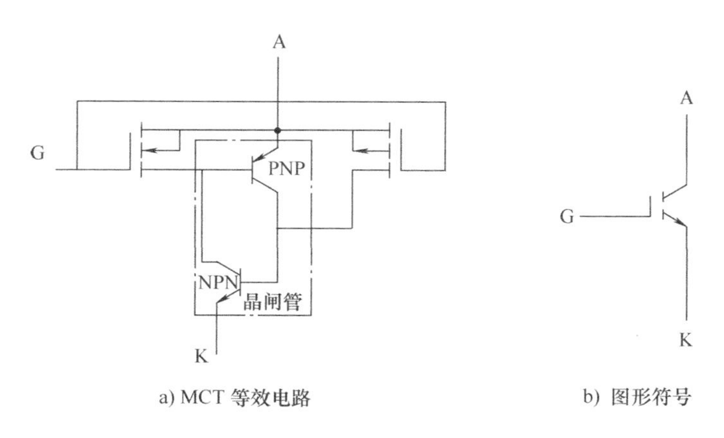

a) MCT等效电路　　b) 图形符号

图2.14　MCT等效电路及图形符号

2. 集成门极换流晶闸管（IGCT）

集成门极换流晶闸管（IGCT）于20世纪90年代开始出现。IGCT的结构是将GTO晶闸管芯片与反并联二极管和门极驱动电路集成在一起，再将其门极驱动器在外部以低电感方式连接成环状的门电极。IGCT具有大电流、高电压、高开关频率（比GTO晶闸管高10倍）、结构紧凑、可靠性好、损耗低及制造成品率高等特点。目前，IGCT已在电力系统中得到应用，以后有可能取代GTO晶闸管在大功率场合应用的地位。

2.6.3 功率模块与功率集成电路

近年来，功率半导体器件研制和开发中的一个共同趋势是模块化。功率半导体开关模块（功率模块）是把同类的开关器件或不同类的一个或多个开关器件，按一定的电路拓扑结构连接并封装在一起的开关器件组合体。模块化可以缩小开关电路装置的体积，降低成本，提高可靠性，便于电力电子电路的设计、研制，更重要的是由于各开关器件之间连线紧凑，减小了线路电感，在高频工作时可以简化对保护电路、缓冲电路的要求。

功率模块（Power Module）最常见的拓扑结构有串联、并联、单相桥、三相桥以及它们的子电路，而同类开关器件的串、并联的目的是提高整体额定电压、电流。

如将功率半导体器件与电力电子装置控制系统中的检测环节、驱动电路、故障保护、缓冲环节和自诊断等电路制作在同一芯片上，则构成功率集成电路（Power Integrated Circuit，PIC）。PIC中有高压集成电路（High Voltage IC，HVIC）、智能功率集成电路（Smart Power IC，SPIC）、智能功率模块（Intelligent Power Module，IPM）等，这些功率模块已得到了较为广泛的应用。

下面主要介绍智能功率模块。

智能功率模块（Intelligent Power Module，IPM）将大功率开关器件和驱动电路、保护电路、检测电路等集成在同一个模块内，是PIC的一种。目前采用较多的是IGBT作为大功率开关器件的模块，模块内集成了电流传感器，可以检测过电流及短路电流，不需要外加电流检测元件。模块内有过电流、短路、欠电压和过热等保护功能，任何一种保护功能动作，输出即为关断状态，同时输出故障信号。

1. IPM内部基本结构

三菱电机公司在1991年推出的智能功率模块（IPM）由高速、低功耗的IGBT芯片和优化的门极驱动及保护电路构成，其内部基本结构如图2.15所示。由于采用了能连续监测功率器件电流的具有电流传感功能的IGBT芯片，从而实现了高效的过电流保护和短路保护。IPM集成了过热和欠电压锁定保护电路，系统的可靠性得到进一步提高。目前，IPM已经在中频（<20kHz）、中功率范围内得到了应用。

IPM的特点为：

1）内含驱动电路：设定最佳IGBT驱动条件。

2）内含过电流保护、短路保护：在芯片中用辅助IGBT作为电流传感器，使检测功耗小、灵敏、准确。

3）内含欠电压保护：当控制电源电压小于规定值时保护。

4）内含过热保护：为了防止IGBT和续流二极管过热，在IGBT的内部绝缘基板上设有温度检测元件，结温过高则输出报警信号。

5）内含报警输出：把报警输出信号送往变频器的单片机，可使系统停止工作。

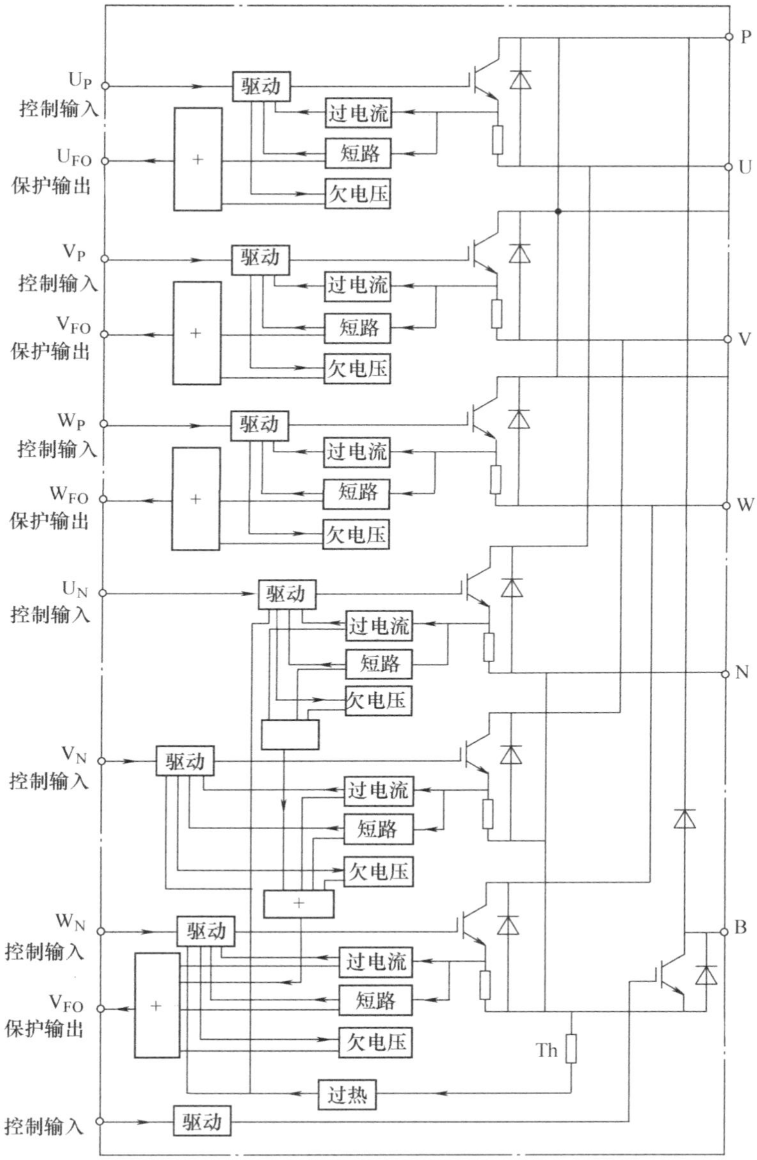

图 2.15　IPM 内部基本结构

6）内含制动电路：用户如有制动要求可另购选件，在外电路规定端子上接制动电阻，即可实现制动。

7）散热效果好：采用陶瓷绝缘结构，可以直接将模块安装在散热器上，散热效果好。

2. IPM 驱动电路的选择及其注意事项

IPM 驱动电路可采用光耦合电路和双脉冲变压器实现。

（1）光耦合电路　IPM 驱动电路要求信号传输延迟时间在 0.5μs 以内，所以器件只能采用快速光耦合。为了提高信号传输速度，可选用逻辑门光耦合器 6N137。该器件隔离电压高、共模抑制性强、速度快、高电平输出传输延迟时间和低电平输出传输延迟时间都为48ns，最大值为75ns。但该器件工作于TTL电平，而IPM的开关逻辑信号高电平为15V，因此需要设计一个电平转换电路。

（2）双脉冲变压器　对于20kHz的PWM开关控制信号，可采用脉冲变压器直接传送，但注意存在磁心体积较大和开关占空比范围受限制的问题。对于20kHz的PWM开关控制信号，也可采用4MHz高频调制的方法来实现PWM信号的传送，这种信号传输方式不仅可大大减小磁心尺寸和降低成本，更重要的是通过大幅度减小脉冲变压器一、二次侧的耦合分布电容，使脉冲变压器的电气隔离性能得到改善，抑制电压变化率 du/dt 的能力得到进一步提高，同时使PWM信号的开关占空比不受限制。

表2.4为220V电动机变频器用IPM选用表，表2.5为400V电动机变频器用IPM选用表。

表2.4　220V电动机变频器用IPM选用表

电动机额定功率/kW	I_C（峰值）/A	可用的IPM	最小过电流动作数值/A
0.4	6.4	10A，600V，六合一	12
0.75	10.7	15A，600V，六合一	18
1.5	17.0	20A，600V，六合一	28
2.2	23.3	30A，600V，六合一	39
3.7	36	50A，600V，七合一	65
5.5	51	75A，600V，七合一	115
7.5	70	75A，600V，七合一	115
11	98	100A，600V，七合一	158
15	129	150A，600V，七合一	210
18.5	161	150A，600V，七合一	210
22	191	200A，600V，七合一	310
30	244	300A，600V，双单元3个	390
37	308	400A，600V，双单元3个	500
45	371	400A，600V，双单元3个	500
55	456	600A，600V，双单元3个	740

表2.5　400V电动机变频器用IPM选用表

电动机额定功率/kW	I_C（峰值）/A	可用的IPM	最小过电流动作数值/A
0.4	3.6	10A，1200V，七合一	15
0.75	5.9	10A，1200V，七合一	15
1.5	9.3	10A，1200V，七合一	15
2.2	14	15A，1200V，七合一	22
3.7	21	25A，1200V，七合一	32
5.5	28	50A，1200V，七合一	59
7.5	40	50A，1200V，七合一	59
11	54	50A，1200V，七合一	59

（续）

电动机额定功率/kW	I_C（峰值）/A	可用的 IPM	最小过电流动作数值/A
15	72	75A，1200V，六合一	105
18.5	89	100A，1200V，六合一	240
45	201	200A，1200V，双单元 3 个	240
55	257	300A，1200V，双单元 3 个	380
75	350	400A，1200V，一单元 6 个	480
110	515	600A，1200V，一单元 6 个	740

3. IGBT 智能功率模块应用举例

图 2.16 是富士 R 系列 IPM 的一种应用电路，该 IPM 控制端子的功能见表 2.6，型号为 7MBP50RA060-01，含义见表 2.7。使用时应注意：控制电源上桥臂使用三组，下桥臂和制动单元可共用 1 组。4 组控制电源之间必须相互绝缘，控制电源与主电源之间的距离应大于 2mm。

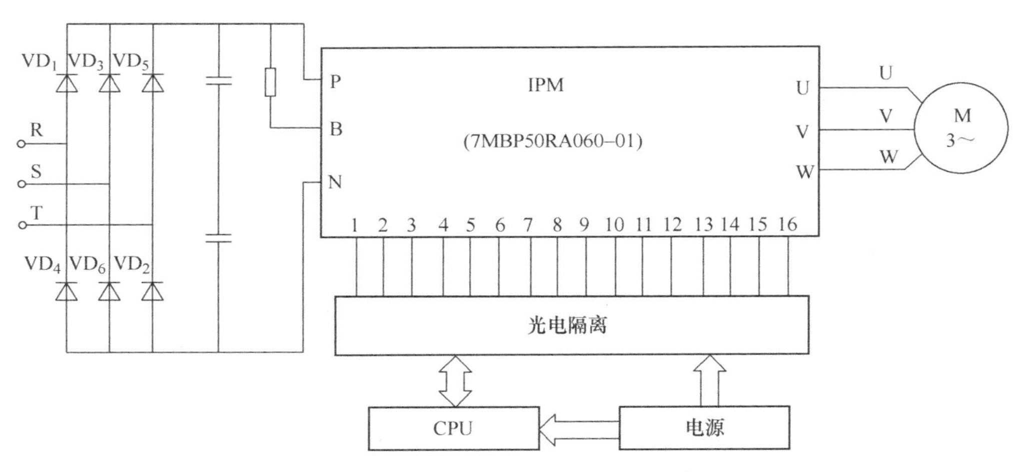

图 2.16 富士 R 系列 IPM 应用电路

表 2.6 富士 R 系列 IPM 控制端子功能说明

端子号	功 能	端子号	功 能
1	上桥臂 U 相驱动电源输入负端	9	上桥臂 W 相驱动电源输入正端
2	上桥臂 U 相控制信号输入端	10	下桥臂共用驱动电源输入负端
3	上桥臂 U 相驱动电源输入正端	11	下桥臂共用驱动电源输入正端
4	上桥臂 V 相驱动电源输入负端	12	制动单元控制信号输入端
5	上桥臂 V 相控制信号输入端	13	下桥臂 X 相控制信号输入端
6	上桥臂 V 相驱动电源输入正端	14	下桥臂 Y 相控制信号输入端
7	上桥臂 W 相驱动电源输入负端	15	下桥臂 Z 相控制信号输入端
8	上桥臂 W 相控制信号输入端	16	报警输出

表 2.7 富士 R 系列 IPM 型号含义

格式	主器件数（6 或 7）	IPM	额定电流/A	系列名称	系列号	耐压值（600V，060）（1200V，120）	品种序号
型号	7	MBP	50	R	A	060	01
含义	耐压 600V，额定电流 50A，带制动单元的 IPM（6—不带制动单元的 IGBT）						

2.6.4 功率半导体器件应用特点

常用功率半导体器件的应用特点见表 2.8。

表 2.8 常用功率半导体器件的应用特点

名　称	英文简称	控制方式	最高电压、电流及频率
普通晶闸管	SCR	电流	最高电压 1000～4000V 最大电流 1000～3000A 最高频率 1～10kHz
电力晶体管	GTR	电流	最高电压 450～1400V 最大电流 30～800A 最高频率 10～50kHz
电力 MOS 场效应晶体管	Power MOSFET	电压	最高电压 50～1000V 最大电流 100～200A 最高频率 500kHz ～200MHz
绝缘栅双极晶体管	IGBT	电压	最高电压 1800～3300V 最大电流 800～1200A 最高频率 10～50kHz
集成门极换流晶闸管	IGCT	电压	最高电压 4500～6000V 最大电流 4000～6000A 最高频率 20～50kHz
MOS 门控晶闸管	MCT	电压	最高电压 450～3300V 最大电流 400～1200A 最高频率 100kHz ～1MHz

2.7 缓冲电路

缓冲电路（Snubber Circuit）又称为吸收电路，其作用是抑制电力电子器件的过电压和 du/dt 或者过电流和 di/dt，降低电力电子开关器件的开关应力，将开关过程软化，减小器件的开关损耗并对器件给予可靠的保护，维护系统安全运行。

缓冲电路可分为关断缓冲电路和导通缓冲电路。关断缓冲电路又称为 du/dt 抑制电路，用于吸收器件的关断过电压和换相过电压，抑制 du/dt，减小关断损耗。导通缓冲电路又称为 di/dt 抑制电路，用于抑制器件导通时的电流过冲和 di/dt，减小器件的导通损耗。关断缓冲电路和导通缓冲电路结合在一起，则称为复合缓冲电路。还可以用另外的分类方法：如果缓冲电路中储能元件的能量消耗在其吸收电阻上，则称其为耗能式缓冲电路；如果缓冲电路中储能元件的能量反馈给负载或电源，则称其为馈能式缓冲电路或无损吸收电路。

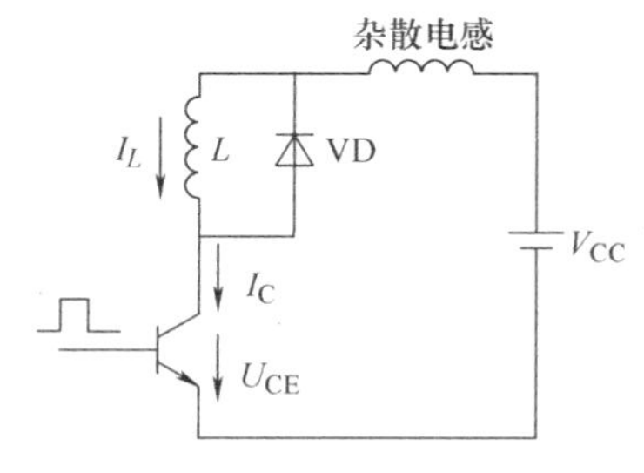

图 2.17　GTR 带电感负载

如图 2.17 所示，GTR 带电感负载，为抑制 GTR 关断时产生的负载自感过电压，电感 L 两端常并接续流二极管 VD，使 GTR 关断时负载电流 I_L经它续流。无论导通还是关断的过程，GTR 都要经历电压、电流同时很大的一段时间，造成开关损耗 p 很大，如图 2.18 所示，这就限制了器件的工作频率。为此，需采用缓冲电路来解决开关损耗过大问题，其基本思想是错开高电压、大电流出现的时刻，使两者之积（瞬时功率）减小。

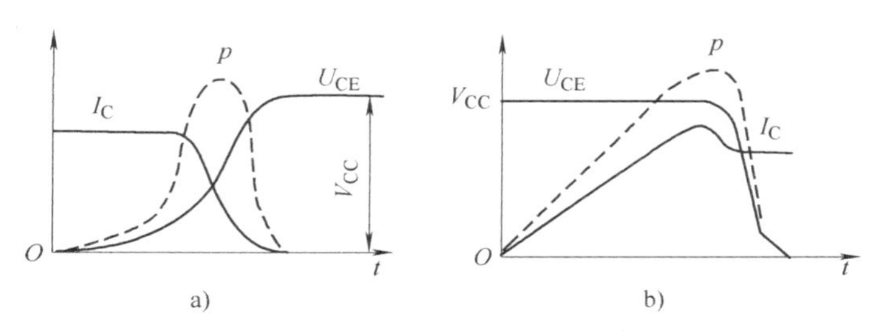

图 2.18　GTR 的关断、导通过程

图 2.19a 为 GTR 关断缓冲电路，它是在 GTR 集射极间并联电容 C_S，利用电容两端电压不能突变的原理延缓关断时集射极间电压 U_{CE}的上升速度，使 U_{CE}达最大值之前集电极电流 I_C已变小，从而使关断过程开关损耗 p 变小，如图 2.19b 所示。图 2.19a 中串联电阻是为了限制 GTR 导通时电容的放电电流，二极管 VD 则是在 GTR 关断时将 R 旁路，以充分利用电容的稳压作用。

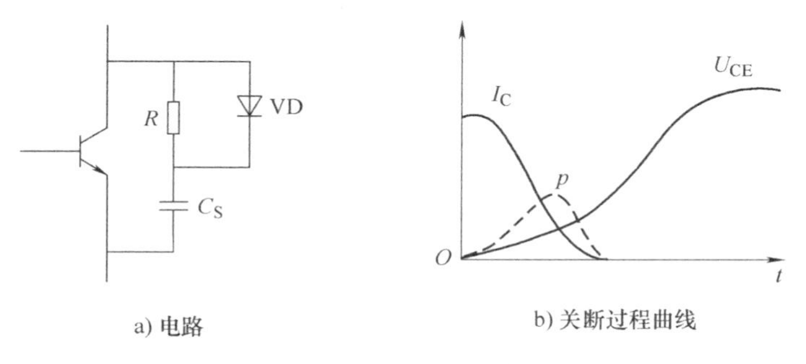

图 2.19　GTR 关断缓冲电路

图 2.20a 为 GTR 导通缓冲电路，其中与 GTR 串联的电感 L_S延缓了集电极电流的增长速度，且当电流急剧增大时会在其上产生较大压降，使得集射极间电压在导通时迅速下降。这样电压、电流出现最大值的时间错开，导通时开关损耗 p 明显减少，如图 2.20b 所示。图 2.20a中与 L_S并联电阻可使 GTR 关断后续流电流迅速衰减，二极管则在 GTR 导通时隔离

R_S对 L_S的旁路作用。在实用中常将导通与关断缓冲电路组合在一起构成复合缓冲电路，如图 2.21所示。

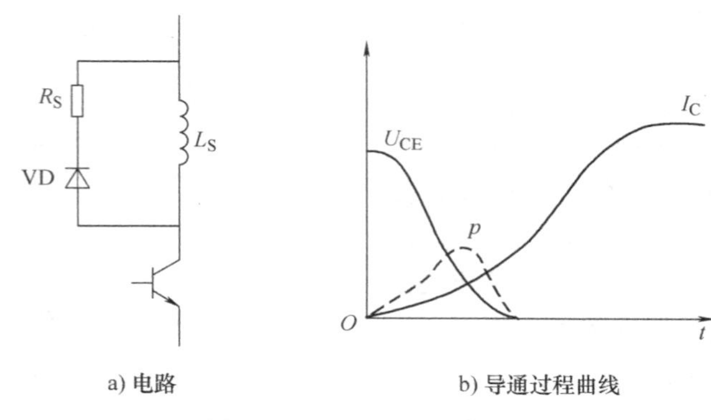

图 2.20 GTR 导通缓冲电路

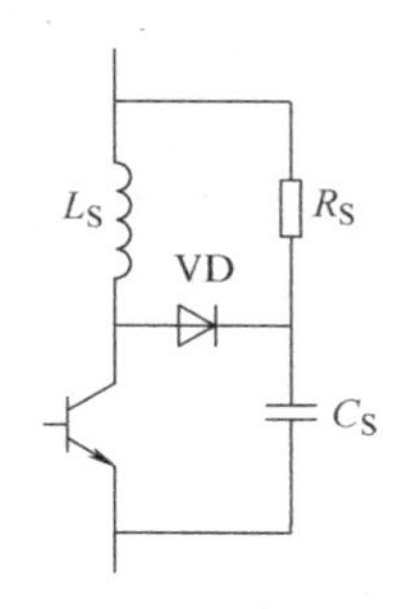

图 2.21 GTR 复合缓冲电路

本章小结

本章主要介绍了变频器常用的典型电力电子器件：晶闸管（SCR)、门极关断晶闸管(GTO 晶闸管)、电力晶体管（GTR)、电力 MOS 场效应晶体管（Power MOSFET)、绝缘栅双极晶体管（IGBT)、功率模块与功率集成电路（智能功率模块 IPM 等）等各种功率半导体器件的基本结构、工作原理和主要参数等内容。

通过本章学习，重点内容总结如下：

1）SCR、GTR、GTO 晶闸管等器件为电流驱动控制型器件。电流驱动控制型器件具有通态压降低、导通损耗小、工作频率低、驱动功率大及驱动电路复杂等特点。

2）Power MOSFET、IGBT 等器件为电压驱动控制型器件。电压驱动控制型器件具有输入阻抗大、驱动功率小、驱动电路简单及工作频率高等特点。

3）电力电子器件的驱动电路要满足相应的驱动要求，并且要提供控制电路与主电路之间的电气隔离环节。

4）掌握 SCR、MOSFET、IGBT 等器件各极判定和判断器件好坏。

5）智能功率模块（IPM）是将大功率半导体器件和驱动电路、保护电路、检测电路等集成在同一个模块内，是 PIC 的一种。

思考与练习

1. 晶闸管的导通条件是什么？关断条件是什么？维持晶闸管导通的条件是什么？导通后流过晶闸管的电流由哪些因素决定？怎样才能使晶闸管由导通变为关断？

2. 晶闸管在单相正弦波电压下工作，有效值为 220V 时，若考虑晶闸管的安全裕量，其额定电压应选多大？

3. 如图 2.22 所示，晶闸管型号为 KF100-3，其维持电流为 4mA，在以下电路中使用是否合理？为什么？（未考虑电压、电流安全裕量）

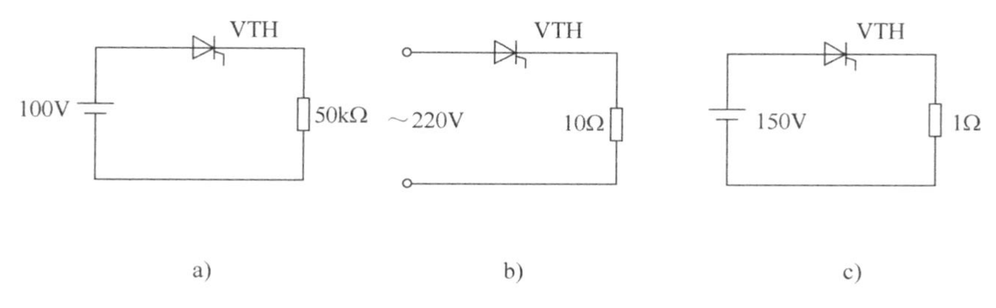

图 2.22 KF100-3 晶闸管电路

4. IGBT 的应用特点是什么？
5. 试说明 IGBT、GTR、GTO 晶闸管和电力 MOSFET 的优缺点。
6. GTO 晶闸管、GTR 和电力 MOSFET 的驱动电路各有什么特点？
7. IPM 的应用特点是什么？
8. 缓冲电路的主要作用是什么？
9. 晶闸管的触发电路有哪些要求？

第 3 章　通用变频器的基本工作原理

根据三相异步电动机调速原理，在电动机调速时，如果保持电动机的磁极对数和转差率不变，那么旋转磁场的转速与电源的频率成正比。也就是说只要改变电源的频率就可以调节旋转磁场的转速，从而实现电动机转子调速，即变频调速。

因此要实现异步电动机的变频调速，必须能够改变电动机供电电源的频率和电压。从这个角度看，变频器就是一种把电压和频率固定的交流电转化为电压和频率均可调的交流电的电力电子电源变换装置。

在实际应用中，根据实现电压和频率调节的方式不同，变频器可分为交-直-交变频器和交-交变频器，变频调速系统示意图如图 3.1 所示。

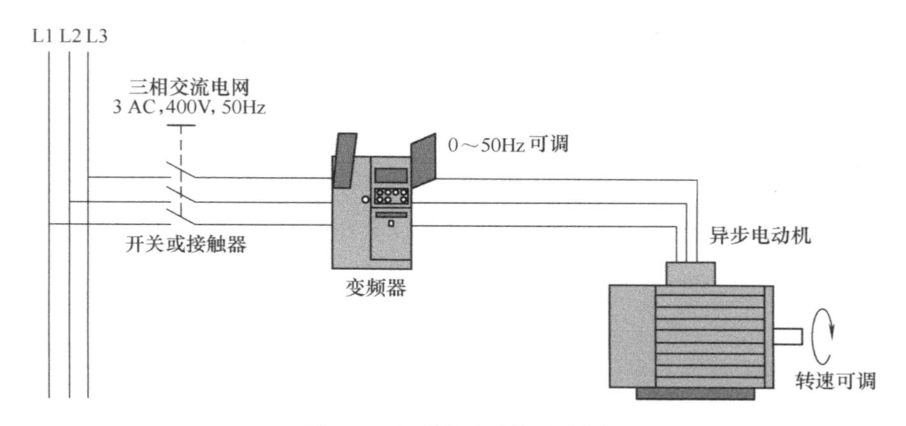

图 3.1　变频调速系统示意图

3.1 交-直-交变频器的工作原理

交-直-交变频器先把电压和频率固定的交流电整流成直流电，再把直流电逆向转化成电压和频率均连续可调的交流电。由于这种方法容易实现，技术成熟，而且变频特性优良，获得了广泛应用。

交-直-交变频器系统组成框图如图 3.2 所示。交-直-交变频器的主电路由整流电路、中间电路和逆变电路三部分组成，主电路内部结构如图 3.3 所示，在工作过程中，从电网接入幅值和频率都恒定的交流电压信号，经由整流器转换为直流电压，再经逆变器转化为幅值和频率都可调的交流电压信号，电压信号以交流-直流-交流形式转换，从而实现电动机变频调速。

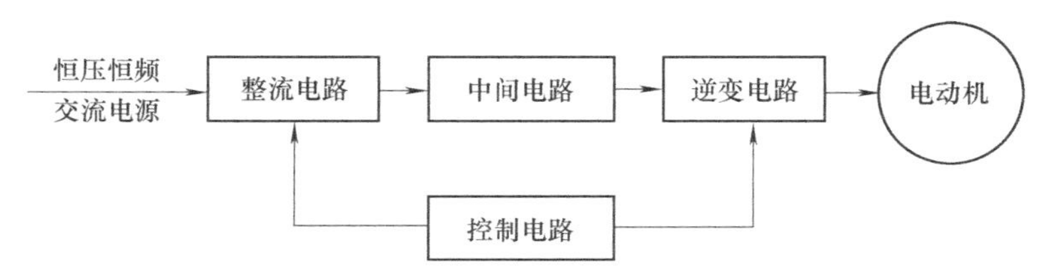

图 3.2　交-直-交变频器系统组成框图

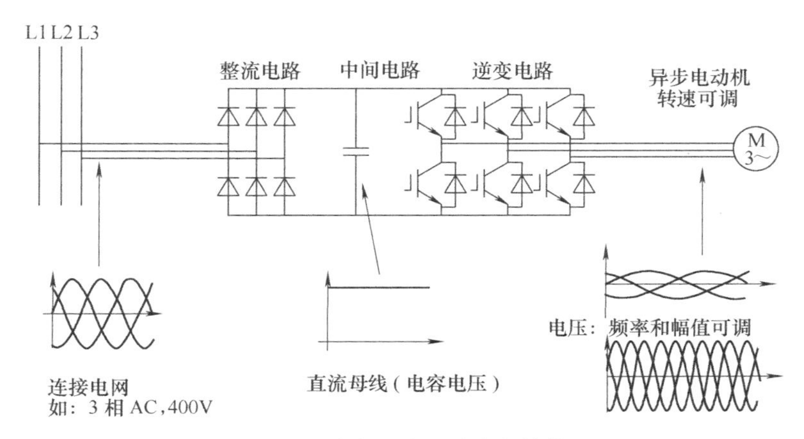

图 3.3　变频器主电路内部结构

3.1.1 整流电路

整流电路的功能是将交流电转换为直流电。整流电路按使用的器件不同分为不可控整流电路和可控整流电路；按输入交流电源的相数不同分为单相整流电路、三相整流电路和多相整流电路。

1. 不可控整流电路

不可控整流电路使用的器件为电力二极管。变频器中应用最多的三相桥式不可控整流电路如图 3.4 所示。

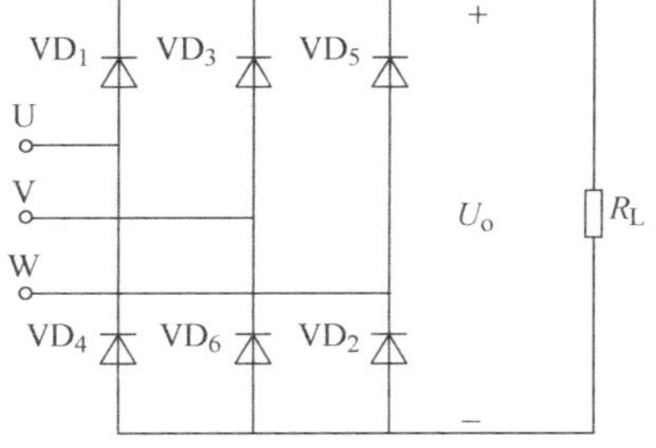

图 3.4　三相桥式不可控整流电路

三相桥式不可控整流电路共有 6 只整流二极管，其中 3 只二极管 VD_1、VD_3、VD_5 的阴极连接在一起，称为共阴极组；另外 3 只二极管 VD_2、VD_4、VD_6 的阳极连接在一起，称为共阳极组。三相对称交流电源 U 相、V 相、W 相的电压波形如图 3.5a 所示，把三相交流电压波形在一个周期内 6 等分，分点为自然换相点。在接入电源工作期间，每等份时间段内，在共阴极组中阳极电位最高的二极管优先导通，在共阳极组中阴极电位最低的二极管优先导通。同一时刻每组各一只二极管同时导通，其余四只反向截止。在自然换相点各二极管换相导通或截止，整流电路输出波形如图 3.5b 所示。在每个周期内，每只二极管导通 1/3 周期，即导通角为 120°，极性始终上正下负，为脉动直流电压。

负载电阻 R_L 上输出的平均电压 U_o 为输入相电压 U_2 的 2.34 倍，即

$$U_o = 2.34U_2 \tag{3.1}$$

式中，U_o 为整流电路输出电压；U_2 为三相电网输入的相电压。因此，在工作过程中平均电压值不可控，即不可控整流。

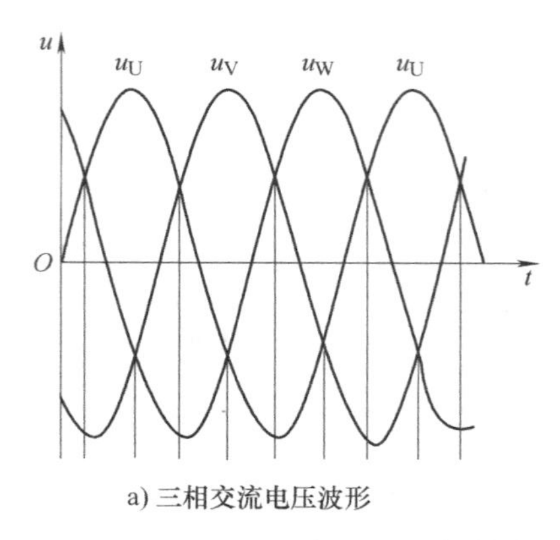

a) 三相交流电压波形

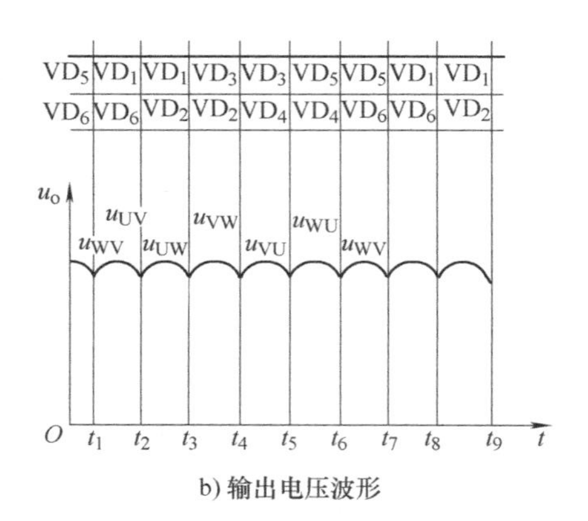

b) 输出电压波形

图 3.5　三相桥式不可控整流电路的电压波形

2. 可控整流电路

将图 3.5 所示三相桥式不可控整流电路中的二极管换为晶闸管，就成为三相桥式全控整流电路，如图 3.6 所示。

可控整流电路的工作原理与不可控整流电路的工作原理相似。当晶闸管触发延迟角 $\alpha=0°$时，三相桥式全控整流电路的电压波形如图 3.7 所示。三相交流电源电压 u_U、u_V、u_W 正半波的自然换相点为 1、3、5，负半波的自然换相点为 2、4、6。

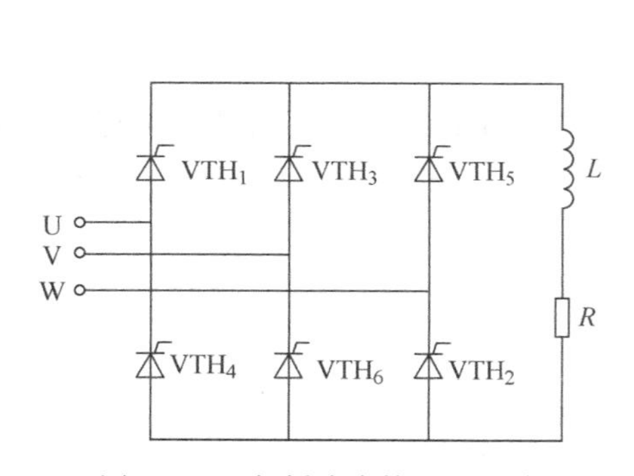

图 3.6　三相桥式全控整流电路

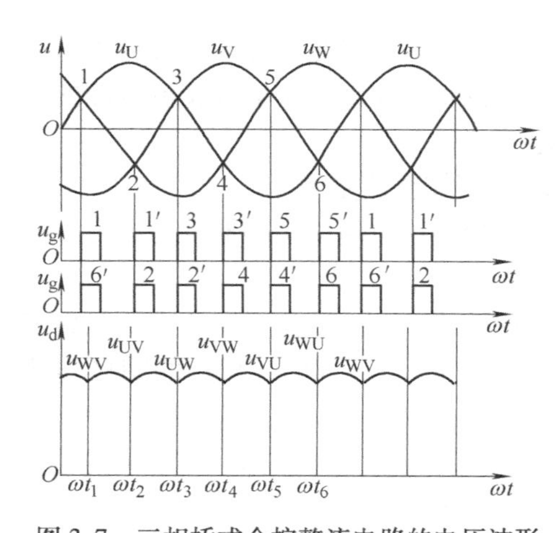

图 3.7　三相桥式全控整流电路的电压波形

由晶闸管的工作特性可知，当晶闸管阳极承受正向电压时，若在它的门极和阴极间也加载正向触发电压，则晶闸管导通。在 $\alpha=0°$的情况下，让触发电路先后向各自控制的 6 只晶闸管的门极（对应自然换相点）送出触发脉冲，即在三相电源电压正半波的 1、3、5 点向共阴极组晶闸管 VTH_1、VTH_3、VTH_5 输出触发脉冲，在三相电源电压负半波的 2、4、6 点向阳极组晶闸管 VTH_2、VTH_4、VTH_6 输出触发脉冲，负载上所得到的整流输出电压 u_d 波形为由三相电源线电压 u_{UV}、u_{UW}、u_{VW}、u_{VU}、u_{WU} 和 u_{WV} 的正半波所组成的包络线，如图 3.7 所示。各线电压的交点处就是三相桥式全控整流电路 6 只晶闸管的换相点，也就是晶闸管触

发延迟角 α 的起始点。

在 $\omega t_1 \sim \omega t_2$ 区间，U 相电位最高，V 相电位最低，此时共阴极组 VTH_1 和共阳极组 VTH_6 同时被触发导通。U 相电流为正，V 相电流为负，则电流由 U 相经 VTH_1 流向负载，再由 VTH_6 流向 V 相。在此区间内 VTH_1 和 VTH_6 工作，整流输出电压 u_d 为

$$u_d = u_U - u_V = u_{UV} \tag{3.2}$$

式中，u_d 为整流输出电压；u_U 为电网 U 相输入的相电压；u_V 为电网 V 相输入的相电压；u_{UV}为输入的 U 相与 V 相电压的差值。

经过 60°后进入 $\omega t_2 \sim \omega t_3$ 区间，U 相电位仍然最高，所以共阴极组 VTH_1 继续导通，但是由于 W 相电位变得最低，在换相点 2 处，VTH_6 关断，之后 VTH_2 导通，在这一区间内负载电流继续从 U 相经 VTH_1 流出，经负载、VTH_2 流回到 W 相绕组，这一区间的整流输出电压 u_d 为

$$u_d = u_U - u_W = u_{UW} \tag{3.3}$$

式中，u_d 为整流输出电压；u_U 为电网 U 相输入的相电压；u_W 为电网 W 相输入的相电压；u_{UW}为输入的 U 相与 W 相电压的差值。

再经过 60°后进入 $\omega t_3 \sim \omega t_4$ 区间，V 相电位变为最高，在换相点 3 处换相，VTH_3 被触发导通。W 相电位仍然最低，晶闸管 VTH_2 继续导通，负载电流从 V 相绕组经 VTH_3、负载、VTH_2 流回到 W 相绕组。这一区间的整流输出电压 u_d 为

$$u_d = u_V - u_W = u_{VW} \tag{3.4}$$

式中，u_d 为整流输出电压；u_V 为电网 V 相输入的相电压；u_W 为电网 W 相输入的相电压；u_{VW}为输入的 V 相与 W 相电压的差值。

其余区间依此类推，并遵循以下规律：

1）三相全控桥整流电路在任一时刻必须有两只晶闸管同时导通，才能形成负载电流，其中一只在共阳极组，另一只在共阴极组。

2）整流输出电压 u_d 的波形是由电源线电压 u_{UV}、u_{UW}、u_{VW}、u_{VU}、u_{WU}和 u_{WV}的正半波的包络线所组成的。晶闸管的导通顺序为：VTH_6 和 $VTH_1 \rightarrow VTH_1$ 和 $VTH_2 \rightarrow VTH_2$ 和 $VTH_3 \rightarrow VTH_3$ 和 $VTH_4 \rightarrow VTH_4$ 和 $VTH_5 \rightarrow VTH_5$ 和 VTH_6。

3）一个周期（$\omega T = 2\pi$）内，6 只晶闸管中每管导通 120°，每间隔 60°有一次换相。

由于当晶闸管阳极和阴极承受正向电压且门极和阴极两端加正向触发电压时晶闸管才能导通，所以晶闸管可控整流电路输出电压的平均值可随门极控制电压信号的变化连续可调，负载上平均电压 U_o 为

$$U_o = 2.34 U_2 \cos\alpha \tag{3.5}$$

式中，U_2 为输入相电压；$\cos\alpha$ 为晶闸管触发延迟角 α 的余弦值。可以看出可控整流电路输出电压的平均值可被晶闸管触发延迟角 α 调控。

3.1.2 中间电路

整流电路和逆变电路中间的连接电路称为中间电路，电源的正负极导线称为母线。中间电路通常包含有滤波电路和制动电路。

1. 滤波电路

整流电路输出电压含有频率为电源频率 6 倍的纹波。如果将其直接供给逆变电路，则逆

变后的交流电压和电流纹波都很大。这不利于设备良好工作，为减少电压和电流的波动，必须进行滤波，这种电路称为滤波电路。另外变频器被雷击时，输入电流也很大，为了避免二极管被烧坏，也需要滤波。

滤波电路可以采用电容电路或电感电路。电容滤波要求电容较大，一般采用电解电容，有时甚至需要把电容并联起来。这种情况下当电源接通时，电容中将流过较大的充电电流（亦称浪涌电流），有可能烧坏二极管，故必须采取相应限流措施，常见电路形式如图 3.8 所示，分别采取接入交流电抗、接入直流电抗、串联充电电阻的形式限制浪涌电流。

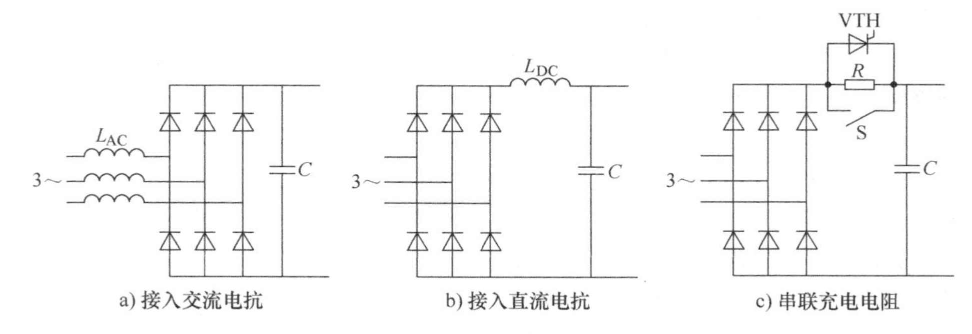

图 3.8 抑制浪涌电流的方式

如果采用大电容滤波，可使直流母线电压基本保持恒定，能有效地减小负载变动造成的影响。电源外特性类似电压源，这种变频器称为电压型变频器，其电路框图如图 3.9 所示。电压型变频器逆变电压波形为方波，而电流的波形经电动机绕组感性负载滤波后接近于正弦波，电压和电流波形如图 3.10 所示。

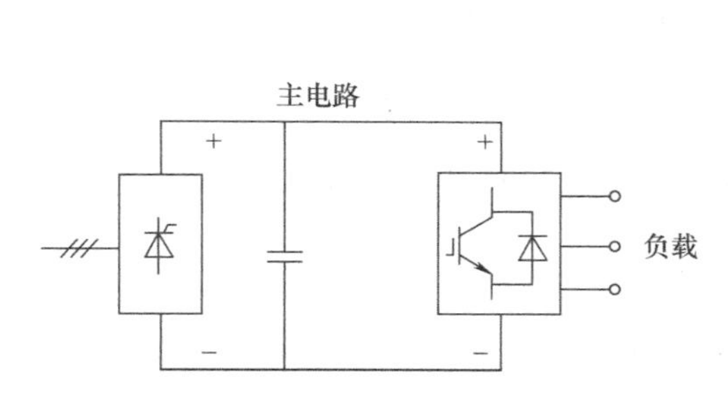

图 3.9 电压型变频器的电路框图

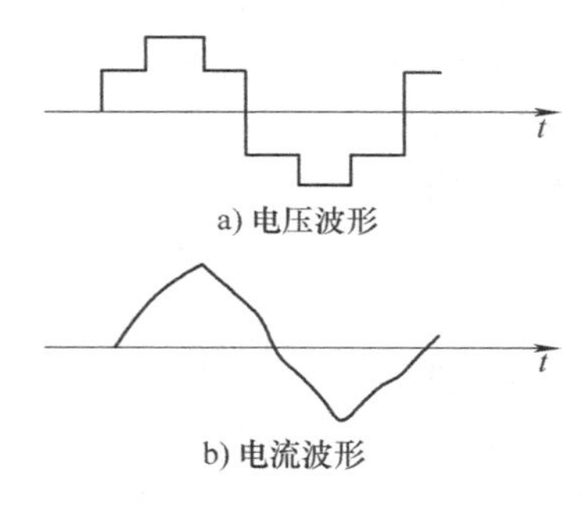

图 3.10 电压型变频器的电压和电流波形

如果采用大容量电感对整流电路输出电流进行滤波，滤波后逆变器的电流值稳定。电流基本不受负载的影响，电源外特性类似电流源，因而称为电流型变频器，电路框图如图 3.11所示。电流型变频器逆变电流波形为方波，而电压的波形经电动机绕组感性负载滤波后接近于正弦波，电压和电流波形如图 3.12 所示。

2. 制动电路

变频器电路中通常利用设置在直流回路中的制动电阻或反馈通道吸收电动机的再生电能，使电动机快速制动，能够防止电压过高、电流过大而损毁变频器，同时可以使再生电能重新利用，这部分电路称为制动电路。制动电路通常有动力制动、反馈制动和直流制动三种方式。

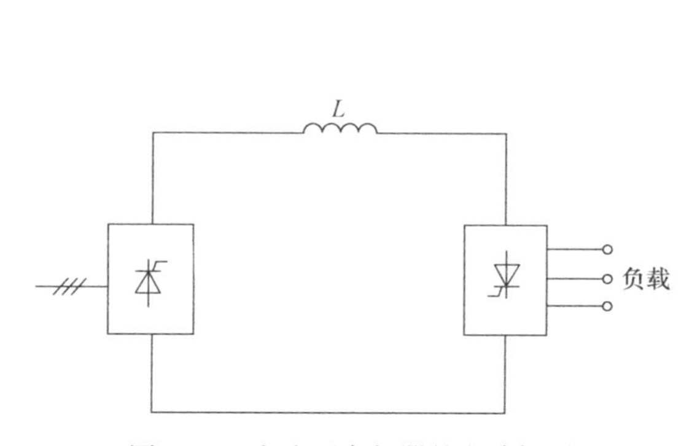

图 3.11　电流型变频器的电路框图

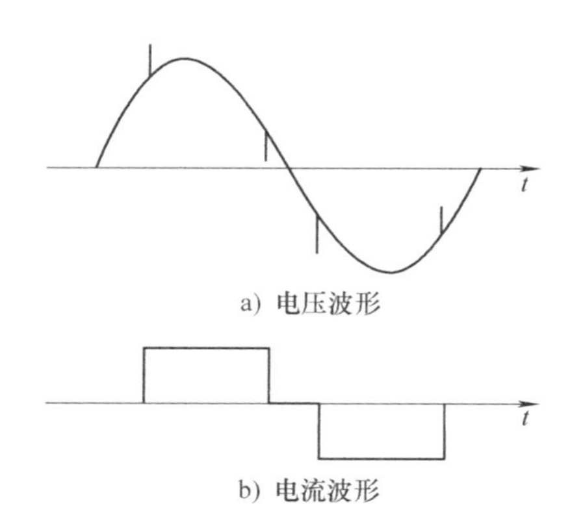

图 3.12　电流型变频器输出电压及电流波形

变频调速系统中，电动机的电动过程中变频器驱动电动机工作，电流如图 3.13 中箭头方向所示。当电动机需要制动时，由于电动机转速超出变频器的输出频率对应的转速，此时电动机处于发电状态，即电能再生状态，电流如图 3.14 中箭头方向所示。当变频器容量较小且制动时间较长时，在滤波电容 C_d 的两端并联制动电路（由电阻 R 与功率开关串联构成，功率开关为晶闸管或自关断器件）。制动时，由控制电路选择接通内制动或外制动回路，以热能形式消耗再生电能，这种制动方式称为动力制动，如图 3.15 所示。

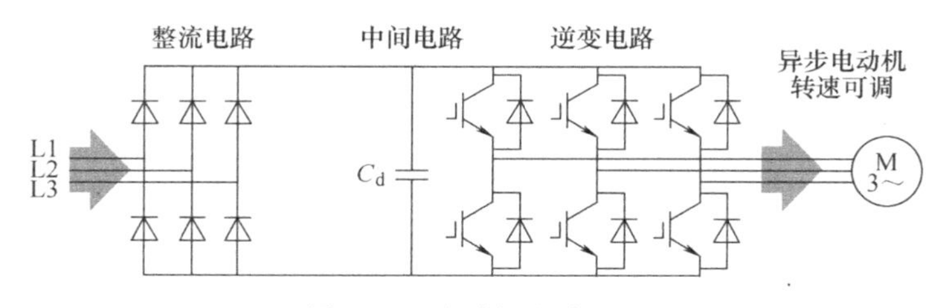

图 3.13　电动机电动过程

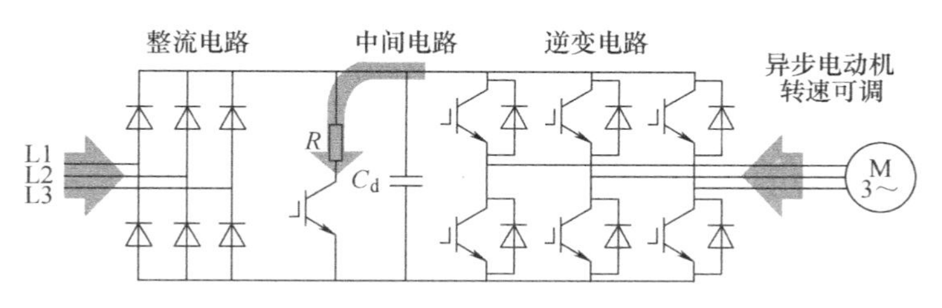

图 3.14　电动机制动过程

当变频器容量较大时，在电路中设置再生反馈通路（反并联一组整流电路，极性反接），如图 3.16 所示。此时 C_d 的极性仍然不变，但可以借助于反并联的三相整流桥（工作在有源逆变状态）使再生电能反馈回交流电网，这种制动方式称为反馈制动。

直流制动方式的原理是对异步电动机定子通直流电，使转动着的转子产生制动力矩，强制电动机迅速停止。制动时由变频器向异步电动机的定子通直流电（逆变器某几个器件连续导通），异步电动机便进入能耗制动状态。此时变频器的输出频率为零，异步电动机的定子产生静止的恒定磁场，转动着的转子因切割此磁场而产生制动力矩。

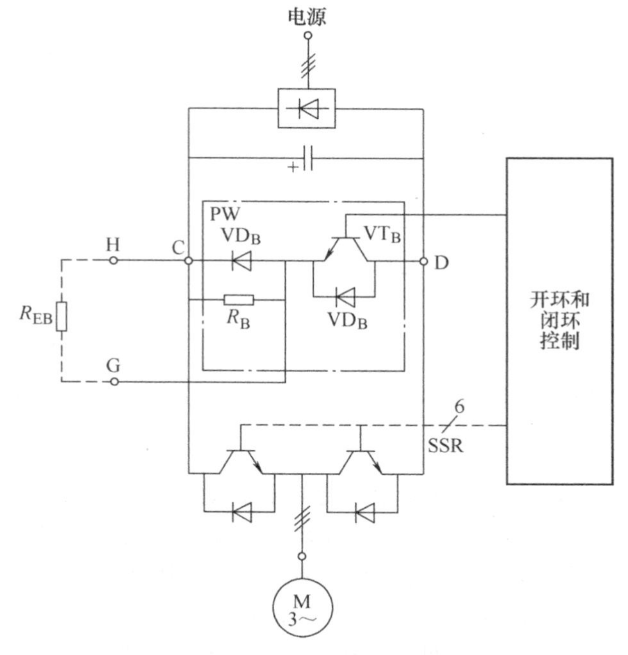

图 3.15　动力制动电路

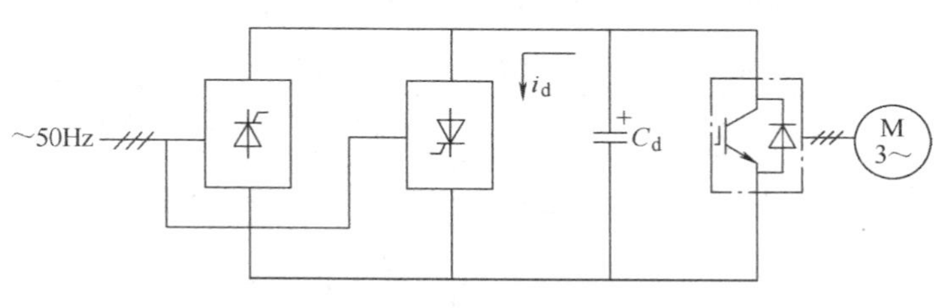

图 3.16　反馈制动电路

3.1.3 逆变电路

1. 逆变电路的工作原理

逆变电路也简称为逆变器。单相桥式逆变电路如图 3.17a 所示，S_1 ~ S_4 是 4 个桥臂，由电子开关构成，电子开关由电力电子器件及辅助电路组成。输入直流电压 E，负载为电阻 R，输出电压为 u_o。当将开关 S_1、S_4 闭合，S_2、S_3 断开时，电阻上得到左正右负的电压。间隔一段时间后将开关 S_1、S_4 断开，S_2、S_3 闭合，电阻上得到右正左负的电压。如果按一定频率交替切换 S_1、S_4 和 S_2、S_3，在电阻上就可以得到图 3.17b 所示的电压波形。这样就把输入的直流电压变成交流电压输出，即完成了直流电向交流电的逆向变化，也称之为换相。这就是逆变电路的基本工作原理。

当电路的负载为电阻时，输出电流 i_o 和输出电压 u_o 的波形形状相同，相位也相同。当负载为感性时，例如电动机绕组，输出电流 i_o 的相位就滞后电压 u_o 相位一个角度 φ，两者波形形状也不相同。

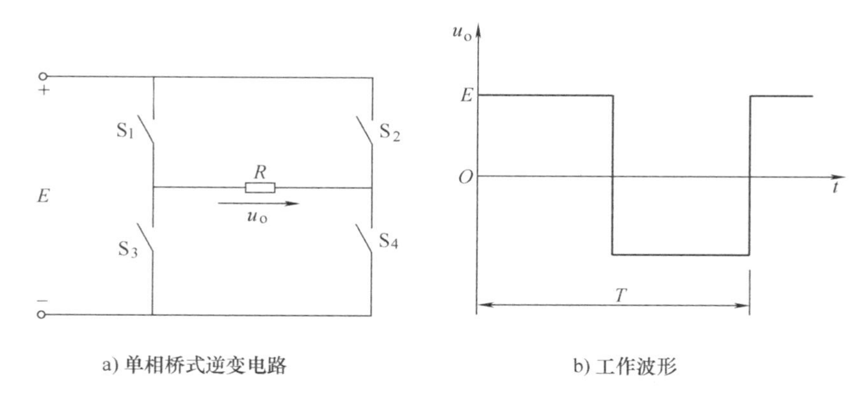

a) 单相桥式逆变电路　　　　b) 工作波形

图 3.17　单相桥式逆变电路及其工作波形

2. 全桥逆变电路

全桥逆变电路如图 3.18a 所示。输入端接有大电容 C，C 能使电源电压稳定。电路中有 4 个桥臂，桥臂 1、桥臂 4 和桥臂 2、桥臂 3 组成两对导电臂，两对导电臂交替工作使负载得到交变电压和电流。每个桥臂由一个功率晶体管或门极关断晶闸管（目前应用较多的是 IGBT）与一个反并联二极管所组成。二极管用于换相或制动时形成回流通道，防止换相时损毁晶体管。全桥逆变电路输出电压和电流波形如图 3.18b 所示。

把工作过程按图 4.18b 的时间轴划分为若干段，t_2 时刻之前 VT_1、VT_4 导通，负载上的电压极性为左正右负，输出电流 i_o 由左向右。t_2 时刻给 VT_1、VT_4 关断信号，给 VT_2、VT_3 导通信号，则 VT_1、VT_4 关断，但感性负载中的电流 i_o 方向不能突变，于是 VD_2、VD_3 导通续流，负载两端电压的极性为右正左负。当 t_3 时刻 i_o 降至零时，VD_2、VD_3 截止，VT_2、VT_3 导通，i_o 开始反向。同样在 t_4 时刻给 VT_2、VT_3 关断信号，给 VT_1、VT_4 导通信号，VT_2、VT_3 关断，i_o 方向不能突变，由 VD_1、VD_4 导通续流。t_5 时刻 i_o 降至零时，VD_1、VD_4 截止，VT_1、VT_4 导通，i_o 反向，如此反复循环，一个周期（T）内，两对导电臂交替导通 $T/2$。全桥逆变电路输出电压 u_o 和负载电流 i_o 波形如图 3.18b 所示。

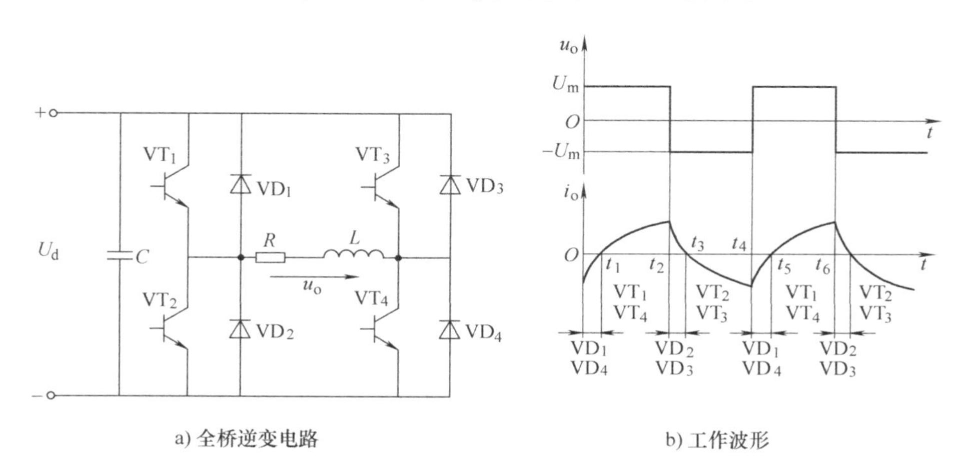

a) 全桥逆变电路　　　　b) 工作波形

图 3.18　全桥逆变电路及其工作波形

3.1.4 SPWM 控制技术

脉宽调制（Pulse Width Modulation，PWM）控制方式是对逆变电路开关器件的通断进行控制，使输出端得到一系列幅值相等而宽度不等的脉冲，用这些脉冲来代替正弦波或所需要的波形。在输出波形的半个周期中产生多个脉冲，使各个脉冲的等值电压为正弦波形状，输出波形平滑且低次谐波少。

采样控制理论表明：冲量（窄脉冲的面积）相等而形状不同的窄脉冲加在惯性环节上，其效果基本相同，即输出响应波形基本相同。图 3.19 所示矩形、三角形、正弦半波脉冲的面积都为单位 1，把它们加在相同的惯性负载（如电动机绕组）上，产生的输出响应基本相同。脉冲越窄，输出的差异越小。

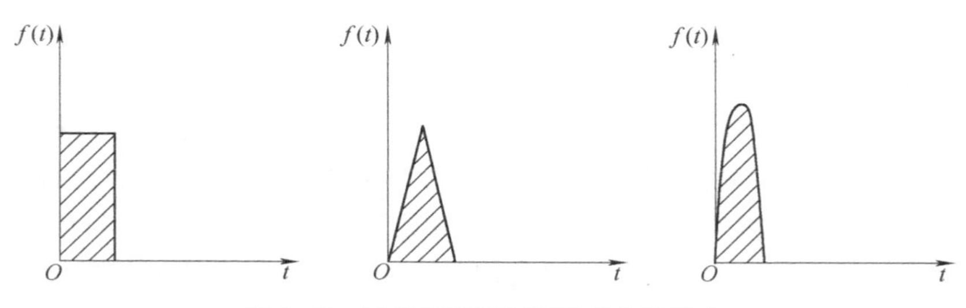

图 3.19　冲量相同的不同形式的窄脉冲

如图 3.20a 所示，如果把一个正弦半波分作时间宽度相等的 n 份，就可以把正弦半波看成由 n 个彼此相连的脉冲组成的波形。这些脉冲宽度相等，但是幅值不等，且脉冲顶部不是水平直线，而是曲边，各脉冲幅值按正弦规律变化。然后把每份脉冲曲线用与该曲线与横轴所包围的面积（冲量）相等的矩形脉冲来代替。使矩形脉冲的中点和相应正弦脉冲曲线的等分中点重合，且使矩形脉冲和相应曲边矩形的面积相等，脉冲幅值不变，宽度变化。这样，正弦半波可用一系列等幅不等宽的脉冲来代替，就得到图 3.20b 所示的脉冲序列，即由 n 个等幅不等宽的矩形脉冲组成的波形与正弦半波等效，称为正弦波脉冲宽度调制（Sinusoidal Pulse Width Moduiation，SPWM）。正弦波脉冲宽度调制过程如图 3.21 所示。对于正弦波的负半周，采取同样的方法得到 SPWM 波形。

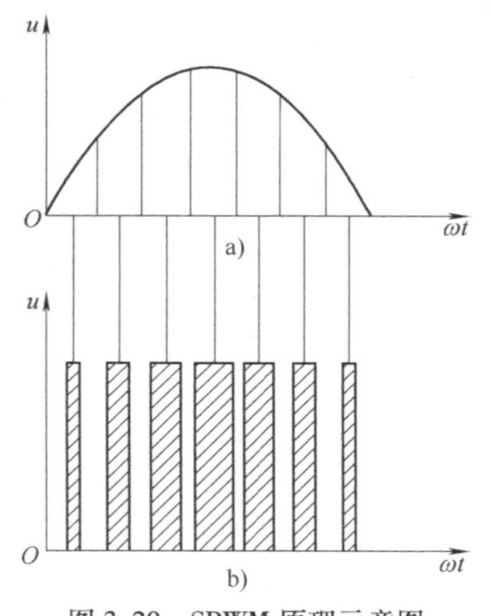

图 3.20　SPWM 原理示意图

根据正弦波脉冲宽度调制原理，结合正弦波频率、幅值和半周期内脉冲数量，就可以计算出脉冲宽度和间隔。按照计算结果控制电路中各开关器件的通断，就可以得到 SPWM 波形。但是，这种方法计算繁琐，当输出正弦波的频率、幅值或相位变化时，结果都要变化，限制了应用。

较实用的方法是调制法：即把正弦波与载波调制得到 SPWM 波。一般采用三角波作为载波，当三角波与任何一个平缓变化的调制信号相交时，如果在交点时刻控制电路中开关器件的通断，就可以得到宽度正比于信号波幅值的脉冲，这正好符合 PWM 的要求。当调制信号为正弦波时，就得到 SPWM 波形。实际应用中，SPWM 波形应用最为广泛。

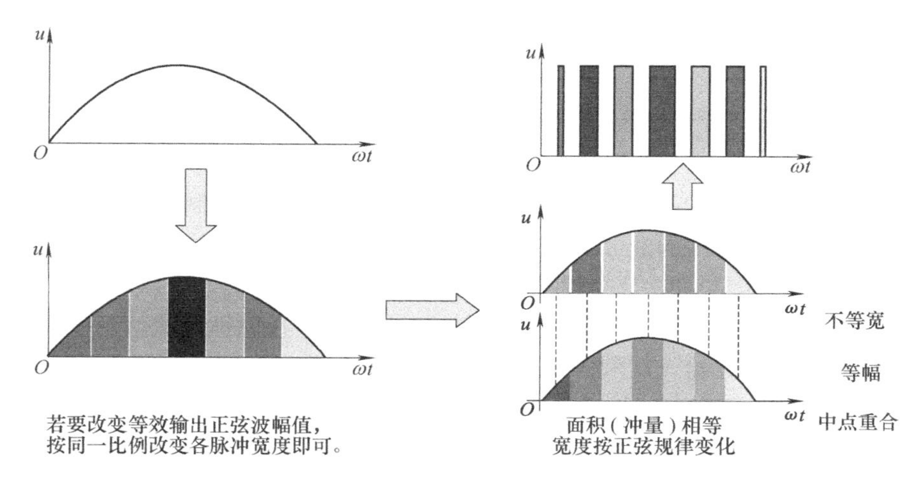

图 3.21 SPWM 过程

图 3.22 为单相桥式 PWM 逆变电路，负载为感性，功率晶体管作为开关器件。对功率晶体管的控制过程：在信号波的正半周期，让晶体管 VT_2、VT_3 一直处于截止状态，而让 VT_1 一直导通，让 VT_4 交替导通。当 VT_1、VT_4 都导通时，负载上所加的电压为直流电源电压 U_d。当 VT_1 导通而 VT_4 关断时，由于感性负载中电流不能突变，负载电流将通过二极管 VD_3 续流，忽略晶体管和二极管的导通降压，负载上所加的电压为零。如果负载电流较大，那么直到使 VT_4 再一次导通之前，VD_3 一直导通。如果负载电流较快地衰减到零，在 VT_4 再次导通之前，负载电压也一直为零。这样输出到负载上的电压 u_o 就有 0 和 U_d 两种电平。在负半周，分析过程类似，不再赘述。

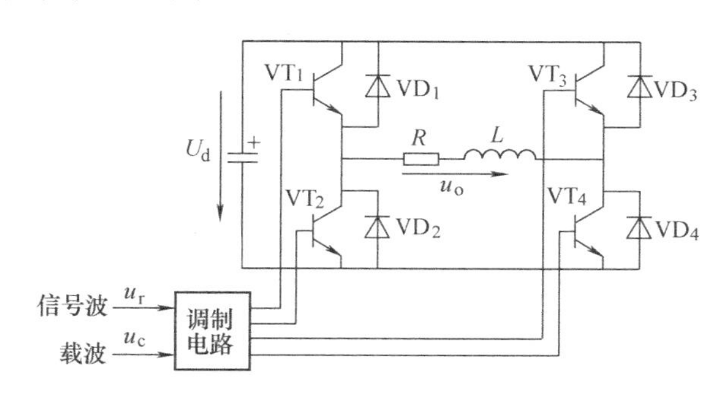

图 3.22 单相桥式 PWM 逆变电路

PWM 常用的控制方式有单极性 PWM 控制方式和双极性 PWM 控制方式。

单极性 PWM 控制方式如图 3.22 所示，就是控制 VT_4 或 VT_3 通断。载波 u_c 在信号波的正半周为正极性的三角波，在信号波的负半周为负极性的三角波。当调制信号 u_r 为正弦波时，在 u_r 和 u_c 的交点时刻控制晶体管 VT_4 或 VT_3 的通断。具体过程为：在 u_r 的正半周，当 $u_r>u_c$ 时使 VT_4 导通，负载电压 $u_o=U_d$；当 $u_r<u_c$ 时使 VT_4 关断，$u_o=0$。

在 u_r 的负半周，VT_1 关断，VT_2 保持导通，当 $u_r<u_c$ 时使 VT_3 导通，$u_o=-U_d$；当 $u_r>u_c$ 时使 VT_3 关断，$u_o=0$。这样就得到 SPWM 波形，如图 3.23 所示。

图中的虚线 u_{of} 表示波形中的基波分量。这种在信号波的半个周期内三角波载波只在一个方向变化，所得到的 PWM 波形也只在一个方向变化的控制方式称为单极性 PWM 控制方式。

双极性 PWM 控制方式如图 3. 24 所示。在双极性 PWM 控制方式中，在 u_r 的半个周期内，三角波载波是在正负两个方向变化的，所得到的 PWM 波形也是在两个方向变化的。在 u_r 的一个周期内，输出的 PWM 波形只有 $\pm U_d$ 两种电平。仍然在调制信号 u_r 和载波信号 u_c 的交点时刻控制各开关器件的通断。在 u_r 的正、负半周，对各开关器件的控制规律相同。$u_r>u_c$ 时，使 VT_1 和 VT_4 导通，VT_2 和 VT_3 关断，负载电压 $u_o=U_d$。可以看出，同一桥臂的上下两个晶体管的驱动信号极性相反，处于互补工作方式。在感性负载情况下，若导通时，给 VT_1 和 VT_4 关断信号，给 VT_2 和 VT_3 导通信号，由于 VT_1 和 VT_4 关断后，感性负载电流不能突变，VT_2 和 VT_3 不能立即导通，这时二极管 VD_2 和 VD_3 导通续流。当感性负载电流较大时，直到下一次 VT_1 和 VT_4 重新导通，负载电流方向始终未改变，VD_2 和 VD_3 持续导通，而 VT_2 和 VT_3 始终未导通。当感性负载电流较小时，在负载电流下降到零之前，VD_2 和 VD_3 导通续流。之后，VT_2 和 VT_3 导通，负载电流反向。

不论 VD_2 和 VD_3 导通还是 VT_2 和 VT_3 导通，负载电压都是 $-U_d$。同样可以分析从 VT_2 和 VT_3 导通向 VT_1 和 VT_4 导通转换时，由于电感的作用产生 VD_1 和 VD_4 导通续流的情况。

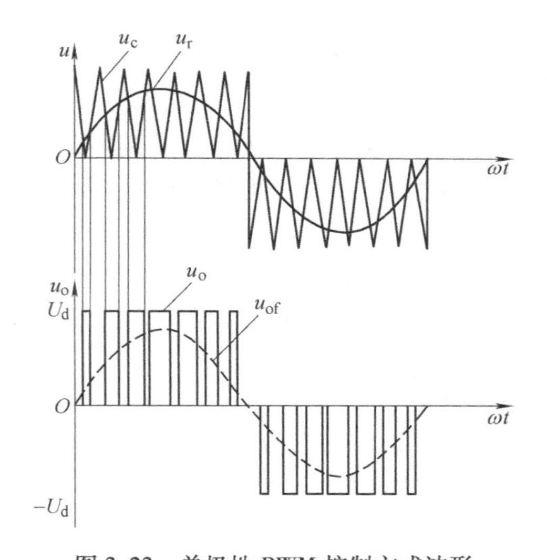

图 3. 23 单极性 PWM 控制方式波形

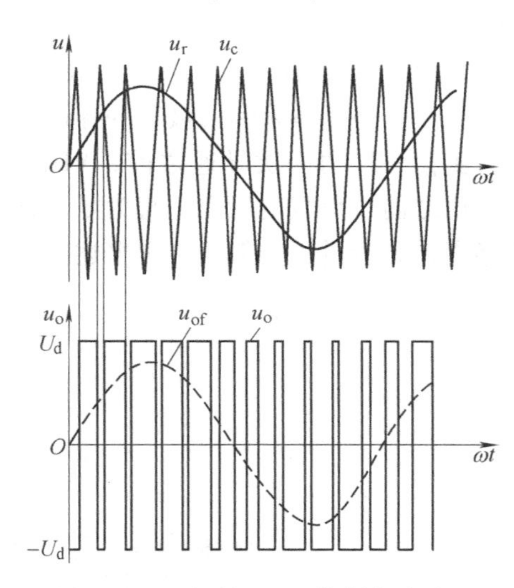

图 3. 24 双极性 PWM 控制方式波形

在 PWM 逆变电路中，使用最多的是图 3. 25a 所示的三相桥式逆变电路，其控制方式一般采用双极性方式。U、V 和 W 三相的 PWM 控制通常公用一个三角波载波。三相调制信号的相位依次相差 120°。U、V 和 W 相功率开关器件的控制规律相同。V 相和 W 相的控制方式和 U 相相同。电路波形如图 3. 25b 所示。

为了减小谐波影响，提高电动机的运行性能，要求采用对称的三相正弦波电源为三相交流电动机供电，因此，PWM 逆变器采用正弦波作为参考信号。这种正弦波脉宽调制型逆变器称为 SPWM 逆变器。目前广泛应用的 PWM 逆变器皆为 SPWM 逆变器。

实现 SPWM 的控制有三种方式，一是采用模拟电路，二是采用数字电路，三是采用

SPWM专用集成芯片。

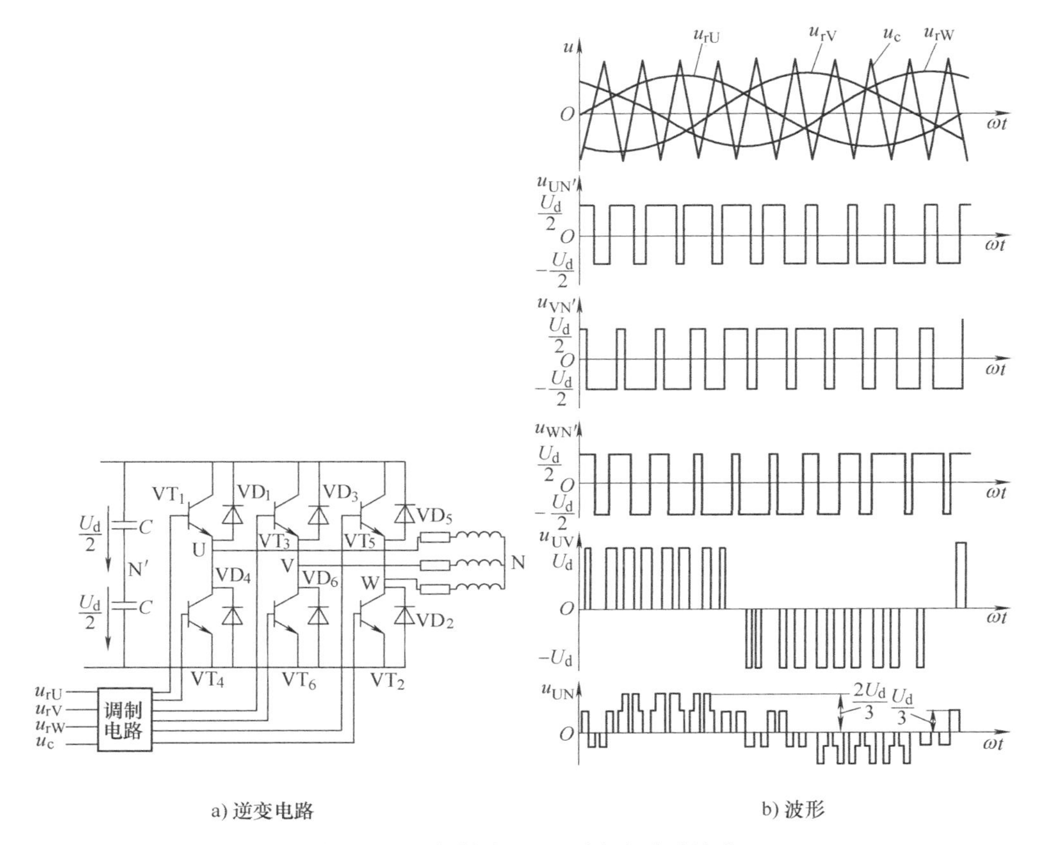

a) 逆变电路　　　　　b) 波形

图 3.25　三相桥式 PWM 逆变电路及波形

（1）采用模拟电路　图 3.26 所示为采用模拟电路元器件实现 SPWM 控制的原理示意图。首先由模拟电路元器件构成的三角波和正弦波发生器分别产生三角波载波信号和正弦波参考信号，然后送入电压比较器，产生 SPWM 脉冲序列。

（2）采用数字电路　采用数字电路的SPWM逆变器可使用以软件为基础的控制模式。其硬件较少，灵活性好，智能性强；但是需要通过计算来确定 SPWM 的脉冲宽度，有一定的延时和响应时间。随着高速度、高精度、多功能的微处理器、微控制器和 SPWM 专用芯片的发展，目前采用计算机控制的数字化 SPWM 技术已占据了主导地位。

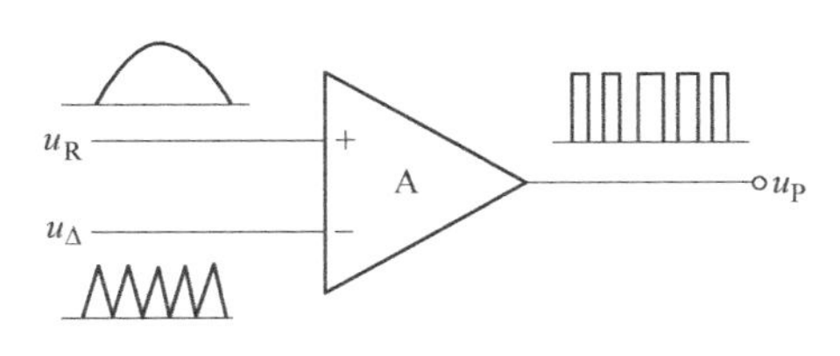

图 3.26　采用模拟电路元器件实现 SPWM 控制的原理示意图

（3）采用 SPWM 专用集成芯片　用微机产生 SPWM 波，其效果受到指令功能、运算速度、存储容量等限制，有时难有很好的实时性。随着微电子技术的发展，已开发出一批用于发生 SPWM 信号的专用集成芯片。目前已投入市场的 SPWM 专用集成芯片中，进口的有 HEF4752、SLE4520，国产的有 THP4752、ZPS-101 等。

3.2 交交变频器的工作原理

交-交变频电路是指不通过中间环节，而把电网固定频率的交流电直接变换成不同频率的交流电的变频电路。交-交变频器广泛用于大功率交流电动机调速传动系统，实际使用的主要是三相输出交-交变频电路。由于电源信号直接变换，没有中间环节，能量转换效率相对较高，广泛应用于大功率的三相异步电动机。另外由于其交流输出电压直接由交流输入电压波的某些部分包络所构成，因而低频时输出波形较好，也广泛应用于同步电动机低速变频调速。

3.2.1 单相输出交-交变频电路

单相输出交-交变频器的电路结构及输出电压波形如图3.27所示。图3.27a中的两个晶闸管代表两套变流装置，采用无环流反并联的连接方式，即正组（P组）和反组（N组）交替工作。它只用一个变换环节就实现了变压和变频两项要求，即不需要中间环节，电源形式为交流-交流，因此称为交-交变频器。

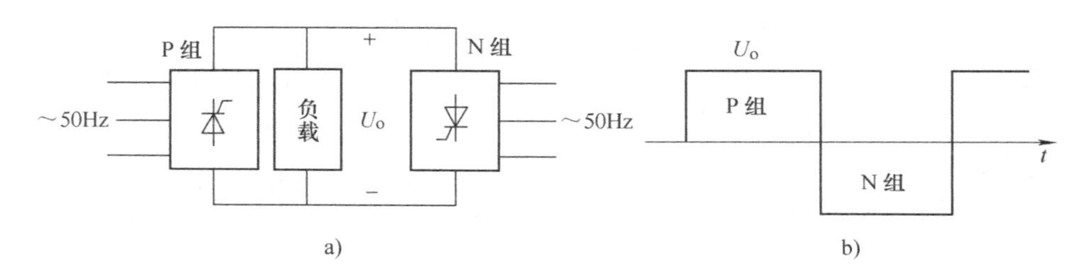

图3.27 单相输出交-交变频器电路结构及输出电压波形

正组（P组）和反组（N组）的晶闸管反并联，都是相控整流电路。当P组工作时，负载电流 i_o 为正。N组工作时，i_o 为负。控制两组晶闸管按一定的频率交替工作，负载就得到该频率的交流电。改变两组晶闸管的切换频率，就可改变输出交流电的输出频率。改变晶闸管的触发延迟角 α，就可以改变交流输出电压的幅值。

在半个周期内让P组晶闸管触发延迟角 α 按正弦规律从90°减到0°或某个值，再增加到90°，每个控制间隔内的平均输出电压就按正弦规律从零增至最高，再减到零，半个周期内电压波形如图3.28所示。另外半个周期可对N组进行同样的控制。

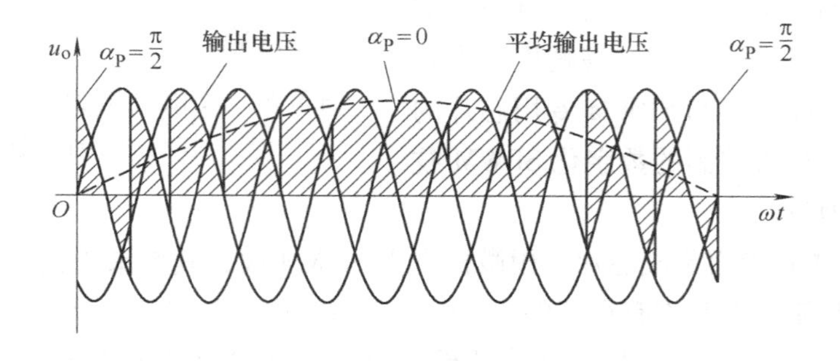

图3.28 单相输出交-交变频电路输出交流电压波形

从图中可以看出输出电压 u_o 的波形并不是理想的正弦波，而是由若干段电源电压拼接而成。在输出电压的一个周期内，包含的电源电压段数越多，其波形就越接近正弦波。因此，实际应用中交-交变频器常采用 6 脉波的三相桥式电路或者 12 脉波的三相桥式电路。

对于三相负载，其他两相电路采用相似结构，相邻两相输出的电压相位差 120°。所以，变流装置共计使用 36 个晶闸管，即晶闸管器件数量增多，造价上升。

1. 感阻性负载时的相控调制

交-交变频器的负载可以是电阻性、感阻性或者容阻性负载。电动机属于感阻性负载。

如果把交-交变频器电路理想化，忽略换相时输出电压的脉动分量，把电路等效为图 3.29 所示的正弦波交流电源和二极管的串联。其中交流电源表示变流电路可输出交流正弦电压，二极管体现了变流电路只允许电流单方向流过。

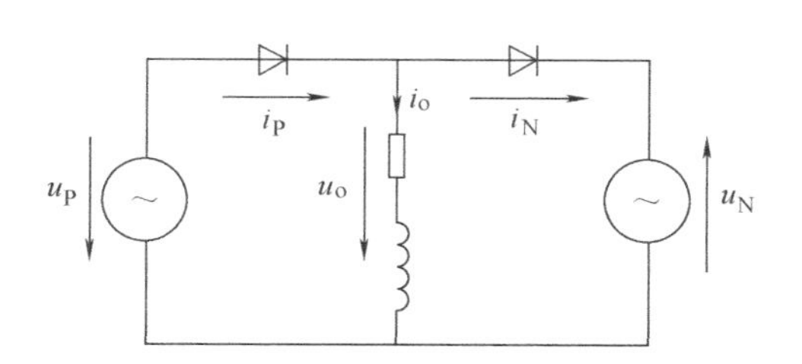

图 3.29 理想化交-交变频电路

假设负载阻抗角为 φ，即输出电流滞后输出电压。图 3.30 给出了一个周期内负载电压、电流波形及正负两组变流电路的电压、电流波形。两组变流电路在工作时采取无环流工作方式，由于变流电路单向导电，在 $t_1 \sim t_3$ 期间的负载电流正半周期，只能是正组导电，负组电路阻断。在 $t_1 \sim t_2$ 阶段，输出电压和电流均为正，正组处于整流状态，输出功率。在 $t_2 \sim t_3$ 阶段，输出电压为负，电流仍然为正，正组处于逆变状态，输出功率为负。在 $t_3 \sim t_5$ 阶段，可采用类似方法分析。

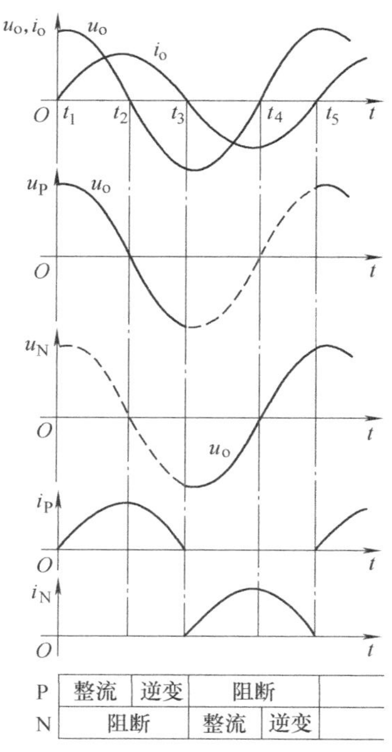

图 3.30 整流与逆变状态波形

综合以上分析，在感阻性负载情况下，在一个输出电压周期内，有 4 个状态。哪组电路工作由电流决定，工作在整流状态还是逆变状态取决于电压和电流方向是否一致。

图 3.31 是单相输出交-交变频电路输出电压和电流的波形，再加上无环流工作方式下负载电流过零的死区时间，一个周期内波形可分为 6 个阶段。

在输出电压和电流的相位差小于 90°时，一个周期内电网向负载提供能量的平均值为正，电机工作在电动状态；当二者的相位差大于 90°时，一个周期内电网向负载提供能量的平均值为负，电机工作在发电状态。

2. 输入输出特性

（1）输出上限频率　电路输出频率增高时，输出波形畸变严重，因此限制了输出频率的值。对常用的 6 脉波三相桥式电路而言，一般认为，输出上限频率不高于电网频率的 1/3~1/2。电网频率为 50Hz 时，交-交变频电路的输出上限频率约为 20Hz。

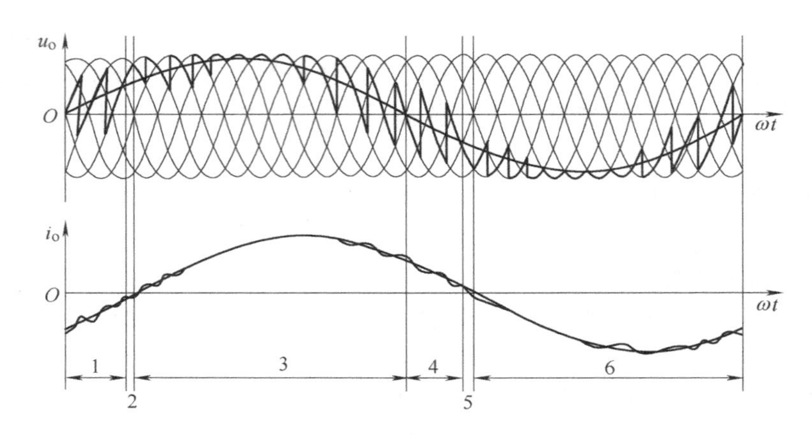

图 3. 31　单相输出交-交变频电路输出电压和电流的波形

（2）输入功率因数　交-交变频电路采用的是相位控制方式，因此其输入电流的相位总是滞后于输入电压，需要电网提供无功功率。从图 3. 28 可以看出，在输出电压的一个周期内，触发延迟角是以 90°为中心前后变化的。输出电压比越小，半周期内触发延迟角的平均值越靠近 90°，位移因数越低，另外，负载的功率因数越低，输入功率因数也越低。

3. 2. 2 三相输出交-交变频电路

三相输出交-交变频电路主要应用于大功率交流电动机调速系统。三相输出交-交变频电路是由三组输出电压相位各差 120°的单相输出交-交变频电路组成的，所以其控制原理与单相输出交-交变频电路相同。下面简单介绍一下三相输出交-交变频电路接线方式。

1. 公共交流母线进线方式

公共交流母线进线方式的三相输出交-交变频电路如图 3. 32 所示。电路由三组独立的单相输出交-交变频电路构成，输出电压相位错开 120°，电源进线接在公共的交流母线上，输出端要求相互隔离。为此要把电动机三相绕组首尾端都引出，共 6 根线。

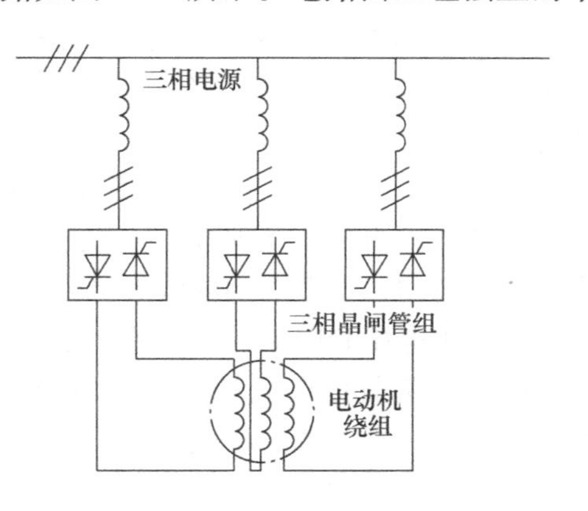

图 3. 32　公共交流母线进线方式的三相输出交-交变频电路简图

2. 输出星形联结方式

输出星形联结方式的三相输出交-交变频电路如图 3. 33 所示。三组单相输出交-交变频电路的输出端采用星形联结方式，电动机三相绕组也采用星形联结方式。若电动机和变频器的中性点接在一起，电动机要引出 6 根线。由于三组单相输出交-交变频电路的输出端星形联结在一起，三组单相输出交-交变频电路的输入端必须隔离，需要用三个变压器供电。

若电动机和变频器的中性点不接在一起，电动机只要引出 3 根线即可。由于电动机和变频器的中性点不接在一起，所以在三相变频电路的 6 组桥式电路中，至少有不同输出相的两组桥中的 4 个晶闸管同时导通才能构成回路，和整流电路一样，同一组桥内的两个晶闸管靠双触发脉冲保证同时导通。而两组桥之间则靠各自的触发脉冲有足够的宽度保证同时导通。

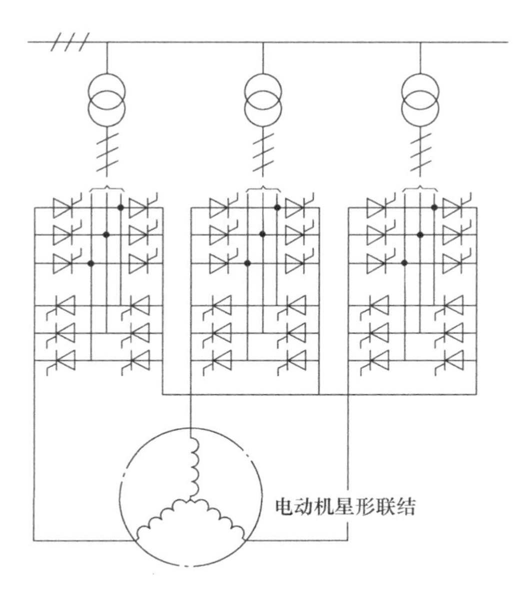

图 3.33　输出星形联结方式的三相输出交-交变频电路原理图

交-交变频电路有以下特点：

1）因为是直接变换，没有中间环节，所以比一般的变频器效率要高。

2）由于其交流输出电压是直接由交流输入电压波的某些部分包络所构成，因而其输出频率比输入交流电源的频率低得多，输出波形较好。

3）由于变频电路按电网电压过零自然换相，故可采用普通晶闸管。

4）由于输出上限频率不高于电网频率的 1/3~1/2，受电网频率限制，通常输出电压的频率较低。

5）交-交变频电路采用的是相位控制方式，因此其输入电流的相位总是滞后于输入电压，需要电网提供无功功率，功率因数较低，特别是在低速运行时更低，需要适当补偿。

交-交变频电路的优点：只有一次交流-交流转换，效率较高；可方便地使电机实现四象限工作；低频输出波形接近正弦波。

交-交变频电路的缺点：接线复杂，三相桥式变频电路需要 36 个晶闸管；受电网频率和交流电路脉波数的限制，输出频率较低；输入功率因数低；输入电流谐波含量大，频谱复杂。

应用情况：主要应用在 1000kW 以下的大容量、低转速的交流调速电路中，可用于拖动同步和异步电动机。

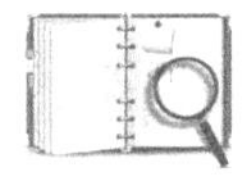

本章小结

本章结合三相异步电动机变频调速理论主要介绍了交-直-交变频器和交-交变频器的工作原理。其中交-直-交变频器起源早，技术成熟，高低频调速效果好，应用广泛。

交-直-交变频器的主电路包括整流电路、中间电路和逆变电路三部分。整流电路实现交流电源转化为直流电源，分为可控整流和不可控整流。三相桥式整流电路分别采用晶闸管或二极管器件，分为共阳极组和共阴极组。中间电路实现直流电源信号的滤波和再生制动，采用参数较大的滤波电容或电感可减小直流电源的纹波，维持电压或电流的恒定，提高变频器带动负载的能力。再生制动单元能有效地吸收或反馈制动电能，使电动机快速制动。逆变电路把直流电源逆向转化为频率和电压都可调节的交流电源，是核心环节。逆变电路的三相逆变电桥由 6 个电子开关（晶体管或门极关断晶闸管，目前应用较多的是 IGBT 器件）与一个反并联二极管组成。控制电路输出的调制波（多采用 SPWM 方式）控制电子开关的通断，把直流电转化为阶梯交流电或矩形波交流电（等效为正弦波信号），驱动三相异步电动机调速运行。

交-交变频器直接把电网工频电压转化为频率可调的交流电压，能量转换效率较高，广泛应用于大功率的三相异步电动机实现低频调速。但是功率因数较低，主电路开关器件数目较多，造价高，控制系统复杂，使其应用受到了限制。

思考与练习

1. 交-直-交变频器的主电路包括哪些组成部分？并说明各组成部分的作用。
2. 说明可控整流电路和不可控整流电路的组成和原理有什么区别。
3. 中间电路有哪些形式？并说明各形式的功能。
4. 分别说明三种不同的制动方式的工作原理。
5. 对电压型逆变器和电流型逆变器的特点进行比较。
6. 为什么要进行信号调制？信号调制的形式有哪些？SPWM 的优点是什么？
7. 逆变电路的工作原理是什么？
8. 简述交-交变频器的工作原理。
9. 交-交变频技术有什么特点？主要应用是什么？
10. 试说明交-交变频器的优点和缺点，并分析其原因。

第 4 章　变频器的控制方式

变频器的常用控制方式有 U/f 控制、转差频率控制、矢量控制和直接转矩控制等，本章将逐一介绍。

本章学习目标：了解变频器各种控制方式的区别；掌握变频器 U/f 控制的原理；掌握矢量控制的基本原理；熟悉变频器的其他控制方法。

4.1 U/f 控制

简言之，所谓 U/f 控制，是指通过调整变频器输出侧的电压频率比（U/f 比）来改变电动机在调速过程中的机械特性的控制方式。

电动机在调速过程中要正常运行，必须保持每极磁通量为额定值。磁通太弱，就不能充分利用电动机的铁心，是一种浪费；反之，又会使铁心饱和，使绕组发热，从而损坏电动机。

在工程中，有些负载需要调速，但速度控制精度要求不高。如搅拌机，工作时需要改变速度的大小和方向，但对速度的精度没有要求。针对这一类负载，变频器可以采取开环控制，如图 4.1 所示。

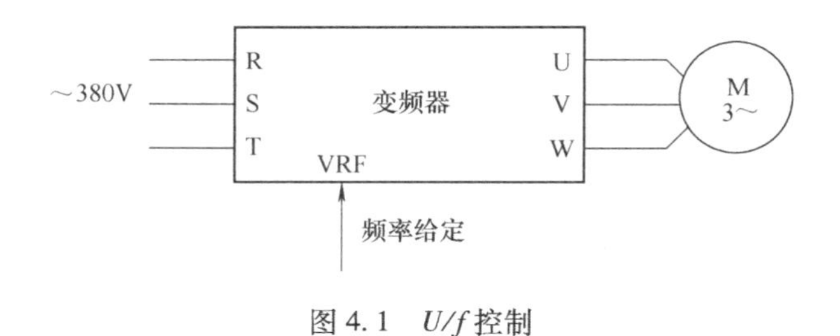

图 4.1　U/f 控制

U/f 控制的控制特点是使变频器的输出在改变频率的同时也改变电压，通常是使 U/f 为常数，这样可使电动机磁通保持恒定，在较宽的调速范围内，电动机的转矩、效率及功率因数不下降。

4.1.1 U/f 控制原理

定子感应电动势有效值的计算公式为

$$E_1 = 4.44 f_1 N_1 K_1 \Phi_m \tag{4.1}$$

式中，f_1 为电源频率（Hz）；K_1 为与绕组结构有关的常数；N_1 为每相定子绕组的匝数；Φ_m 为每极气隙主磁通（Wb）。

调频时维持电动机的主磁通 Φ_m 不变，需保证 E/f = 常数，由于 E_1 不易检测和控制，又

$$\dot{U}_1 = \dot{E}_1 + (r + jx_1)\dot{I}_1 \tag{4.2}$$

式中，$\dot{U}_1$ 为定子绕组两端电压；r 为定子每相电阻；x_1 为定子每相电抗。

若忽略定子绕组阻抗压降，则 $U_1 \approx E_1$。此时如果 U_1 没有变化，则 E_1 也可以认为基本不变。如果这时候电源频率从额定频率 f_N 向下调节，必将使得 Φ_m 增加，即 $f_1 \downarrow \rightarrow \Phi_m \uparrow$。$\Phi_m$ 增加会使得电动机的铁心出现深度饱和，励磁电流会急剧上升，从而导致定子电流和定子铁心损耗急剧增加，使电动机不能够正常工作。可见，单纯调节电源频率是行不通的。

结论：在改变电动机的频率时，应对电动机的输入电压 U_1 进行控制，以维持电动机的磁通恒定，在变频控制中，通过保持 U/f 恒定，可以维持主磁通 Φ_m 恒定。

4.1.2 *U/f* 控制的机械特性

1. 调频比和调压比

调频时，通常都是相对于其额定频率 f_N 来进行调节的，那么调频频率 f_x 就可以用下式表示：

$$f_x = k_f f_N \tag{4.3}$$

式中，k_f 为频率调节比（也叫调频比）。

根据变频也要变压的原则，在变压时也存在着调压比，电压 U_x 可用下式表示：

$$U_x = k_u U_N \tag{4.4}$$

式中，k_u 为调压比；U_N 为电动机的额定电压。

2. 变频后电动机的机械特性

调频过程中，如果频率调节到某一个值，电压也会跟着调节到一定值。我们可以通过找出机械特性上的几个特殊点，画出异步电动机的机械特性曲线，如图 4.2 所示。

从图 4.2 不难看出，在基频（额定频率）以下调速时，随着变频器输出频率的降低，电动机输出的转矩大幅减小，严重影响到电动机在低速时的带负载能力，为了解决这个问题，在低频时，必须对转矩进行补偿。

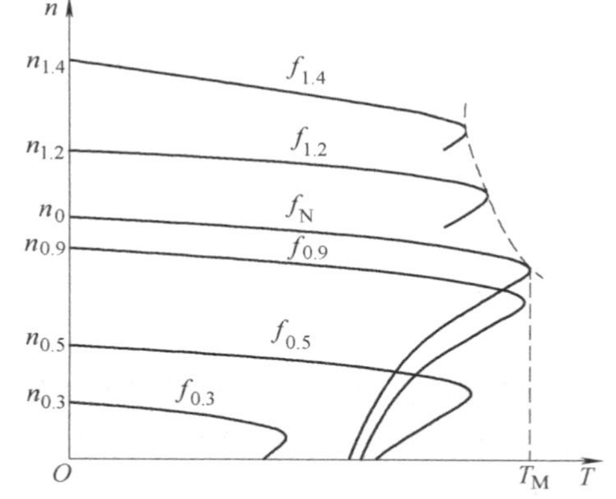

图 4.2 异步电动机变频调速机械特性

4.1.3 基频以下调速机械特性的补偿

1. 转矩减小的原因

调频时为维持电动机的主磁通 Φ_m 保持恒定，需保证 E/f = 常数，由于 E 不易检测和控制，用 U/f = 常数来代替。这种代替是以忽略电动机定子绕组阻抗压降（ΔU）为代价的。但低频时 f_x 很小，U_x 也很小，此时再忽略 ΔU 就会引起很大的误差，从而引起输出转矩的大幅下降。

异步电动机的定子绕组两端电压为

$$U_x = E_x + \Delta U_x \tag{4.5}$$

式中，ΔU_x 为电动机定子绕组阻抗压降。

当 f_x 降低至很小时，U_x 也很小，ΔU_x 在 U_x 中的比重越来越大，而 E_x 占 U_x 的比重却越来越小。若仍保持 U_x/f_x = 常数，E_x/f_x 的比值却在不断减小，此时主磁通减小，从而引起电磁

转矩的减小。即

$$k_{\mathrm{f}}\downarrow (k_{\mathrm{u}}=k_{\mathrm{f}}) \rightarrow \frac{\Delta U_{\mathrm{x}}}{U_{\mathrm{x}}}\uparrow \rightarrow \frac{E_{\mathrm{x}}}{U_{\mathrm{x}}}\downarrow \rightarrow \Phi_{\mathrm{mx}}\downarrow \rightarrow T_{\mathrm{x}}\downarrow \tag{4.6}$$

2. 解决方法

一般可对定子绕组两端电压采取一定的补偿，即适当提高定子绕组两端电压来提高低频时的转矩。这种方法称为电压补偿，或者称为转矩提升，如图 4.3 所示，曲线 1 为电压补偿前的 U/f 曲线，曲线 2 为电压补偿后的 U/f 曲线。

适当提高调压比 k_{u}，使 $k_{\mathrm{u}} > k_{\mathrm{f}}$，即提高 U_{x} 的值，使得 E_{x} 的值增加，从而保证 $E_{\mathrm{x}}/f_{\mathrm{x}}$ = 常数。这样就能保证主磁通 Φ_{m} 基本不变，最终使电动机的最大转矩（临界转矩）得到补偿，补偿后电动机的机械特性如图 4.4 所示。

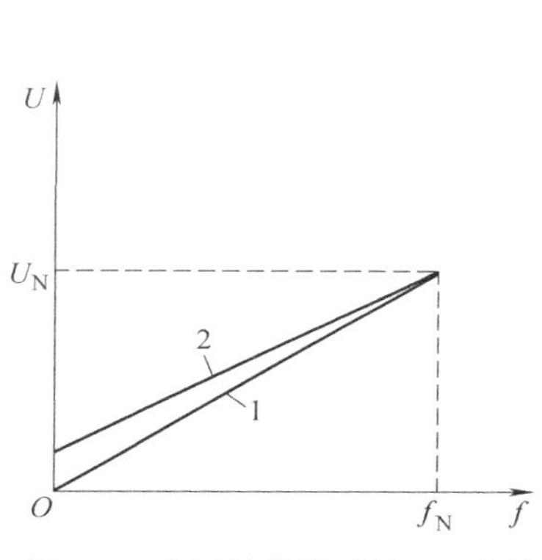

图 4.3　电压补偿前后的 U/f 曲线

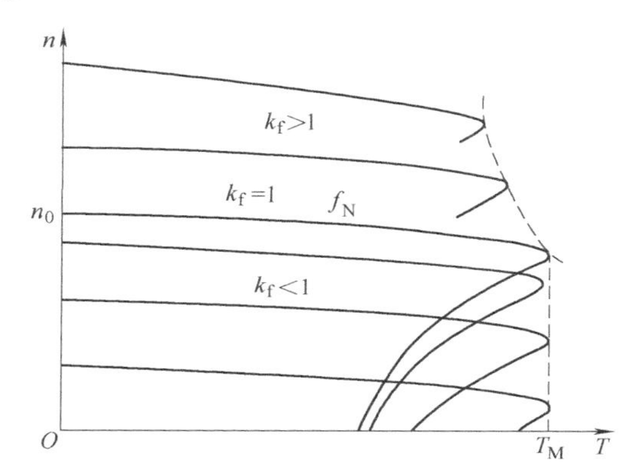

图 4.4　采用电压补偿后的机械特性曲线

图 4.4 所示的电动机的机械特性具有以下特征：

①$f_{\mathrm{x}}<f_{\mathrm{N}}$ 时，经电压补偿后，电动机具有恒转矩调速特性。

②$f_{\mathrm{x}}>f_{\mathrm{N}}$ 时，电动机近似具有恒功率调速特性。

（1）恒转矩调速特性　所谓恒转矩调速，指的是在转速变化的过程中，电动机的输出转矩始终保持恒定。在基频以下变频调速时，经过电压补偿后，各条机械特性曲线的 T_{m} 基本为一定值，因此这个区域基本为恒转矩调速区域，适合带恒转矩的负载，恒转矩负载的机械特性曲线和功率特性曲线如图 4.5 所示。

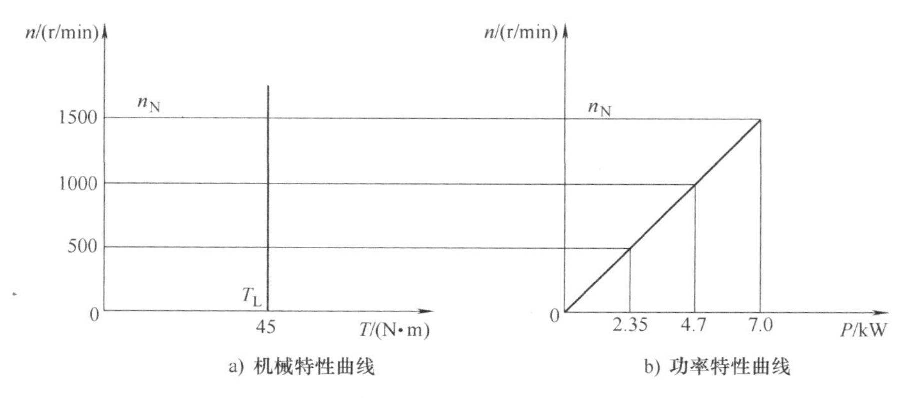

a) 机械特性曲线　　b) 功率特性曲线

图 4.5　恒转矩负载的机械特性曲线和功率特性曲线

典型的恒转矩负载——带式输送机如图 4.6 所示。在调速过程中，负载转矩 T_L 保持不变：

$$T_L = Fr = C \tag{4.7}$$

负载功率 P_L 与转速成正比，即

$$P_L = Fv \tag{4.8}$$

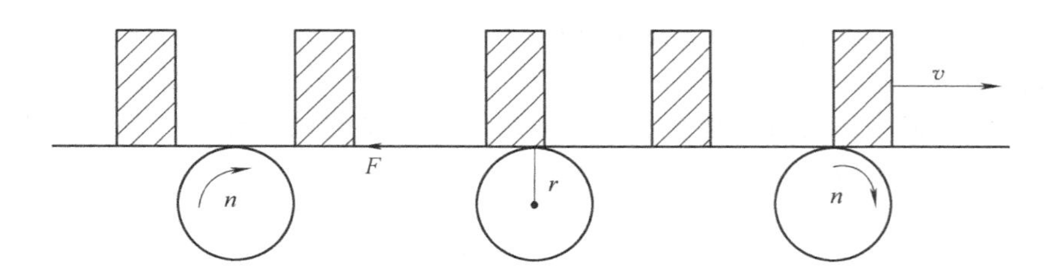

图 4.6 典型的恒转矩负载——带式输送机

式中及图 4.6 中，F 为输送带与输送物体间的摩擦力；n 为滑轮转速；r 为滑轮半径；v 为物体移动速度。

恒转矩负载在额定频率以下运行时，其功率消耗会下降，仅从这一点来看，恒转矩负载采用变频器控制在额定频率以下运行时具有节能效果，且消耗功率与转速成正比关系；但从另一方面考虑，当采用机械手段或其他非电气手段进行调速时，也具有节能效果，所以从节能效果来看，采用变频器控制并没有优势。因此，恒转矩负载在采用变频器进行调速时，节能并非应用变频器的主要理由，改善设备工艺特性、提高产品质量才是应用变频器的主要目的。

此外，经电压补偿后的基频以下的调速，可以基本认为 E/f = 常数，即 Φ_m 不变，因此，在负载不变的情况下转矩也不变。

(2) 恒功率调速特性　恒功率指的是在转速的变化过程中，电动机输出的功率始终保持不变。恒功率负载的机械特性曲线和功率特性曲线如图 4.7 所示。

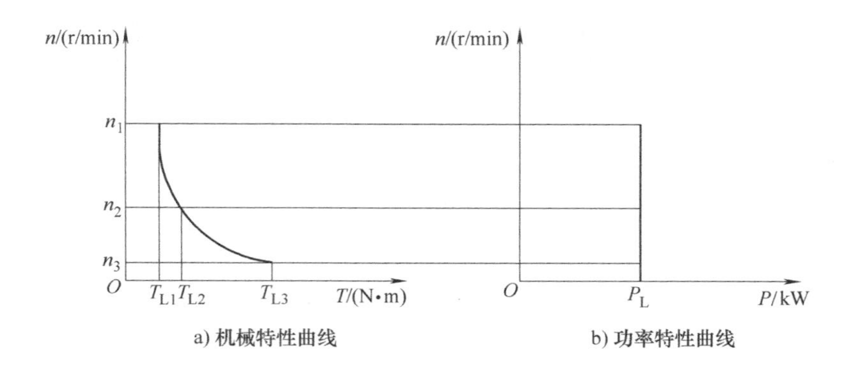

a) 机械特性曲线　b) 功率特性曲线

图 4.7 恒功率负载的机械特性曲线和功率特性曲线

由于恒功率负载的输出功率是常数，因此采用变频器调速运行的目的绝不是节能。

典型的恒功率负载——卷绕机如图 4.8 所示。

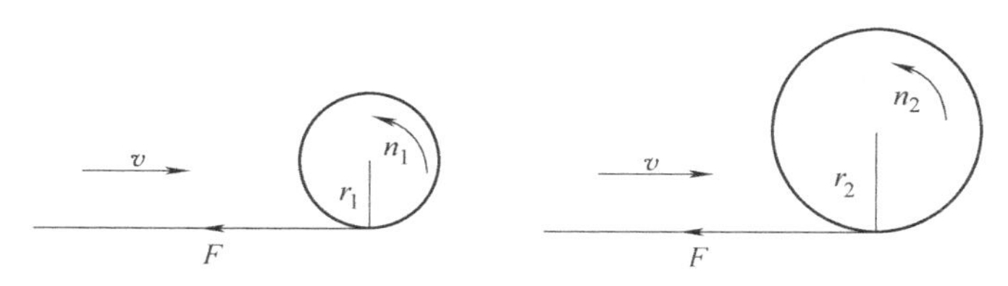

图 4.8　典型的恒功率负载——卷绕机

在调速过程中，负载功率 P_L 保持不变，负载转矩 T_L 与转速成正比。

负载功率为

$$P_L = Fv = C \tag{4.9}$$

负载转矩为

$$T_L = Fr \tag{4.10}$$

式中，F 为被卷物的张力；r 为卷绕机半径；v 为线速度。

4.1.4 *U/f* 线的选用依据

变频器可以提供多条 U/f 线供用户选用，或者通过功能参数的设置得到所需的 U/f 线。应用时应根据负载的低速特性选用或设置变频器相应的 U/f 线。

1. 基本的 *U/f* 线

把 $k_f = k_u$ 时的 U/f 控制曲线称为基本的 U/f 线，它表明没有补偿时的 U_x 和 f_x 之间的关系，是进行 U/f 控制的基准线。基本 U/f 线上，与额定电压对应输出的频率称为基本频率，用 f_b 表示，有

$$f_b = f_N \tag{4.11}$$

基本的 U/f 线如图 4.9 所示。

2. 转矩补偿的 *U/f* 线

对于恒转矩负载，即不论转速高低，阻转矩都不变的负载，如带式输送机，U/f 应该选大一些，如图 4.10 中曲线 1，当频率为 f_{x1} 时把电压提升到 U_{x1}，即在低频运行时进行转矩补偿和提升。

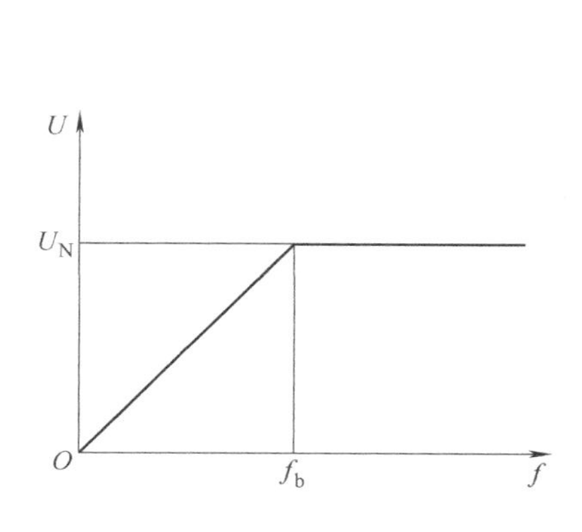

图 4.9　基本的 U/f 线

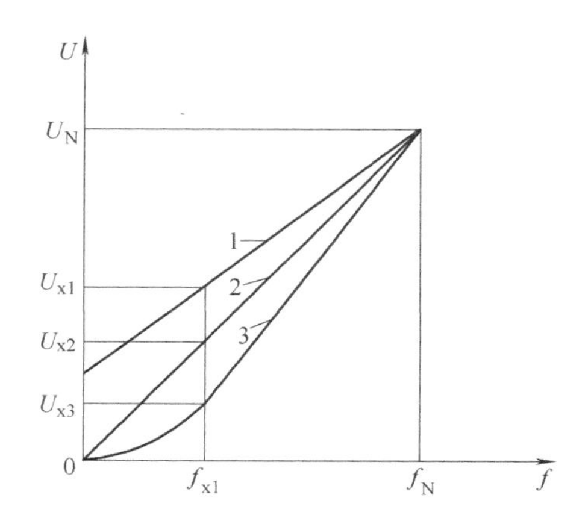

图 4.10　转矩补偿的 U/f 线

3. 负补偿的 U/f 线

对于二次方律负载，如离心式风机、水泵等，由于其阻转矩和转速的二次方成正比，即低速时负载转矩很小，即使不补偿，电动机输出的电磁转矩都足以带动负载，而且还留有裕量。所以 U/f 可以选得更小一些，如图 4. 10 中曲线 3，当频率为 f_{x1} 时把电压降低为 U_{x3}，即在低频运行时对转矩实施负补偿。这种补偿多用于控制流体（气体和液体）的流量，其负载的阻转矩与转速的二次方成正比关系，即

$$T_L = K_T n_L^2 \tag{4.12}$$

$$P_L = K_P n_L^3 \tag{4.13}$$

二次方率负载的机械特性曲线和功率特性曲线如图 4. 11 所示。

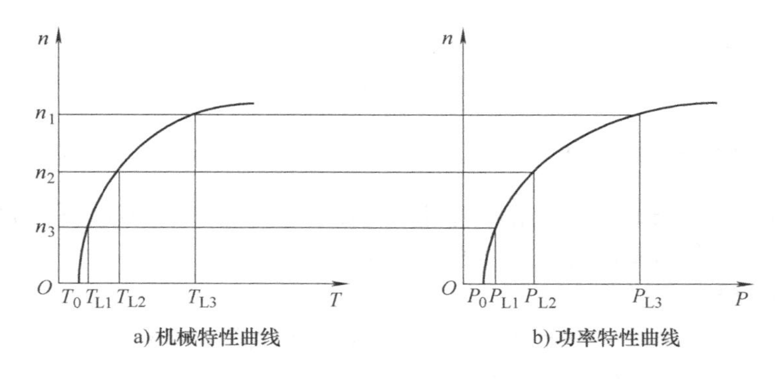

图 4. 11 二次方率负载的机械特性曲线和功率特性曲线

从式（4. 13）可以看出，这类负载的功率消耗与电动机转速的三次方成正比，因此当负载的转速小于电动机额定转速时，其节能潜力比较大。

4. U/f 分段补偿线

对于负载转矩和转速大致成比例的负载，在低速时要求补偿小，高速时补偿程度需要加大。这类负载的 U/f 线需要分段补偿，每段的 U/f 值由用户自行给定，如图 4. 12 所示。

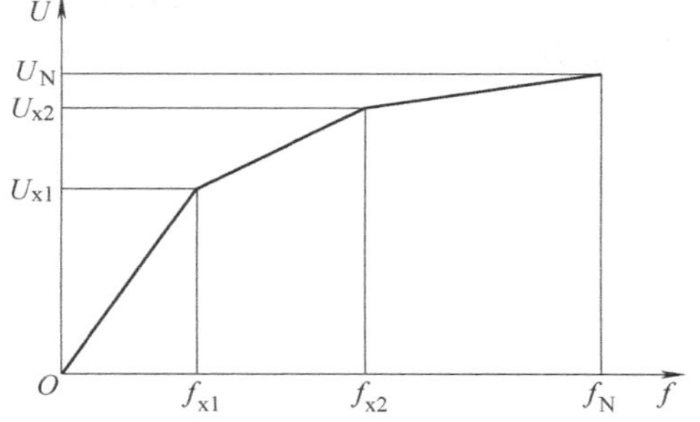

图 4. 12 U/f 分段补偿线

小结：不同负载在低频运行时，对 U/f 值的要求是不一样的，用户应根据负载的具体要求，通过预置或从变频器提供的多种 U/f 线中选择一种使用来满足负载要求。

任何特性的 U/f 线选用，都必须通过功能参数的设置来实现。

5. 选择 U/f 线时的常用操作方法

1）将拖动系统连接好，带最重的负载。

2）根据所带负载的性质，选择一条较小的 U/f 线，在低速时观察电动机的运行情况，如果此时电动机的带负载能力达不到要求，需将 U/f 线提高一档。依此类推，直到电动机在低速时的带负载能力达到拖动系统的要求。

3）如果负载经常变化，在 2）中选择的 U/f 线还需要在轻载和空载状态下进行检验。方法是：使拖动系统带最轻的负载或空载，在低速下运行，观察定子电流 I_1 的大小，如果

I_1 过大或者变频器跳闸，说明原来选择的 U/f 线过大，补偿过分，需要适当调低 U/f 线。

U/f 控制的性能特点：性价比高，输出转矩恒定，即恒磁通控制，但速度控制的精度不高，适用于对速度精度要求较低的场合。低频稳定性较差，转矩不足，低速运行时需要进行转矩补偿。

此种控制方式为开环控制，安装调试很方便，能满足很多场合的应用。

4.2 转差频率控制

在过程控制中，需要电动机的转速与电动机的控制物理量成比例。如恒压供水系统中，为了保证水泵的压力恒定，当用水量大造成压力下降时，要控制水泵加速；当用水量少造成压力升高时，要控制水泵减速。要实现水泵的升速或减速，必须将压力信号反馈给变频器，变频器才能根据反馈的压力信号对水泵的转速进行控制。

由此可见，变频器要想进行过程闭环控制，其内部要设置闭环控制环节，外部要设闭环反馈输入端子。

4.2.1 转差频率控制原理

根据异步电动机稳态数学模型，异步电动机稳态运行时的电磁转矩为

$$T_e = 3p_m\left(\frac{E_1}{\omega_1}\right)^2 \frac{s\omega_1 R_2'}{R_2'^2 + s^2\omega_1^2 L_2'^2} \tag{4.14}$$

式中，p_m 为电动机磁极对数；ω_1 为定子电压角频率；R_2'和 L_2'为折算过的转子绕组的电阻和电感。

将 $U_1 = 4.44f_1N_1K_1\Phi_m$ 代入上式，并整理得

$$T_e = K_m\Phi_m^2 \frac{\omega_s R_2'}{R_2'^2 + (\omega_s L_2')^2} \tag{4.15}$$

式中，转差频率 $\omega_s = s\omega_1$； $K_m = 3/2p_mN_1^2K_1^2$，是电动机的结构常数。

电动机在稳态运行时，转差率 s 很小，因而 ω_s 也很小，只有 ω_1 的 5%左右，因此可以忽略上式中的 $(\omega_s L_2')^2$，则转矩公式可以近似写为

$$T_e \approx K_m\Phi_m^2 \frac{\omega_s}{R_2'} \tag{4.16}$$

上式表明，在 s 很小的条件下，只要保持 Φ_m 不变，转矩 T_e 就与转差频率 ω_s 成正比，如图 4.13 所示。因此用 ω_s 控制转矩，其加减速特性优于 VVVF 控制，方便快捷。为了控制转差频率，虽然需要增加检测电动机的速度的装置，但系统的加减速特性和稳定性相比于开环的 U/f 控制获得了提高，过电流的限制效果也变好了。

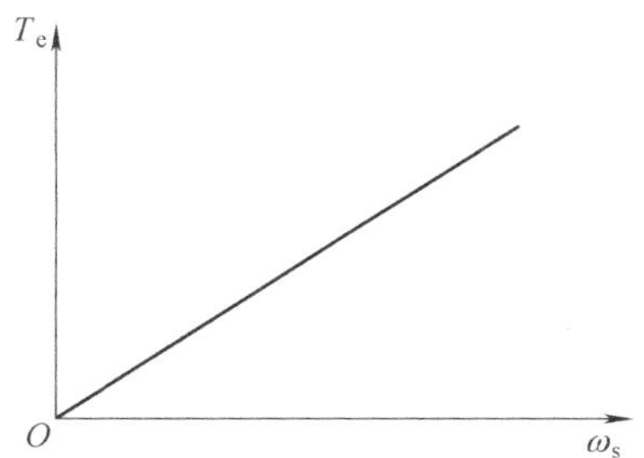

图 4.13　转差频率与转矩的关系

对于异步电动机来说，其定子电源角频率 ω_1 与转子实际角频率 ω 及转差频率 ω_s 存在如下关系：

$$\omega_1 = \omega_s + \omega \tag{4.17}$$

总的来说，转差频率控制的工作原理为：在恒

磁通控制（Φ_m 恒定）的基础上，通过转子上的速度传感器测得实际角频率 ω，并根据式（4.16）求出对应的转差频率 ω_s，按照式（4.17）调节定子电源角频率 ω_1，就可使电动机具有所需的转差频率 ω_s，使电动机输出所需的转矩。

4.2.2 转差频率控制系统构成

异步电动机的转差频率控制系统框图如图 4.14 所示。

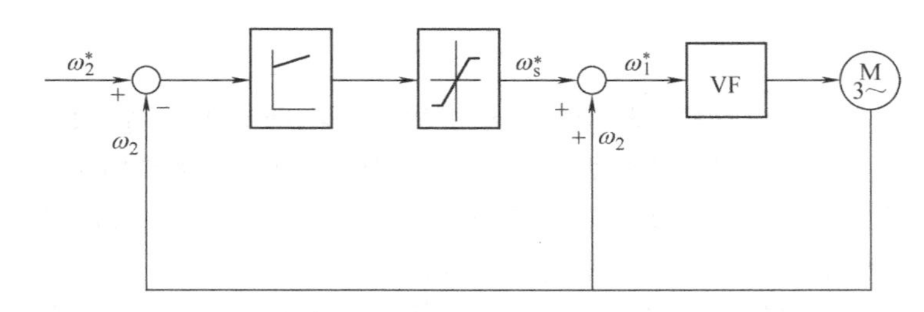

图 4.14 异步电动机的转差频率控制系统框图

转差频率控制采用速度闭环控制，速度调节器通常采用 PI 控制。它的输入等于角频率设定信号 ω_2^* 和电动机转子实际角频率 ω_2 之差，输出等于转差频率设定值 ω_s^*。变频器的设定频率（电动机的定子电源角频率）ω_1^* 等于转差频率设定值 ω_s^* 和转子实际角频率 ω_2 之和。

当电动机带负载运行时，定子角频率设定将会自动补偿由负载所产生的转差，保持电动机的速度为设定速度。速度调节器的限幅值决定了系统的最大转差频率。

这种控制方式主要用于过程控制及电动机的稳速控制。

4.3 矢量控制（VC）

矢量控制（VC）是通过控制变频器输出电流的大小、频率和相位，以维持电动机内部的磁通为恒定值，从而产生所需要的转矩。

4.3.1 控制系统要求及分析

1. 问题的提出

现代控制系统的要求：

1）精密机床要求加工精度达到 1mm 的百分之几。

2）重型铣床的高低转速比达 300。

3）几千千瓦的轧钢电动机在不到 1s 内完成从正转到反转的全部过程。

4）薄板高速轧机轧制速度达 37m/s 以上，而厚度误差小于 1%。

5）日产 400t 新闻纸的高速造纸机，速度达 1000m/min，速度误差小于 0.01%。

上述量化了的性能指标，可概括为以下几点对系统的控制要求：

1）调速性：有良好的调速性能，很宽的调速范围。

2）稳速性：以一定的速度精度在所需速度下稳定运行。

3）加减速的快速性：加减速度快，在系统受到干扰时恢复快。

快速性就是电动机速度的变化跟随控制信号变化的程度。当变频器的输出跟不上控制信号的变化时，要产生废品。

转差频率控制由于加减速的快速性较差，不能适应高控制精度设备的要求。

2. 矢量控制方法

为了使交流电动机具有直流电动机的控制特性，模拟直流电动机的控制方法来进行控制。

1）将控制信号按直流电动机的控制方法分解为励磁信号 i_M^* 和电枢信号 i_T^*（等效变换）。

2）再将 i_M^* 和 i_T^* 信号按三相交流电动机的控制要求变换为三相交流电控制信号，驱动变频器的输出逆变电路输出三相交流电。

4.3.2 矢量控制中的等效变换

我们知道，将三相对称电流通入异步电动机的定子绕组中，就会产生一个旋转磁场，其主磁通为 Φ_m。设想一下，如果将直流电流通入某种形式的绕组中，也能产生和上述旋转磁场一样的 Φ_m，就可以通过控制直流电流实现先前所说的调速设想。

1. 坐标变换的概念

由三相异步电动机的数学模型可知，研究其特性并进行控制时，用两相比三相简单，用直流控制比交流控制方便，为了对三相系统进行简化，就必须对电动机的参考坐标系进行变换，这就称为坐标变换。在研究矢量控制时，定义有三种坐标系，即三相静止坐标系(3s)、两相静止坐标系(2s)和两相旋转坐标系(2r)。

众所周知，交流电动机三相对称静止绕组 U、V、W 通入三相对称的正弦电流 i_U、i_V、i_W时，所产生的合成磁动势是旋转磁动势 F，它在空间呈正弦分布，并以同步转速 n_1 按 U—V—W 相序旋转，其等效模型如图 4.15a 所示。图 4.15b 给出了两相静止绕组 α、β，它们在空间相差 90°，再通以时间上相差 90°的两相平衡交流电流，也能产生与三相等效的旋转磁动势 F。图 4.15c 则给出了两个匝数相等且相互垂直的绕组 M 和 T，在其中分别通以直流电流 i_M 和 i_T，在空间产生合成磁动势 F。如果让包含两个绕组在内的铁心（图中以圆表示）以同步转速 n_1 旋转，则磁动势 F 也随之旋转成为旋转磁动势。如果能把这个旋转磁动势的大小和转速也控制成和 U、V、W 坐标系和 α、β 坐标系中的磁动势的大小和转速一样，那么这套旋转的直流绕组也就和这两套交流绕组等效了。当观察者站在铁心上和绕组一起旋转时，会看到 M 和 T 是两个通以直流电且相互垂直的静止绕组，如果使磁通矢量 Φ 的方向在 M 轴上，就和一台直流电动机模型没有本质上的区别。可以认为：绕组 M 相当于直流电动机的励磁绕组，T 相当于电枢绕组。

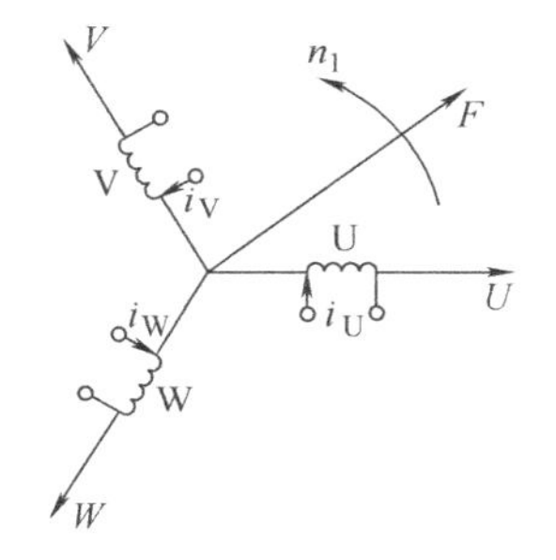

a) 三相静止绕组（三相静止坐标系）

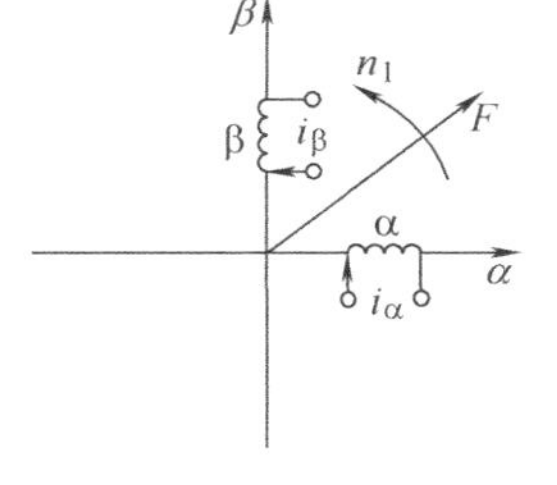

b) 两相静止绕组（两相静止坐标系）

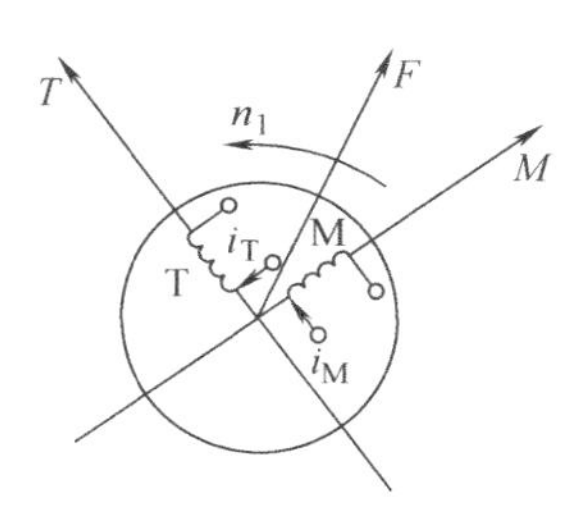

c) 旋转的直流绕组（两相旋转坐标系）

图 4.15　异步电动机的几种等效模型（坐标系）

2. 3s/2s 变换

三相静止坐标系 U、V、W 和两相静止坐标系 α、β 之间的变换，称为3s/2s 变换。变换原则是变换前后的功率不变。

设三相对称绕组（各相匝数相等、电阻相同、互差120°空间角）通入三相对称电流 i_U、i_V、i_W，形成定子磁动势（用 F_3 表示），如图 4. 16a 所示。两相对称绕组（匝数相等、电阻相同、互差 90°空间角）通入两相电流后产生定子旋转磁动势（用 F_2 表示），如图 4. 16b 所示。适当选择和改变两套绕组的匝数和电流，即可使 F_3 和 F_2 的幅值相等。将两种绕组产生的磁动势置于同一图中比较，并使 F_α 与 F_U 重合，如图 4. 16c 所示。

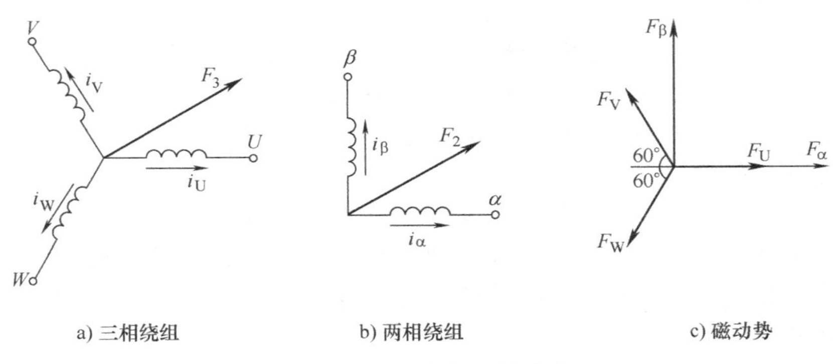

a) 三相绕组　　b) 两相绕组　　c) 磁动势

图 4. 16　绕组磁动势的等效关系

3. 2s/2r 变换

2s/2r 变换又称为矢量旋转变换，因为 α 和 β 两相绕组在静止的直角坐标系上（2s），而 M、T 绕组则在旋转的直角坐标系上（2r），变换的运算功能由矢量旋转变换器来完成，图 4. 17 为旋转变换矢量图。

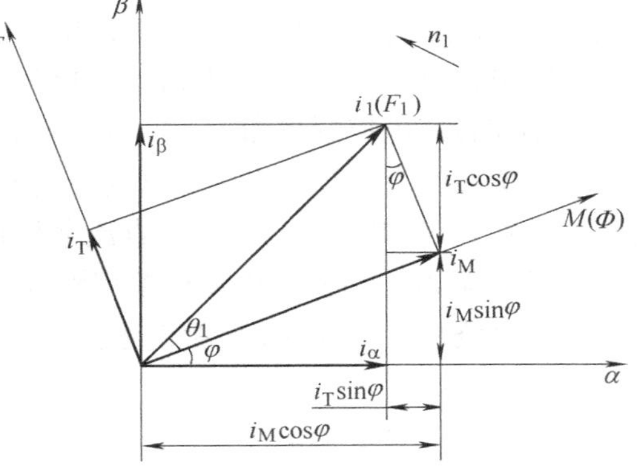

图 4. 17　旋转变换矢量图

图中，静止坐标系的两相交流电流 i_α、i_β 和旋转坐标系的两相直流电流 i_M、i_T 均合成为 i_1，产生以转速 n_1 旋转的磁动势 F_1。由于 $F_1 \propto i_1$，故在图上亦用 i_1 代替 F_1。图中的i_α、i_β、i_M、i_T 实际上是磁动势的空间矢量，而不是电流的时间相量。设磁通矢量为 Φ，并定向于 M 轴上，Φ 和 α 轴的夹角为 φ，φ 是随时间变化的，这就表示 i_1 的分量 i_α、i_β 也随时间变化，但 i_1（F_1）和 Φ 之间的夹角 θ_1 是表示空间的相位角，稳态运行时 θ_1 不变。因此，i_M、i_T 大小不变，说明 M、T 绕组只是产生直流磁动势。由图 4. 17 可推导出下列关系：

$$i_\alpha = i_M\cos\varphi - i_T\sin\varphi \tag{4.18}$$

$$i_\beta = i_M\sin\varphi + i_T\cos\varphi \tag{4.19}$$

由上两式可推导出

$$i_M = i_\alpha\cos\varphi + i_\beta\sin\varphi \tag{4.20}$$

$$i_T = - i_\alpha\sin\varphi + i_\beta\cos\varphi \tag{4.21}$$

在矢量控制系统中，由于旋转坐标轴 M 轴是由磁通矢量的方向决定的，故旋转坐标系 M、T 又叫磁场定向坐标系，矢量控制系统又称为磁场定向控制系统。

4.3.3 直角坐标/极坐标变换

在矢量控制系统中，有时需将直角坐标变换为极坐标，用矢量幅值和相位夹角表示矢量。图 4.17 中矢量 i_1 和 M 轴的夹角为 θ_1，若由已知的 i_M、i_T来求 i_1 和 θ_1，则必须进行直角坐标/极坐标变换，其关系公式为

$$i_1 = \sqrt{i_M^2 + i_T^2} \tag{4.22}$$

$$\theta_1 = \arctan\frac{i_T}{i_M} \tag{4.23}$$

当 θ_1 在 0~90°范围内变化时，$\tan\theta_1$ 的变化范围为 0~+∞，由于变化幅度太大，电路或者微机均难于实现。因此，利用三角公式将进行变换的关系式改写为

$$\tan\frac{\theta_1}{2} = \frac{\sin\theta_1}{1 + \cos\theta_1} \tag{4.24}$$

由图 4.17 可知

$$\sin\theta_1 = \frac{i_T}{i_1} \qquad \cos\theta_1 = \frac{i_M}{i_1} \tag{4.25}$$

因此

$$\tan\frac{\theta_1}{2} = \frac{i_T}{i_1 + i_M} \tag{4.26}$$

4.3.4 变频器矢量控制的基本思想

1. 矢量控制的基本理念

矢量控制示意图如图 4.18 所示。

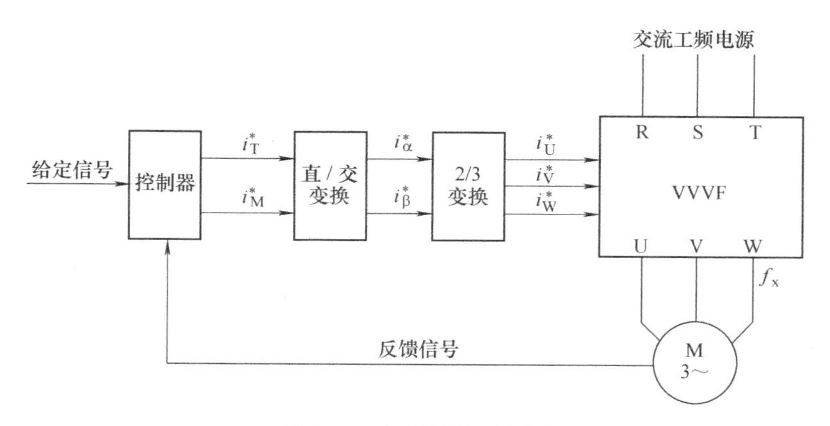

图 4.18　矢量控制示意图

下面对矢量控制示意图进行解释：

1）仿照直流电动机的特点，当变频器得到给定信号后，首先由控制电路把给定信号分解为两个互相垂直的磁场信号：励磁分量 Φ_M 和转矩分量 Φ_T，与之对应的控制信号分别为 i_M^* 和 i_T^*。

2）通过“直/交变换”把直流绕组的信号等效地转换成同样是互相垂直的两相旋转绕组的信号i_{α}^{*}和i_{β}^{*}。

3）通过“2/3 变换”把两相旋转绕组的信号等效转换成三相旋转绕组的信号i_{U}^{*}、i_{V}^{*}和i_{W}^{*}，用来控制逆变桥中各开关器件的工作。

4）运行中，当因负载发生波动导致转速变化时，可通过转速反馈环节反馈到控制电路，以调整控制信号。调整时，令磁场信号i_{M}^{*}不变，只调整转矩信号i_{T}^{*}，从而使异步电动机得到和直流电动机十分相似的机械特性。

2. 矢量控制中的反馈

电流反馈用于反映负载的状态，使i_{T}^{*}能随负载变化而变化。速度反馈反映出拖动系统的实际转速和给定值之间的差异，从而以最快的速度进行校正，提高了系统的动态性能。速度反馈的反馈信号可由脉冲编码器测得。现代的变频器又推广使用了无速度传感器矢量控制技术，它的速度反馈信号不是来自于速度传感器，而是通过对电动机的各个参数（如I_1、r_2等）计算得到的一个转速的实际值，再根据这个计算出的转速实际值和给定值之间的差异来调整i_{M}^{*}和i_{T}^{*}，从而改变变频器的输出频率和电压。

很多系列的变频器都设置了无反馈矢量控制功能，这里的“无反馈”指的是不需要用户在变频器的外面再加其他的反馈环节。而矢量控制时变频器的内部还是有反馈存在的，因此无反馈矢量控制已使异步电动机的机械特性可以和直流电动机的机械特性相媲美了。

3. 使用矢量控制的要求

选择矢量控制模式，对变频器和电动机有以下要求：

1）一台变频器只能带一台电动机。

2）电动机的极数要符合说明书的要求，一般以 4 极电动机为最佳。

3）电动机容量与变频器的容量相当，最多差一个等级。

4）变频器与电动机间的连接线不能过长，一般应在 30m 以内。如果超过 30m，需要在连接好电缆后，进行离线自动调整，以重新测定电动机的相关参数。

4.3.5 矢量控制系统的优点和应用范围

异步电动机矢量控制变频调速系统的开发使异步电动机的调速可获得和直流电动机相媲美的高精度和快速响应性能。异步电动机的结构又比直流电动机简单、坚固，且转子无电刷、集电环等电气接触点，故应用前景十分广阔。现将其优点和应用范围综述如下：

1. 矢量控制系统的优点

（1）高速的动态响应　直流电动机受整流的限制，过高的转速和di/dt是不容许的。异步电动机只受逆变器容量的限制，强迫电流的倍数可取得很高，故速度响应快，一般可达到毫秒级，在快速性方面已超过直流电动机。

（2）低频转矩增大　通用变频器（VVVF 控制）在低频时的转矩常低于额定转矩，故在 5Hz 以下不能带满负载工作。而矢量控制变频器由于能保持磁通恒定，转矩与i_T呈线性关系，在极低频时也能使电动机的转矩高于额定转矩。

（3）控制灵活　直流电动机常根据不同的负载对象，选用他励、串励、复励等形式，它们有着不同的控制特点和机械特性。而在异步电动机矢量控制系统中，可使同一台电动机输出不同的特性。在系统内用不同的函数发生器作为磁通调节器，即可获得他励或串励直流电动机的机械特性。

2. 矢量控制系统的应用范围

(1) 要求高速响应的工作机械　如工业机器人驱动系统在速度响应上至少需要达到100rad/s，而矢量控制系统能达到的速度响应最高值可达1000rad/s，故能保证工业机器人驱动系统快速、准确地工作。

(2) 在恶劣的环境下工作的设备　如造纸机、印染机均要求在高湿、高温并有腐蚀性气体的环境中工作，采用矢量控制系统变频调速的异步电动机比直流电动机更为适合。

(3) 需要高精度的电力拖动的场合　如钢板和线材卷取机属于恒张力控制，对电力拖动的动、静态精度有很高的要求，要求能做到高速（弱磁）、低速（点动）、停车时强迫制动。异步电动机应用矢量控制后，静差度小于0.02%，有可能完全代替直流调速系统。

(4) 需要四象限运转的场合　如高速电梯的拖动，过去均用直流拖动，现在也逐步被异步电动机矢量控制变频调速系统代替。

4.4 直接转矩控制

直接转矩控制系统是继矢量控制之后发展起来的另一种高性能的交流变频调速系统。直接转矩控制把转矩直接作为控制量来控制。

4.4.1 直接转矩控制原理

直接转矩控制是直接在定子坐标系下分析交流电动机的模型，控制电动机的磁链和转矩。和矢量控制不同，直接转矩控制不采用解耦的方式，从而在算法上不存在旋转坐标变换，简单地通过检测电动机定子电压和电流，借助瞬时空间矢量理论计算电动机的磁链和转矩，并根据与给定值比较所得差值，实现磁链和转矩的直接控制。

图 4.19 所示为直接转矩控制系统原理框图，采用在转速环内设置转矩内环的方法，以抑制磁链变化对转子系统的影响，因此，转速与磁链子系统也是近似独立的。

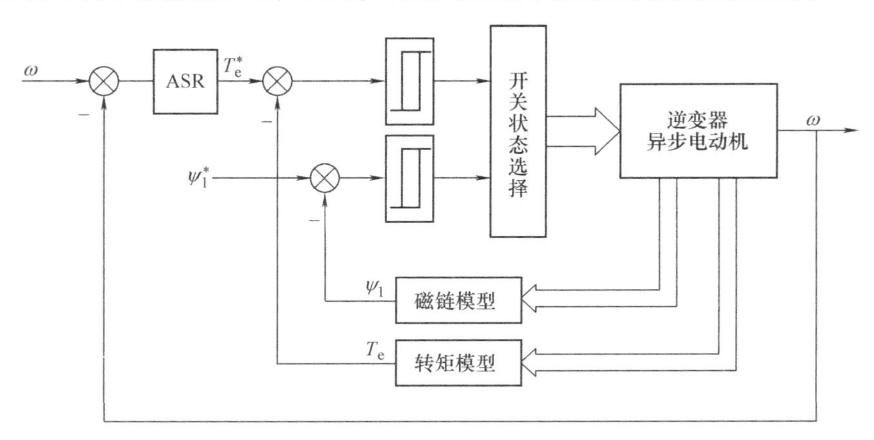

图 4.19　直接转矩控制系统原理框图

4.4.2 直接转矩控制的特点

直接转矩控制的效果不是取决于异步电动机的数学模型是否能够简化，而是取决于转矩的实际状况，它不需要将交流电动机与直流电动机做比较、等效、转化，即不需要模仿直流电动机的控制，由于它省掉了矢量变换方式的坐标变换与计算以及为解耦而简化异步电动机数学模型，没有通常的PWM信号发生器，所以它的控制结构简单、控制信号处理的物理概念明确、系统的转矩响应迅速且无超调，是一种具有高静、动态性能的交流调速控制方式。

直接转矩控制是控制定子磁链和转矩，在本质上并不需要转速信息；控制上对除定子电阻外的所有电动机参数变化鲁棒性好；所引入的定子磁链观测器能很容易地估算出同步转速信息。因而能方便地实现无速度传感器化。这种控制也称为无速度传感器直接转矩控制。

直接转矩控制的主要缺点是在低速时转矩脉动大，其主要原因是：

1）由于转矩和磁链调节器采用滞回比较器，不可避免地造成了转矩脉动。

2）在电动机运行一段时间之后，电动机的温度升高，定子电阻的阻值发生变化，使定子磁链的估计精度降低，导致电磁转矩出现较大的脉动。

3）逆变器开关频率的高低也会影响转矩脉动的大小，开关频率越高转矩脉动越小，反之，开关频率越低转矩脉动越大。

另外，这种控制要依赖于精确的电动机数学模型和对电动机参数的自动识别（ID）。

一般认为，直接转矩控制方式适用于对动态响应要求较高的拖动系统中，例如电动机车及交流伺服拖动系统等。

本章小结

变频器的控制方式有：U/f控制、转差频率控制、矢量控制和直接转矩控制等。

1. U/f控制

U/f控制是使变频器的输出在改变频率的同时也改变电压，通常是使U/f为常数，这样可使电动机磁通保持恒定，在较宽的调速范围内，电动机的转矩、效率及功率因数不下降。

在低频时，在电压和频率成正比的基础上，适当地补偿电压，以弥补定子绕组阻抗压降所占比例增大的影响，这种功能称为转矩提升功能。

该控制方式属于开环控制，安装调试方便，能满足很多场合的应用。

2. 转差频率控制

转差频率控制是检出电动机的转速，构成速度闭环，速度调节器的输出为转差频率，通过控制转差频率来控制转矩和电流，使速度的静态误差变小。

为了控制转差频率，需要增加检出电动机速度的装置，虽然设备成本提高了，但系统的加减速特性和稳定性相比开环U/f控制有所提高，过电流的限制效果也变好了。

转差频率控制主要应用于过程控制或电动机的稳速控制。

3. 矢量控制

矢量控制（VC）是通过控制变频器输出电流的大小、频率及相位，以维持电动机内部的磁通为恒定值，产生所需的转矩，因此控制精度高、快速性好。

异步电动机矢量控制变频调速系统的开发，使异步电动机的调速可获得和直流电动机相媲美的高精度和快速响应性能。异步电动机的结构又比直流电动机简单、坚固，且转子无电刷、集电环等电气接触点，故应用前景十分广阔。

4. 直接转矩控制

直接转矩控制是直接在定子坐标系下分析交流电动机的模型，控制电动机的磁链和转矩。

一般认为，直接转矩控制方式适用于对动态响应要求较高的拖动系统中，例如电动机车及交流伺服拖动系统等。

思考与练习

1. 什么是 U/f 控制？变频器在变频的时候为什么还要变压？
2. 说明 U/f 控制的原理。
3. U/f 线有哪些？分别适合何种类型负载？
4. 什么是转矩补偿？
5. 什么是转差频率控制？说明其控制原理。
6. 转差频率控制和 U/f 控制相比，有什么优点？
7. 矢量控制的理念是什么？矢量控制经过哪几种变换？
8. 直接转矩控制的原理是什么？
9. 变频器控制有几种方式？分别说明其优缺点。

第5章　变频器的接线端子与功能参数

在变频器使用之前，首先要了解其接线端子的功能，然后进行相应的参数设置，只有这样才能使变频器发挥作用，实现相应功能。本章以欧姆龙的3G3MX2变频器为例，介绍变频器的主要接线端子和功能参数。

5.1 变频器的接线端子

变频器控制电动机、外部信号对变频器进行控制以及变频器的工作状态指示，这些都需要用到变频器的接线端子。

变频器的接线端子分为主电路端子和外部电路端子，图5.1为欧姆龙3G3MX2变频器的接线端子示意图。

5.1.1 主电路端子

变频器通过主电路端子与外部连接，主电路端子及其主要功能见表5.1。

5.1.2 控制电路端子

1. 输入控制端子

（1）模拟量输入端子　3G3MX2变频器有2组模拟量输入端子。

FV（O）与SC（L）端子：模拟电压输入端子，输入电压为0~10V，输入电压的大小通过可变电阻（电位器）进行调节。

FI（OI）与SC（L）端子：模拟电流输入端子，输入电流为0~20mA，如果输入电流为4~20mA，可通过设定A103=20%来实现。

（2）多功能输入端子　多功能输入端子是数字量输入端子，见图5.1中的S1(1)~S7/EB(7/EB)端子。

变频器有丰富的控制功能，可达上百种，如果每种控制功能都设一个端子，一是没有必要，二是制造和使用都不方便。在实际工程中，对于某个具体的应用，所应用的控制功能只有变频器所有控制功能中的几项，并不多。因此，现代变频器都采用多功能输入端子，即指定几个端子为多功能输入端子，这几个端子通过预置，可以设定为变频器已有控制功能中的任何功能。

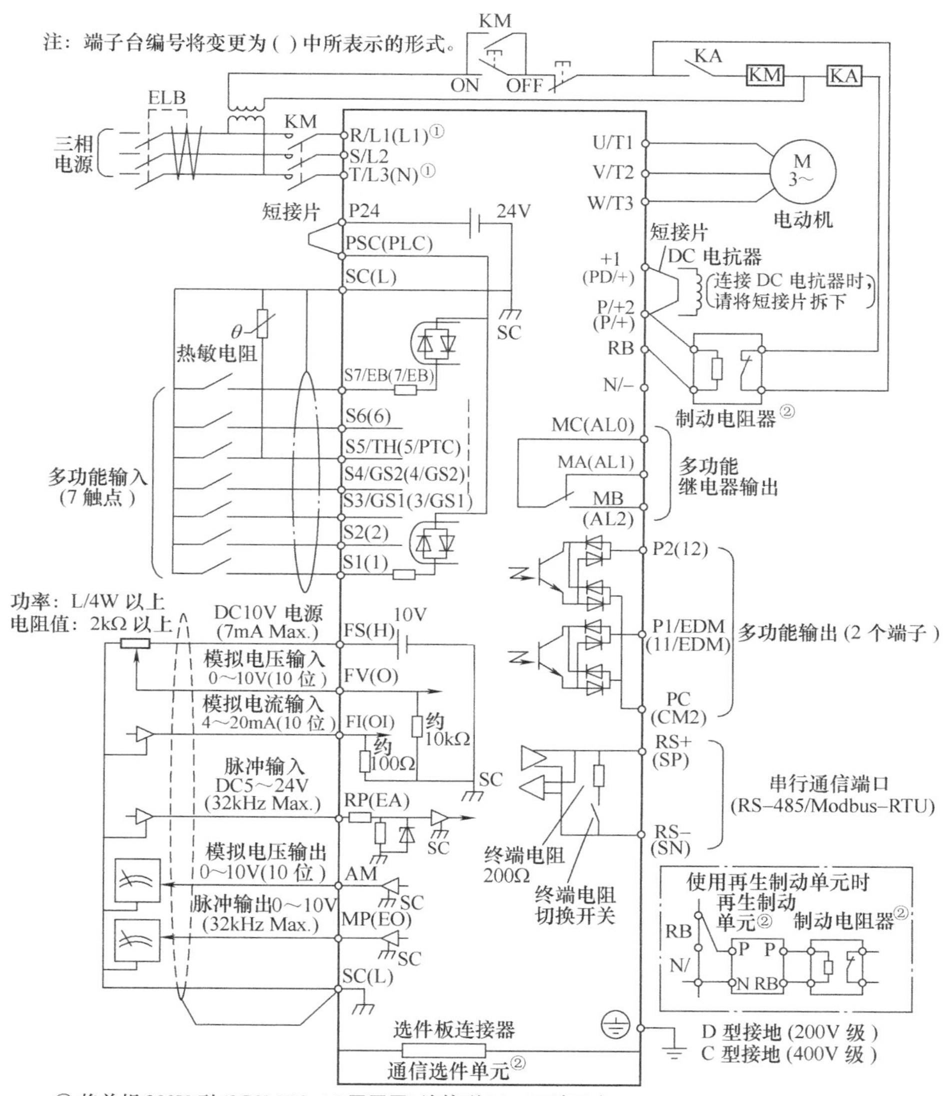

图 5.1　欧姆龙 3G3MX2 变频器的接线端子示意图

表 5.1　变频器主电路端子及其主要功能

<table>
<tr><th colspan="2">端子记号</th><th>端子名称</th><th>内容说明</th></tr>
<tr><td>R/L1</td><td>L1</td><td rowspan="3">主电源输入端子</td><td rowspan="3">连接输入交流电源
将单相 200V 型（3G3MX2-AB□□□）连接到 L1、N 端子上</td></tr>
<tr><td colspan="2">S/L2</td></tr>
<tr><td>T/L3</td><td>N</td></tr>
<tr><td colspan="2">U/T1</td><td rowspan="3">变频器输出端子</td><td rowspan="3">连接三相电动机</td></tr>
<tr><td colspan="2">V/T2</td></tr>
<tr><td colspan="2">W/T3</td></tr>
</table>

（续）

端子记号		端子名称	内容说明
+1	PD/+	DC 电抗器连接端子	取下端子+1（PD/+）~P/+2（P/+）间的短接片，连接选装的DC 电抗器
P/+2	P/+		
P/+2	P/+	制动电阻器连接端子	连接选装的制动电阻器（需要制动转矩时）
RB	RB		
P/+2	P/+	再生制动单元连接端子	连接选装的再生制动单元（需要制动转矩或内置的制动电路有不足时）
N/-			
G		接地端子	200V 级为 D 型接地，400V 级为 C 型接地 200V 级 3.7kW 以下及 400V 级 4.0kW 以下机型的接地端子带有散热器

说明：

1）主电源输入端子接电源，要求接隔离开关和接触器。隔离开关用于变频器的总电源控制，而接触器用于变频器工作中的通电或断电。

2）变频器输出端子不能连接进相电容或浪涌吸收器，进相电容和浪涌吸收器会造成变频器跳闸以及导致变频器内部电容器、浪涌吸收器损坏。

3）R、S、T 和 U、V、W 端不能错接，如果接错，变频器运行时会烧坏逆变模块。

4）3G3MX2 系列变频器的全部机型均内置再生制动电路。要求提高制动能力时，可在制动电阻器连接端子上连接选装的制动电阻器。另外，不可使用规定电阻值以下的电阻器，否则会损坏再生制动电路。

5）接地线要粗而短，接触良好，必要时采用专用接地线。使用多台变频器时，不可采取跨接或环形接地方式，否则可能导致变频器及其外围的控制设备发生误动作。

欧姆龙 3G3MX2 变频器通过设定多功能输入端子 S1(1)~S7/EB（7/EB），便可以执行设定的功能，见表 5.2。端子 S1(1)~S7/EB(7/EB）与 C001~C007 对应。

表 5.2　欧姆龙 3G3MX2 变频器多功能输入端子参数设定值与其功能（部分）

参数号	设定值	内　容	参　考　项　目
C001~C007	00	FW：正转指令	运行指令选择
	01	RV：反转指令	
	02	CF1：多段速 1	多段速运行功能（二进制）
	03	CF2：多段速 2	
	04	CF3：多段速 3	
	05	CF4：多段速 4	
	06	JG：点动	点动运行
	07	DB：外部直流制动	直流制动
	14	CS：工频切换	工频切换
	16	FV/FI：电压/电流输入切换	模拟量输入
	20	STA：3 线起动	3 线输入功能
	21	STP：3 线停止	
	22	F/R：3 线正转/反转	
	23	PID：PID 无效	PID 功能
	24	PIDC：PID 积分复位	

2. 输出控制端子

（1）模拟量输出端子　模拟量输出端子见图5.1中的AM端子，输出电压为0~10V。通过控制电路端子台的AM端子，可以监控变频器的输出频率及输出电流。

（2）多功能输出端子　欧姆龙3G3MX2变频器的多功能输出端子P1/EDM(11/EDM)和P2(12)通过设置参数C021和C022进行功能分配。多功能继电器输出端子MA(AL1)、MB(AL2)通过参数C026进行功能分配。

多功能输出端子P1/EDM(11/EDM)、P2(12)为开路集电极输出，多功能继电器输出端子MA(AL1)、MB(AL2)为继电器输出。

各输出端子可以通过C031~C032、C036单独选择a触点或b触点。

表5.3　多功能输出端子触点选择

参数号	功能名称	数据	初始设定值
C031	多功能输出端子P1/EDM（11/EDM）触点选择	00：NO（a触点）	00
C032	多功能输出端子P2（12）触点选择	01：NC（b触点）	
C036	多功能继电器输出端子MA(AL1)、MB(AL2)触点选择	00：NO（a触点） 01：NC（b触点）	01

每个多功能输出端子都可以设定延迟、保持功能。应对多功能输出端子P1/EDM(11/EDM)、P2(12)和多功能继电器输出端子进行设定。端子与设定参数的对应关系见表5.4。

表5.4　端子与设定参数对应关系

输出端子	ON延迟时间	OFF延迟时间
P1/EDM(11/EDM)	C130	C131
P2(12)	C132	C133
MA(AL1)、MB(AL2)、MC(AL0)	C140	C141

多功能输出端子ON延迟/OFF延迟设定见表5.5。

表5.5　多功能输出端子ON延迟/OFF延迟设定

参数号	功能名称	数据范围	初始设定值
C130	输出端子P1/EDM（11/EDM）ON延迟时间	0.0~100.0s	0.0s
C131	输出端子P1/EDM（11/EDM）OFF延迟时间	0.0~100.0s	0.0s
C132	输出端子P2(12) ON延迟时间	0.0~100.0s	0.0s
C133	输出端子P2(12) OFF延迟时间	0.0~100.0s	0.0s
C140	继电器输出端子ON延迟时间	0.0~100.0s	0.0s
C141	继电器输出端子OFF延迟时间	0.0~100.0s	0.0s

5.2 变频器的操作运行与给定方式

要使变频器正常工作，首先要解决的问题是如何起动和停止变频器，其次是如何升速和降速，也就是变频器的运行指令和频率指令的设置。

5.2.1 变频器的操作运行方式

变频器运行与停止的控制方式分为本机控制和外部端子控制，欧姆龙 3G3MX2 变频器的外部端子控制又分为 2 线输入控制和 3 线输入控制。而多数变频器的外部端子控制有确定的控制端子，不需要设置。如富士 FRN 系列变频器的正转端子为 FWD，反转端子为 REV；三菱FR-A系列变频器的正转端子为 STF，反转端子为 STR。下面仍以欧姆龙 3G3MX2 变频器为例介绍。

1. 本机控制

本机控制是通过变频器操作面板上的 RUN 和 STOP 键控制变频器的运行与停止，通过 A001、A002 参数设置实现此功能，运行指令有效时显示 LED 点亮。如果控制柜安装在操作现场，并且变频器的操作面板露在控制柜的操作面板上，可采用本机控制。通常情况下，本机控制很少采用。

欧姆龙 3G3MX2 变频器本机控制操作步骤如下：

1）接通变频器的电源。

2）将第 1 频率指令选择 A001 设为“02”（操作器）。

3）将第 1 运行指令选择 A002 设为“02”（操作器）。

4）设定输出频率（F001）为 10Hz 左右的低速输出。

5）设定运行方向（F004）。

6）显示输出频率监控（d001）后，按下“Enter”键。

7）按下“RUN”键，LED 点亮，电动机开始旋转。

8）通过频率指令设定 F001 来渐渐加大输出频率。

9）按“STOP/RESET”键，电动机开始减速，待停止旋转后，RUN（运行时）LED 熄灭。

2. 外部端子控制

通过外部信号（开关、频率设定电位器等）连接到变频器控制电路端子，控制变频器运行。

（1）2 线输入控制　2 线输入控制是指采用两个多功能输入端子（两根线）控制变频器的起停和正反转，并用模拟电压/电流信号设定频率。用参数 A001、A002 和 A005 设定用控制电路端子控制变频器频率设定和运行。用多功能输入端子 S1、S2 做变频器（电动机）的正反运行控制开关，须设置相应的 C001 = 00 和 C002 = 01；将电位器连接到模拟量输入端子 FV（或者 FI）设定频率值。2 线输入控制端子接线方法如图 5.2 所示。

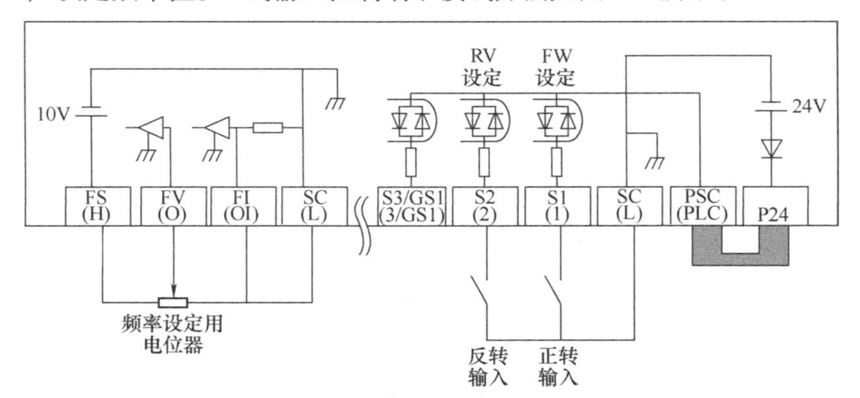

图 5.2　2 线输入控制端子接线图（电压设定频率值）

2 线输入端用外部开关信号如图 5.2 所示，通过控制端子 S1 和 S2 来控制变频器的起停、加减速和正反转。

（2）3 线输入控制　3 线输入控制的变频器比较方便，它相当于继电器控制中的自锁控制。变频器的 3 线输入控制（变频器都有该功能）主要是利用“三线控制端子”进行控制，代替复杂的控制电路。

3 线输入控制是指采用 3 个多功能输入端子（3 根线）控制变频器的起停和正反转，并用模拟电压/电流信号设定频率，适用于变频器用按钮控制起动停止的情况。用参数 A001、A002 设定用控制电路接线端子控制变频器频率设定和运行。用多功能输入端子 S1、S2 和 S3 分别做 STA（起动）、STP（停止）和 F/R（正转/反转选择）的控制端子，此时需设置相应的参数C001=20、C002=21 和 C003=22。将电位器连接到模拟量输入端子 FV（或 FI）设定频率值。3 线输入控制接线方法如图 5.3 所示。

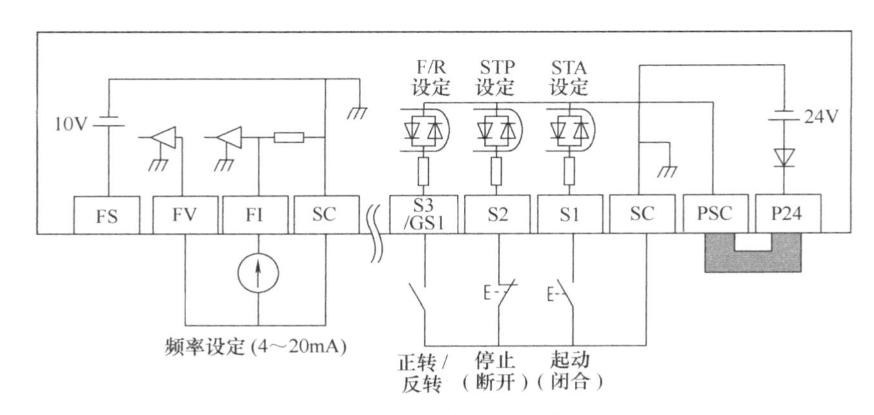

图 5.3　3 线输入控制端子接线图

欧姆龙 3G3MX2 变频器外部端子控制操作步骤如下：

1）接通变频器的电源。

2）将第 1 频率指令选择 A001 设为“01”（控制电路端子台）。

3）将第 1 运行指令选择 A002 设为“01”（控制电路端子台）。

4）显示输出频率监控（d001）后按下“Enter”键。

5）确认频率指令的模拟电压/电流值为 0 后，启动运行指令，RUN（运行时）LED 点亮。

6）通过逐渐加大模拟电压/电流值逐渐加大输出频率。

7）电动机开始旋转。

8）进行运行确认后，中止运行指令（3 线输入控制时使 STP 输入 ON）。电动机开始减速，待停止旋转后，RUN（运行时）LED 熄灭。

5.2.2 变频器的给定方式

变频器的给定方式也就是如何使变频器升速和降速。通用变频器常有以下几种给定方式。

1. 本机给定

本机给定就是通过变频器的操作面板升降速。欧姆龙 3G3MX2 变频器可通过操作面板上的“▲”“▼”键升降速，面板上没有升降速电位器。

如果控制柜安装在操作现场，变频器的操作面板露在控制柜的操作面板上，并且不需要同步调速时，可使用本机给定。

2. 模拟量输入端子给定

欧姆龙 3G3MX2 变频器有模拟电压输入端子和模拟电流输入端子，可通过模拟量输入端子的给定控制电动机转速的大小。通过转速调节电位器来调节模拟输入电压的大小，从而实现变频器输出频率的调节，使电动机平滑无级调速。

3. 逻辑输入端子给定

逻辑输入端子给定也就是通过按钮升降速。它是欧姆龙 3G3MX2 变频器的高级功能，通过多功能输入端子 S1～S7 中的其中两个，设置相应的参数 C001～C007 的值，才能实现。在任意两个端子上分别接升速按钮 SB1 和降速按钮 SB2，按下 SB1 开始升速，松开 SB1 停止升速；按下 SB2 开始降速，松开 SB2 停止降速。

逻辑输入端子 S1～S7 由 C001～C007 设置，在实际使用时，必须保证该功能没被其他端子使用。

4. 其他给定方式

尽管可以直接通过开关和模拟量输入端子控制变频器，但在多数场合，变频器通常和上位机如 PLC 或 PC 等设备构成控制系统，以实现复杂的控制功能。变频器的频率设置虽然可以从变频器的模拟量输入端子送入，进行无级调速，但在实际自动控制系统中，其频率设置信号、运行控制等信号往往来自 PLC。

PLC 对变频器的控制一般有两种方式，第一种是用变频器自带端子控制，PLC 的输出端子接变频器的多功能输入端子，变频器中设置多功能输入端子为多段速功能，并设置相应频率。通过 PLC 输出端子的闭合和断开的组合，使变频器在不同段速下运行。这种控制方式的优点是响应速度快，抗干扰能力强。缺点是不能无级调速。第二种是 PLC 的通信接口与变频器的通信接口相连，PLC 作为主站，用 Modbus-RTU 简易主站可以简单地通过串行通信来控制变频器等支持 Modbus 的从站设备。这需要设置 PLC 和变频器的通信协议、通信地址、传输速率和奇偶校验码等。这种控制方式的优点是：可以无级变速，速度变换平滑，速度控制精确，适应能力好。缺点是抗干扰差，响应有延时。

除此以外，变频器还可以通过远程终端控制，或者由上位机通过数据线控制等。

5.3 变频器的频率参数

变频器运行涉及多项频率参数，只有了解各参数的功能，才能对各参数进行功能预置，使电动机变频调速后的特性满足生产机械的要求。本节介绍一些和频率有关的参数。

5.3.1 基本频率参数

1. 基本频率 f_b

基本频率也称为基准频率，有两种定义方法：

1）和变频器的最大输出电压对应的频率，称为基本频率。

2）当变频器的输出电压等于额定电压时的最小输出频率，称为基本频率。

基本频率用 f_b 表示。在绝大多数情况下，基本频率和电动机的额定频率相等。例如，对于国产的通用型电动机，基本频率设定为 50Hz。

基准电压是指输出频率到达基本频率时变频器的输出电压，基准电压通常取电动机的额定电压 U_N。基本频率和基本电压的关系如图 5.4 所示。

2. 最高频率 f_{max}

最高频率指变频器允许输出的最大频率，用 f_{max} 表示。其具体含义因频率给定方式的不同而略有差别：

1）由键盘进行频率给定时，最高频率意味着能够调到的最大频率。就是说，到了最高频率后，即使再按上调键，频率也不能再上升了。

2）通过外接模拟量进行频率给定时，最高频率通常指与最大的给定信号相对应的频率。

在大多数情况下，最高频率与基本频率是相等的。例如风机和水泵，当运行频率超过基本频率时，负载的阻转矩将增加很大，使电动机过载。所以，必须把最高频率限制在基本频率以内。

3. 上限频率 f_H 和下限频率 f_L

上限频率和下限频率指变频器输出的最高、最低频率，常用 f_H 和 f_L 表示。根据拖动系统所带负载不同，有时要对电动机的最高、最低转速加以限制，以保证拖动系统的安全和产品的质量，另外，由操作面板的误操作及外部指令信号的误动作引起的频率过高和过低，设置上限频率和下限频率可起到保护作用。

常用的方法是给变频器的上/下限频率赋值。当设定了上/下限频率后，频率控制信号 X 在全程变化时，输出频率在 f_L 和 f_H 限定的范围内变化，如图 5.5 所示。

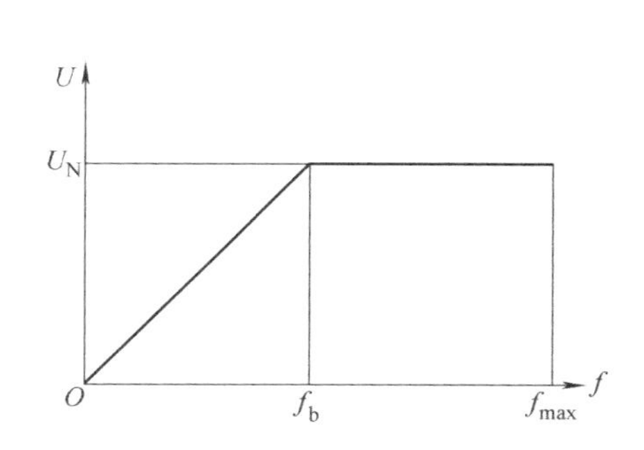

图 5.4 基本频率和基准电压的关系

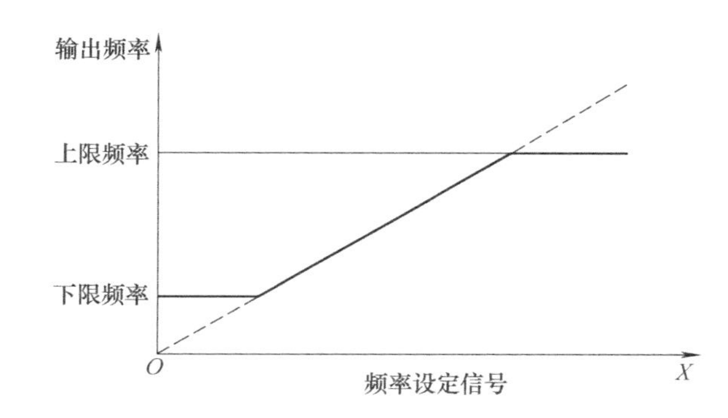

图 5.5 上限频率和下限频率

例如：预置 $f_H = 60$Hz，$f_L = 10$Hz。若给定频率为 50Hz 或 20Hz，则输出频率和给定频率一致；若给定频率为 70Hz 或 5Hz，则输出频率被限制在 60Hz 或 10Hz。

上限频率和最高频率的关系：

1）上限频率不能超过最高频率，即 $f_H \leqslant f_{max}$，如果用户希望增大上限频率，则首先应将最高频率预置得更高一些。

2）当上限频率与最高频率不相等时，即 $f_H \neq f_{max}$，上限频率优于最高频率，变频器的最大输出频率为上限频率。这是因为变频调速系统是为生产工艺服务的，生产工艺的要求具有最高优先权。

3）部分变频器中，上限频率与最高频率并未分开，两者是合二为一的。

4. 回避频率（跳跃频率、跳转频率）

当系统在某个频率出现谐振时，变频器可以将谐振频率回避掉，如图 5.6 所示。变频器一般可设置三个以上回避频率。

设置回避频率的方法有以下几种：

1）设定回避频率的上端和下端频率，如回避频率的上端频率为 43Hz、回避频率的下端频率为 39Hz，则回避 39～43Hz。

2）设定回避频率值和回避频率范围，如回避频率值为 41Hz、回避频率范围为 3Hz，则回避 38～44Hz。

3）只设定回避频率，回避频率范围由变频器内定。

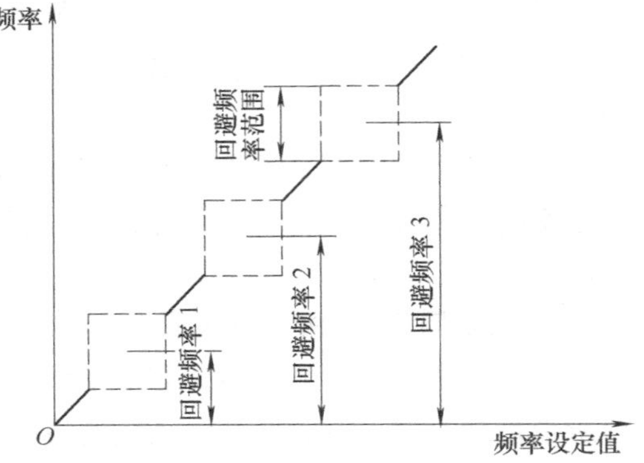

图 5.6 变频器的跳跃频率

5.3.2 载波频率

变频器大多是采用 PWM 的形式进行变频的，也就是说变频器的输出电压其实是一系列的脉冲，脉冲的宽度和间隔均不相等，其大小取决于调制波和载波的交点，也即取决于载波频率。载波频率越高，一个周期内脉冲的个数就越多，输出波形的平滑性就越好，但是对其他设备的干扰也越大。载波频率越低或者设置得不好，电动机就会发出难听的噪声。

载波频率可以在一定的范围内进行调整。变频器在出厂时都设置了一个较佳的载波频率，没有必要时不要调整。

载波频率的选择原则：电动机功率越大，载波频率越低；变频器到电动机的导线越长，载波频率越低；电动机噪声或振动较大时，要考虑载波频率的影响。

5.3.3 段速频率

由于生产工艺上的要求，很多生产机械在不同的阶段需要在不同的转速下运行。为方便这种负载，大多数变频器均提供了多段速运行功能，通过几个开关的通、断组合来选择不同的运行频率。常见的形式是用 3 个输入端子来选择 7 段频率。

在变频器的控制端设置 3 个开关 S_1、S_2 和 S_3，用开关状态的组合来选择各段频率，一共可以选择 7 段频率，见表 5.6。

表 5.6 3 个开关组合选择 7 段频率

频 率	0	f_1	f_2	f_3	f_4	f_5	f_6	f_7
S_1 状态	0	0	0	0	1	1	1	1
S_2 状态	0	0	1	1	0	0	1	1
S_3 状态	0	1	0	1	0	1	0	1

注：开关状态为 0 表示断开，开关状态为 1 表示闭合。

表 5.6 中开关状态的组合与各段频率之间的关系如图 5.7 所示。

对于多段速运行的频率设置，也可以利用变频器的操作面板直接设置或者采用程序段速控制；对于非周期性应用的场合，可采用外部端子进行段速控制。

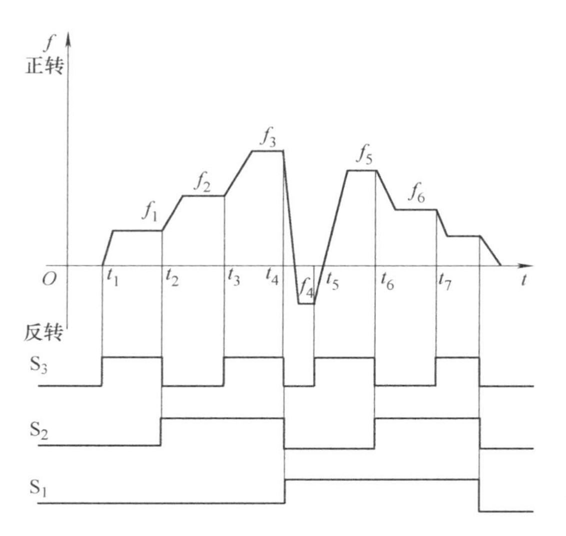

图 5.7　开关状态的组合与各段频率之间的关系

5.3.4 频率增益和频率偏置

1. 频率增益

频率增益指输出频率与模拟量输入信号的比率，即 f/X，如图 5.8 所示。

模拟量输入信号是指由模拟量输入端子输入的电压（0～5V，0～10V）或电流（4～20mA）控制信号。

设置频率增益的目的：

1）设置不同的频率增益，使多台电动机按比例运行。

2）设置相同的频率增益，使多台电动机同速运行。

2. 频率偏置

频率偏置是指控制线不过原点，存在初始值，分为正向偏置和反向偏置，如图 5.9 所示。

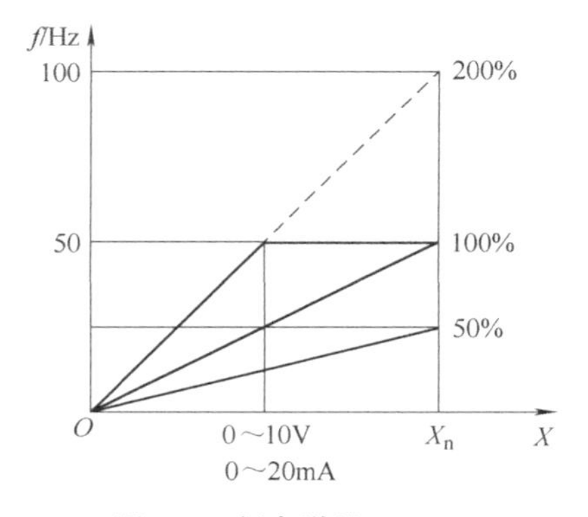

图 5.8　频率增益

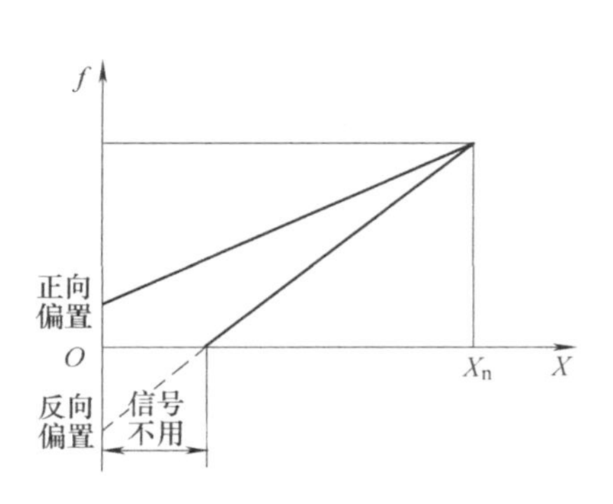

图 5.9　频率偏置

正向偏置：模拟量输入信号为 0 时输出频率大于 0。

反向偏置：模拟量输入信号大于某一值时才有输出频率。

设置频率偏置的目的：

1）配合频率增益调整多台变频器联动的比例精度。

2）作为防止噪声干扰的措施。

频率增益和频率偏置的区别：频率增益曲线是以原点为轴转动；频率偏置是以顶点为轴转动。

说明：频率增益和频率偏置不同厂家的叫法不统一，但表示的概念相同，读说明书时应注意。

5.4 变频器的运行参数

变频器运行时的基本参数是变频器运行时必须具备的参数，主要包括加、减速时间及加减速曲线的设置，下面逐一介绍。

5.4.1 加速时间和减速时间

定义：变频器输出频率从 0 上升到基本频率 f_b 所需要的时间，称为加速时间；变频器输出频率从基本频率 f_b 下降到 0 所需要的时间，称为减速时间。

变频器实际的加速时间和减速时间如图 5.10 所示。

当工作频率低于 f_b 时，实际加减速时间比理论时间要短。

不同的生产机械对于加减速过程的要求是不同的，因此，需要根据电动机的转动惯量和实际负载合理设置加、减速时间，以使变频器的频率变化能与电动机的转速变化相协调。系统的加、减速时间不宜设置得太长，因为时间太长将影响生产效率，特别是变频调速系统频繁起动、制动时。

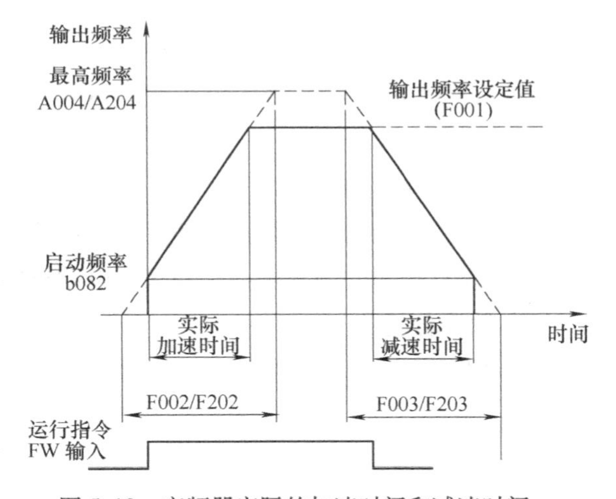

图 5.10 变频器实际的加速时间和减速时间

1. 加速时间

为了保证电动机正常起动又不过流，变频器从低速起动。

加速时间设置原则：兼顾起动电流和起动时间，一般情况下负载重时加速时间长，负载轻时加速时间短。

加速时间设置方法：通过试验的方法，使加速时间由长而短，一般加速过程中的电流不超过额定电流的 1.1 倍为宜。有些变频器有自动选择加速时间的功能，当选择“自动加速时间”时，变频器根据负载情况，自动调整加速时间。

2. 减速时间

减速时间设置原则：防止平滑滤波电路的电压过高，不因再生过电压而使变频器跳闸。

减速时间设置方法：通过试验的办法，先预设一个减速时间，然后将系统运行在制动减速状态，在整个减速过程中，观察变频器电动机的实际电流是多少，如果大于电动机的额定电流，则说明预设的减速时间小了，反之同理。通过修改预设的减速时间，重复这种减速制动的操作，使电动机的电流在减速过程约等于电动机额定电流。此时预设的减速时间就是系统的极限减速时间。

如果减速过程很短，减速电流可以过载，但减速的操作频率（减速过程的时间间隔）必须满足电动机过载的周期要求，否则过载制动可能损坏设备。

例如：负载需要停机时，为了使电动机尽快停止，变频器采用降速停机的方法。在变频器降速过程中，电动机的转速变化跟不上变频器的输出频率变化，电动机转为发电机状态运行，将机械能变为电能，这个电能由制动电阻所消耗，使电动机得到制动力矩而停止转动。

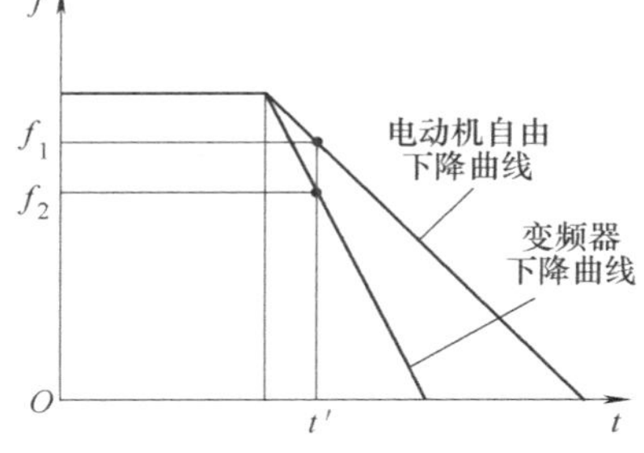

图 5.11　降速制动曲线

5.4.2 加速曲线和减速曲线

为了适应不同的工作环境，变频器可以设置不同的加减速曲线，如图 5.12、图 5.13 所示。

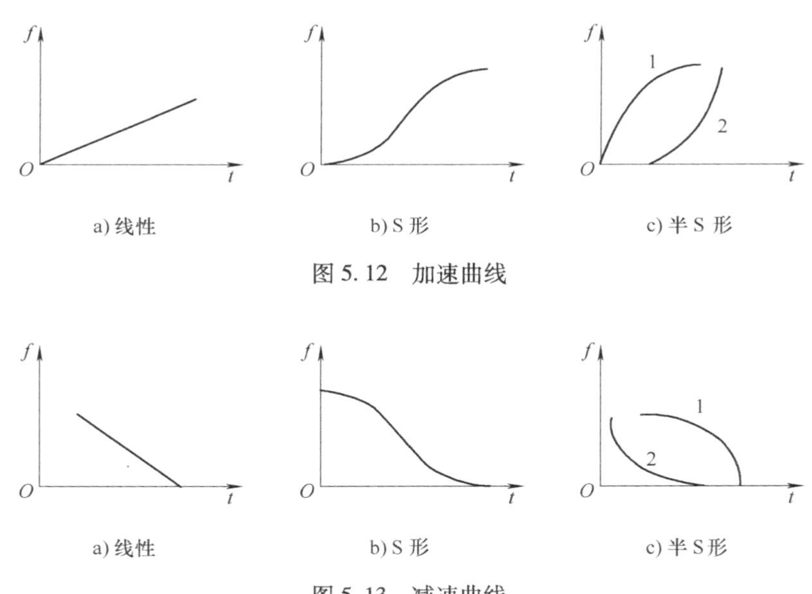

a) 线性　b) S 形　c) 半 S 形

图 5.12　加速曲线

a) 线性　b) S 形　c) 半 S 形

图 5.13　减速曲线

1）线性：频率随时间呈线性上升（下降），适用于一般要求的场合。

2）S 形：先慢、中快、后慢，起动、制动平稳，适用于传送带、电梯等对起动有特殊要求的场合。

3）半 S 形：正半 S 形（图 5.12 和图 5.13 中曲线 1）方式：适用于大惯性负载。反半 S 形（图 5.12 和图 5.13 中曲线 2）方式：适用于泵类和风机类负载。

组合曲线是将加速和减速曲线组合起来。电梯加减速组合曲线如图 5.14 所示。

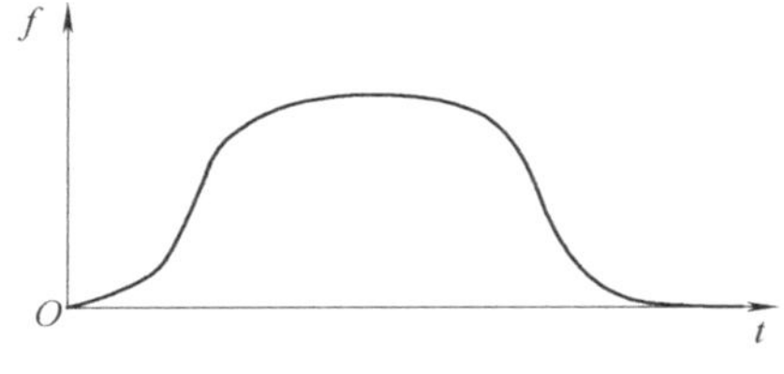

图 5.14　电梯加减速曲线

5.5 变频器的优化功能

5.5.1 节能功能

风机、水泵等二次方律负载在稳定运行时，其负载转矩及转速都基本不变，如果能使其工作在最佳节能点，就可以达到最佳的节能效果。

很多变频器都提供了自动节能功能，用户只需选择该功能，变频器就可以自动搜索最佳节能点，以达到节能的目的。需要说明的是，节能功能只在 U/f 控制时起作用，如果变频器选择了矢量控制，则该功能将被自动取消，因为在所有的控制功能中，矢量控制的优先级别最高。

5.5.2 PID 控制功能

PID 控制是闭环控制中的一种常见形式。反馈信号取自拖动系统的输出端，当输出量偏离要求的给定值时，反馈信号按偏差值的一定比例变化。在输入端，给定信号与反馈信号相比较，存在一个偏差值。对于该偏差值，系统经过 PID 调节，通过改变变频器的输出频率，迅速、准确地消除拖动系统的偏差，回复到给定值，振荡和误差都比较小。

PID 控制用于控制变频器的调节速度和快速响应性。

5.5.3 瞬时停电再起动功能

瞬时停电再起动功能是指电源瞬间停电又很快恢复供电的情况下，变频器是继续停止输出，还是自动重新起动。可根据具体使用情况选择“瞬时停电后不起动”或“瞬时停电后再起动”。

1. 瞬时停电后不起动

瞬时停电又很快恢复供电后继续停止输出，并发出报警信号。电源正常后，输入复位信号才会重新起动，如图 5.15 所示。

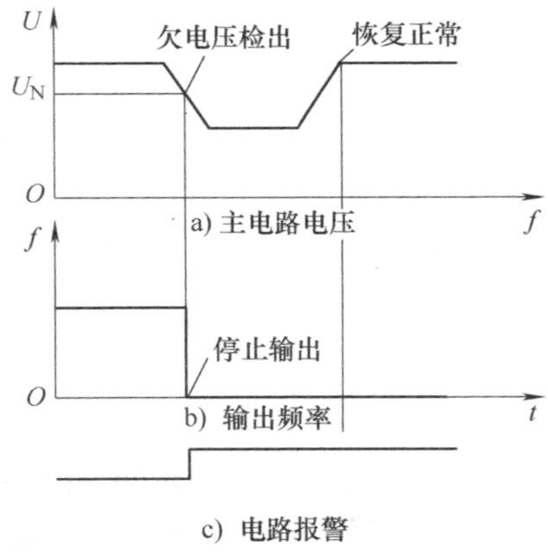

图 5.15　瞬时停电后不起动过程

2. 瞬时停电后再起动

瞬间停电又很快恢复供电后，变频器自动重新起动。自动重新起动时的输出频率可根据不同的负载进行预置，大惯性负载，以原速重新起动；小惯性负载，以较低频率重新起动。过程如图 5.16 所示。

5.5.4 工频/变频切换功能

当变频器出现故障或者电动机需要长期在工频频率下运行时，需要将电动机切换到工频电源下运行，从而达到节能的目的。当需要对电动机进行调速驱动时，又需要将电动机由工频电源直接驱动改为变频器驱动。

变频器和工频电源的切换有手动和自动两种，这两种方式都需要配备外加电路。

如果采用手动切换，则只需要在适当时由人工来完成，控制电路比较简单；如果采用自动切换，则除控制电路比较复杂外，还需要对变频器进行参数预置。大多数变频器常有下面两项选择：

1）报警时工频电源/变频器切换选择。

2）自动变频器/工频电源切换选择。

用户选择对应选项，那么当变频器出现故障报警或由变频器起动的电动机运行达到工频频率后，变频器的控制电路会使电动机自动脱离变频器，改由工频电源为电动机供电。

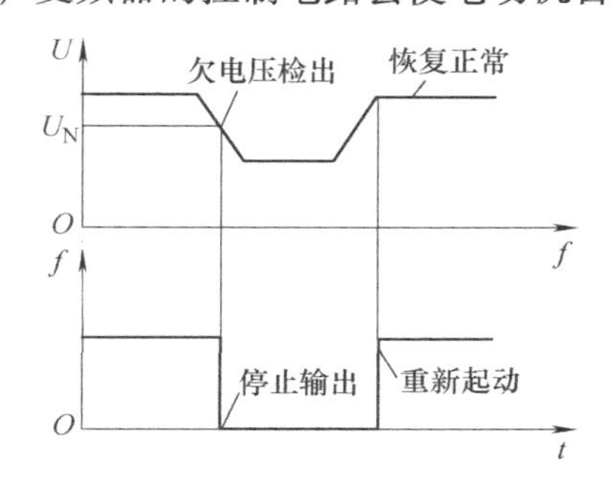

a) 以原频率重新起动

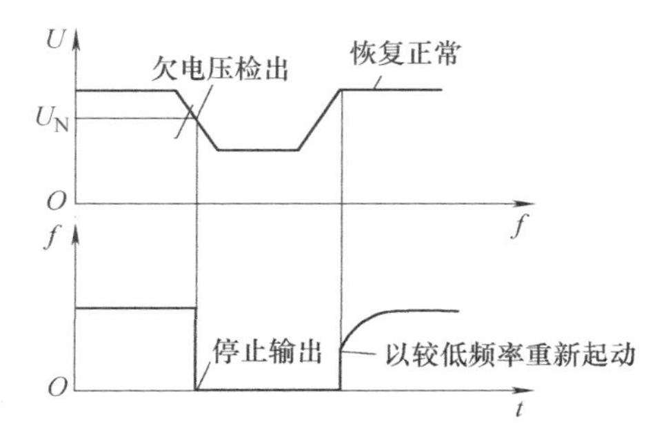

b) 以较低频率重新起动

图 5.16 瞬时停电后再起动过程

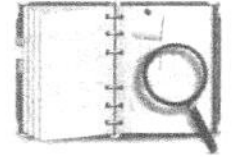

本章小结

变频器与外部电路连接的端子分为主电路端子和控制电路端子。主电路端子包括变频器的输入输出端子；控制电路端子包括变频器的输入控制端子及输出控制端子。

任何变频器，要使其能够正常工作，首先要解决的问题是如何起动和停止变频器，其次是如何升速和降速，也就是变频器的运行指令和频率指令的设置。

与频率有关的参数包括变频器的基本频率参数（基本频率、最高频率、上/下限频率及回避频率）、谐波频率以及段速频率等；与运行有关的参数包括变频器的加减速时间及加减速模式等；优化功能参数包括节能功能、PID 控制功能、瞬时停电再起动功能及工频/变频切换功能等。只有了解这些参数的功能才能对其进行正确的参数设置。

思考与练习

1. 变频器的主电路端子有哪些？
2. 变频器的输入输出端子有哪些？
3. 变频器与频率有关的参数有哪些？如何设置？
4. 变频器与运行有关的参数有哪些？如何设置？
5. 变频器的保护功能有哪些？各起什么作用。

第 6 章　变频调速控制电路的设计

6.1 变频器的操作面板控制

变频器的运行可直接通过设定操作面板来实现，也可以通过变频器外部端子进行控制。当进行较为复杂的变频器控制时可使用 PLC，将 PLC 与变频器连接，通过变频器输入端子或通信端口两种通信方式实现变频器的运行控制。

变频器的操作面板控制即本机控制，是指通过变频器操作面板上的“RUN”键和“STOP”键控制变频器的运行与停止。

6.1.1 变频器操作面板的结构

3G3MX2 变频器外观如图 6.1a 所示，图 6.1b 为带盖板的正面图，图 6.1c 为打开盖板的正面图。

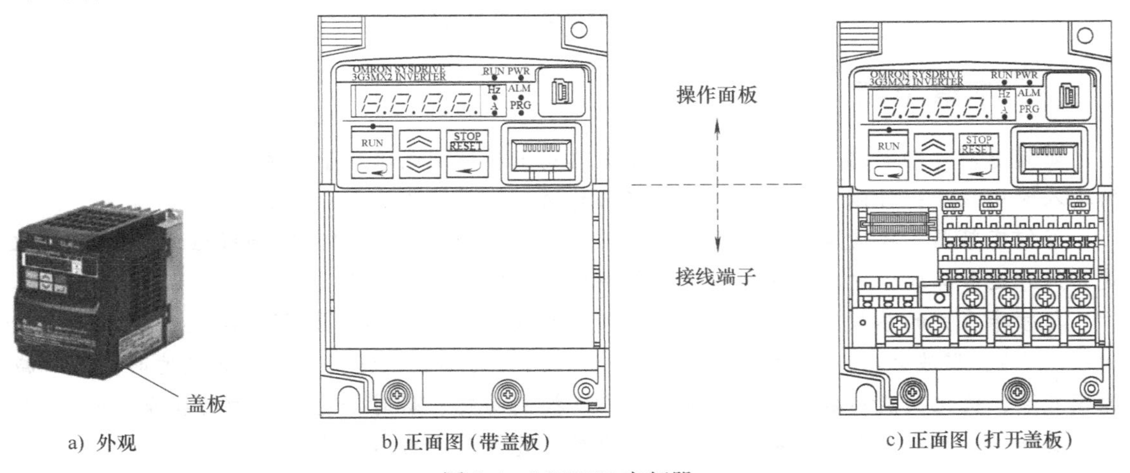

a) 外观　　b) 正面图（带盖板）　　c) 正面图（打开盖板）

图 6.1　3G3MX2 变频器

变频器操作面板如图 6.2 所示，可通过操作面板进行变频器的参数设置、监控及运行控制。

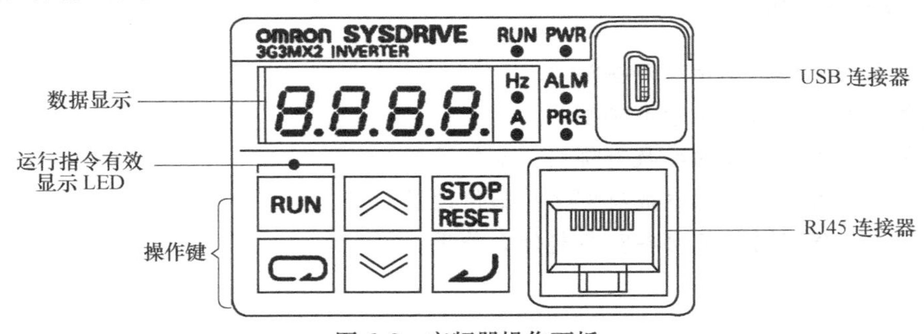

图 6.2　变频器操作面板

数据显示包括数码显示和简易指示灯。其中，数码显示部分主要用于显示功能参数号、数据和故障代码，简易指示灯（PWR、ALM、PRG、RUN、Hz、A）用于显示变频器的状态。

操作面板各部分的名称和功能见表 6.1。

表 6.1 操作面板各部分的名称和功能

标 记	名 称	功 能
PWR	电源指示灯	变频器通电后点亮（绿色）
ALM	报警指示灯	变频器异常时点亮（红色）
PRG	编程指示灯	当数据显示部分显示可变更数据时点亮（绿色）；当设定值不当时闪烁
RUN	运行指示灯	点亮（绿色）时，表示变频器正在运行（发出的命令在 0Hz 下运行或者运行命令关闭后电动机减速运行，指示灯也会亮）
Hz	输出频率监视	点亮（绿色）时，数码显示部分显示频率（Hz）
A	输出电流监视	点亮（绿色）时，数码显示部分显示电流（A）
8.8.8.8.	数码显示	显示（红色）各种参数和频率、设定值等数据
	运行指令有效显示 LED	点亮（绿色）时，由操作面板控制变频器运行
RUN	运行键	使变频器运行。但是仅在“由操作面板控制变频器运行”模式下有效
STOP RESET	停止/复位键	使变频器减速、停止。即使运行指令由操作面板以外其他方式设定，“STOP/RESET”键也有效（出厂设定）；当 b087 设定为 01 时，此键不起作用。当变频器发生异常时，用于解除异常并复位
	模式键	显示参数时：按下此键，移动到下一个功能组的前端 显示数据时：按下此键，取消设定并返回到参数显示 个别输入模式时：按下此键，向左移动闪烁位 无论显示什么画面，长按（1s 以上）即可显示输出频率监控（d001）的数据
	增量键 减量键	使参数和设定数据增加/减少。持续长按可加速 同时按下增量键和减量键，激活可独立编辑各位的“个别输入模式”，可以选择任意数字位进行编辑
	输入确认键	显示参数时：移动到数据显示 显示数据时：确定并存储设定（保存在 EEPROM 中），然后返回到参数显示 个别输入模式时：向右移动闪烁位
	USB 连接器	计算机用连接器（mini-B 型）。通过 USB 连接器使计算机控制变频器时，可同时使用操作面板控制变频器运行
	RJ-45 连接器	选装的远程操作器用连接器（RS-422）。连接远程操作器后，本体的按键即失效。此时，数据显示部显示的项目通过 b150 进行设定

6.1.2 变频器菜单及参数功能组

3G3MX2 变频器共有 8 种参数功能组，每一功能组包括不同的参数号，如监控 d 参数功能组（d001……d104）、F 参数功能组（F001……F004）、A 参数功能组（A001……A165）、b 参数功能组（b001 等）、C 参数功能组（C001 等）、H 参数功能组（H001 等）、P 参数功能组（P001 等）、U 参数功能组（U001 等）。变频器菜单结构及参数修改流程如图 6.3 所示。

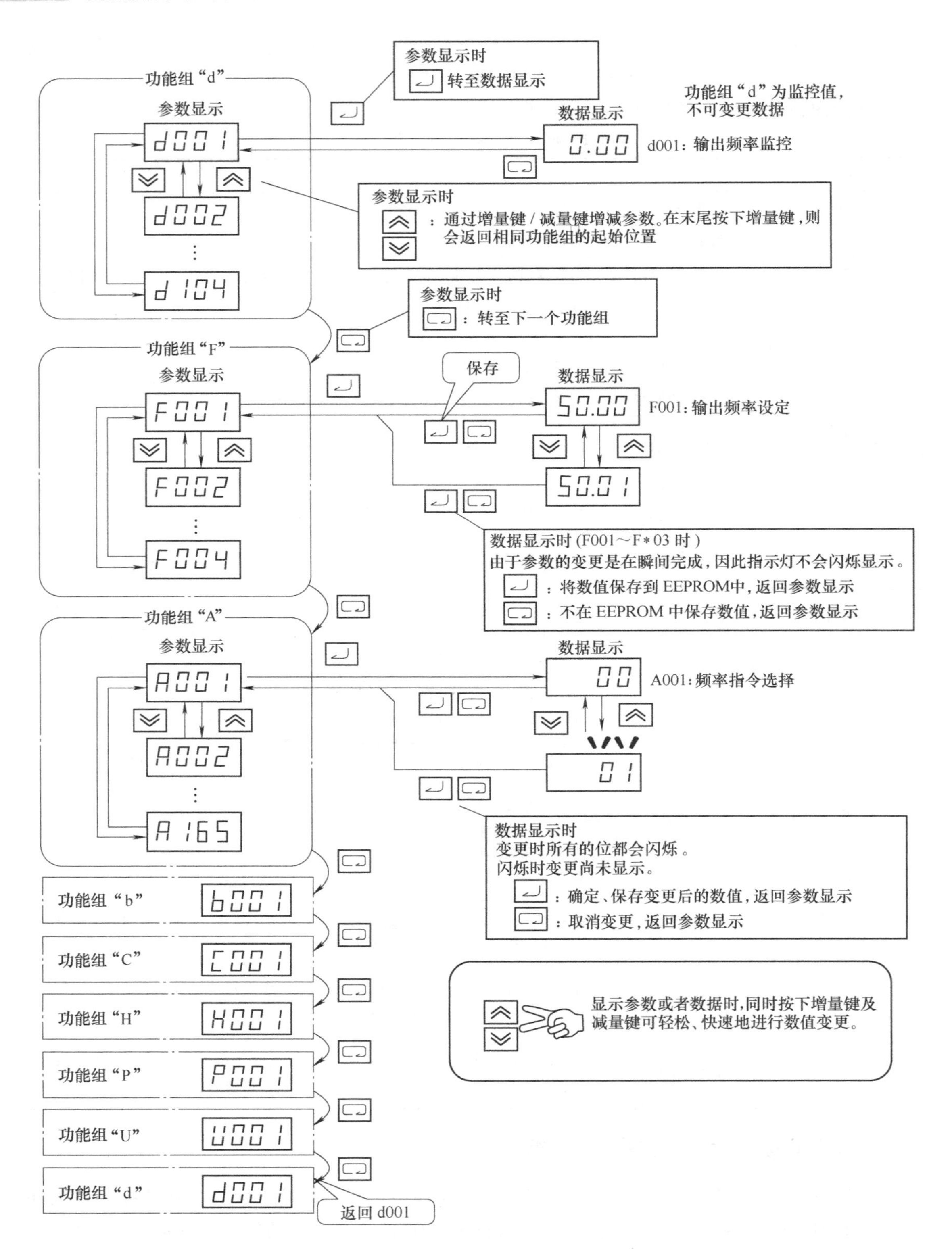

图6.3 3G3MX2变频器菜单结构及参数修改流程

变频器在调试期间，可能会由于操作不当等原因，偶尔发生功能、数据紊乱等现象，可通过初始化恢复到出厂时的状态，同时还能清除异常监控。3G3MX2 变频器初始化设定过程如图 6.4 所示。

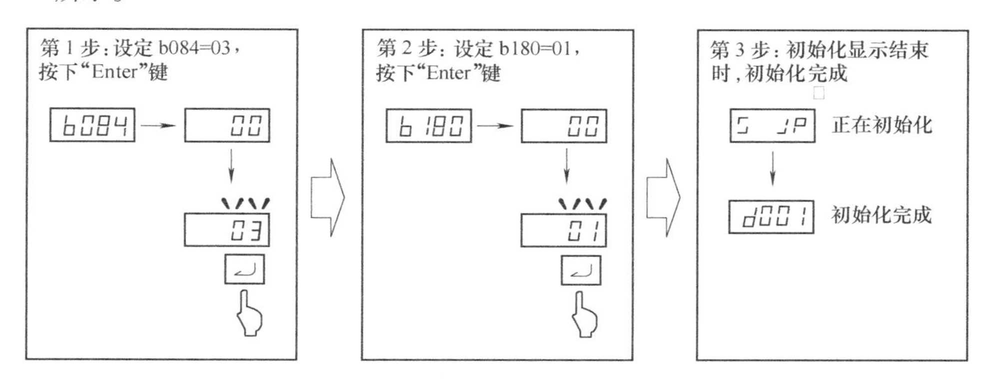

图 6.4　变频器初始化设定

参数 b084、b180 的含义见表 6.2。

表 6.2　参数 b084、b180 的含义

参数号	功能名称	监控或数据范围	初始数据
b084	初始化选择	00：初始化无效 01：异常监控清除 02：数据初始化 03：异常监控清除，数据初始化 04：请勿设定	00
b180	初始化 · 模式选择实行	00：功能无效 01：初始化 · 模式选择实行	00

完成初始化设置需将参数 b084 设置为 3，b180 设置为 1。初始化后，若无法找到部分参数，可将 b037 设置为 00（全显示）。

6.1.3 操作面板控制变频器运行

3G3MX2 变频器的运行条件有两个：发出运行命令和进行频率设定，需设置参数 A001、A002，参数 A001、A002 的含义见表 6.3。

表 6.3　参数 A001、A002 的含义

参数号	功能名称	监控或数据范围	初始数据
A001	第 1 频率指令选择	00：操作器（电位器） 01：控制电路端子台 02：操作器（F001） 03：Modbus 通信（Modbus-RTU） 04：选件板 06：脉冲串频率 07：请勿设定 10：运算功能结果	02

（续）

参数号	功能名称	监控或数据范围	初始数据
A002	第1运行指令选择	01：控制电路端子台 02：操作器 03：Modbus 通信（Modbus-RTU） 04：选件板	02

1. 控制要求

通过操作面板控制变频器运行并实现：

1）电动机起、停和转速调节。

2）电动机正转和反转控制。

2. 接线

变频器选用3G3MX2-AB002，其中，字母B表示变频器的供电电压为单相AC 200V级，002表示变频器的功率为0.2kW，所以使用交流220V对变频器供电。操作面板控制变频器运行接线如图6.5所示。

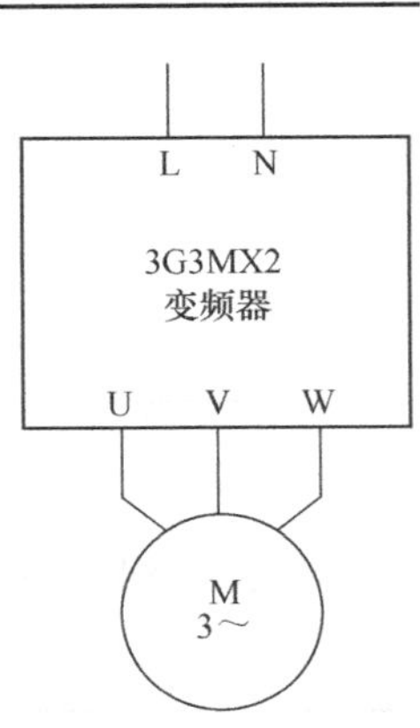

图6.5　操作面板控制变频器运行接线

3. 变频器参数设置

操作面板控制变频器运行的参数设置见表6.4。

表6.4　操作面板控制变频器运行的参数设置

参数号	功能名称	数　　据	默认值	说　　明
A001	第1频率指令选择	02（操作器）	02	
A002	第1运行指令选择	02（操作器）	02	运行命令有效时，显示LED点亮
F001	输出频率设定	25Hz	6.00Hz	—
F004	运行方向选择	00（正转） 01（反转）	00	变频器运行时，此参数不能改变
F002	第1加速时间设定	0.01~99.99s 100.0~999.9s 1000.~3600.s	10.00s	—
F003	第1减速时间设定	0.01~99.99s 100.0~999.9s 1000.~3600.s	10.00s	—

4. 运行调试

1）按图6.5正确接线，变频器加电，此时变频器操作面板上显示d001的数据0.00。

2）对变频器进行初始化，设置b084=03、b180=01、b037=00，设置参数A001=02、A002=02、F001=25Hz。

3）设定运行方向选择F004=00，即设为正转。

4）按模式键1s以上，就会显示输出频率监控d001的数据，此时显示0.00Hz。

5）按下运行键。此时运行指示灯变亮，同时电动机开始正转。d001显示的数据由0.00Hz逐渐增大到25Hz。

6）在电动机运行的状态下，可以修改运行频率。找到参数F001，设置F001=40Hz，立即观察到电动机转动加快，从而实现电动机起、停和转速调节。

7）改变电动机的运行方向，须停止电动机。按下停止/复位键“STOP/RESET”，电动机减速直至停止。找到参数F004，设置F004=01，即设为反转。

8）再按下运行键，则电动机反转，从而实现电动机正转和反转控制。

6.2 变频器的外部端子控制

使用外部端子控制变频器是通过外部开关控制变频器输入端子，从而控制电动机运行。

两线控制是用得最多的控制方式，后续电路以两线控制为例进行变频器控制电路设计。

6.2.1 变频器外部端子接线

根据电流在变频器多功能输入端子流向不同，端子接线方式可分为源型逻辑和漏型逻辑，以适应不同的外部设备，如图6.6所示。

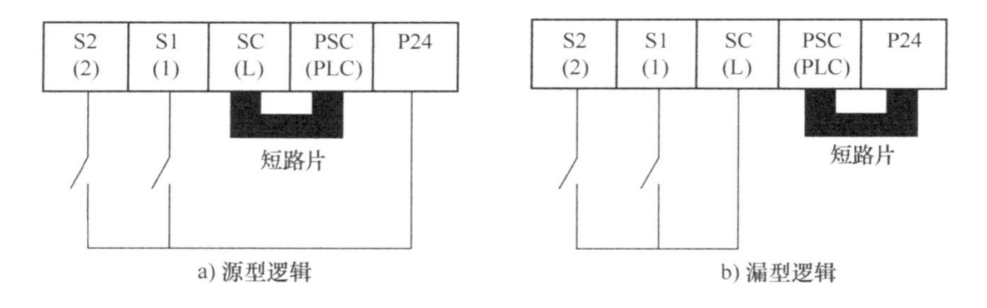

图6.6　源型逻辑和漏型逻辑

多功能输入端子的出厂状态设为漏型逻辑。需将输入控制逻辑切换为源型逻辑时，应拆下控制电路端子台的P24—PSC（PLC）端子间的短路片，连接至PSC（PLC）—SC（L）端子间。

3G3MX2变频器与PLC输出接口电路连接时，常接成漏型逻辑输入，原理如图6.7所示，变频器自带DC 24V输出，P24端子为正极，SC（L）端子为负极，当P24端子与多功能输入端子S1~S7的公共端子PSC（PLC）短接时，电流从S1~S7端子流出，经过PLC继电器输出触点回到SC（L）端子即电源负极，构成回路。

6.2.2 外部端子控制变频器运行

1. 控制要求

通过将外部信号（开关、频率设定电位器等）连接到变频器控制电路端子，控制变频器运行和频率设定，控制过程时序如图6.8所示。

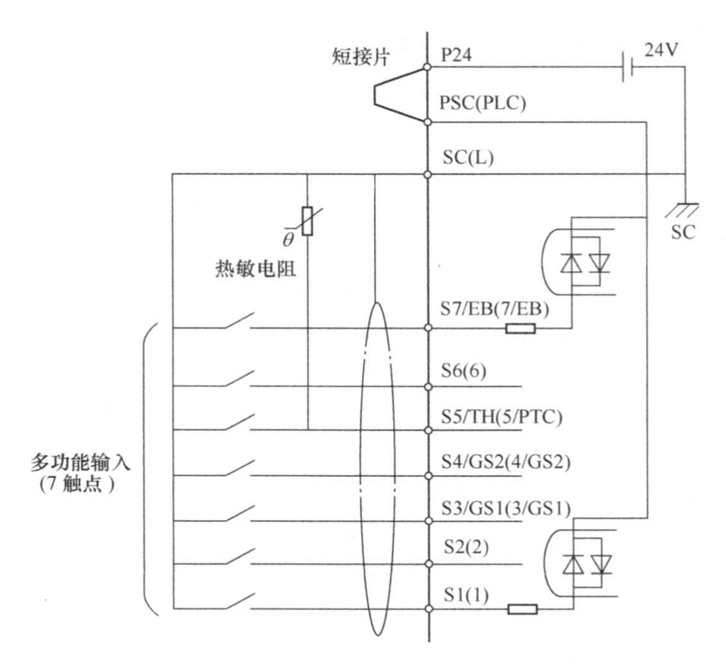

图 6.7 3G3MX2 变频器漏型逻辑输入工作原理

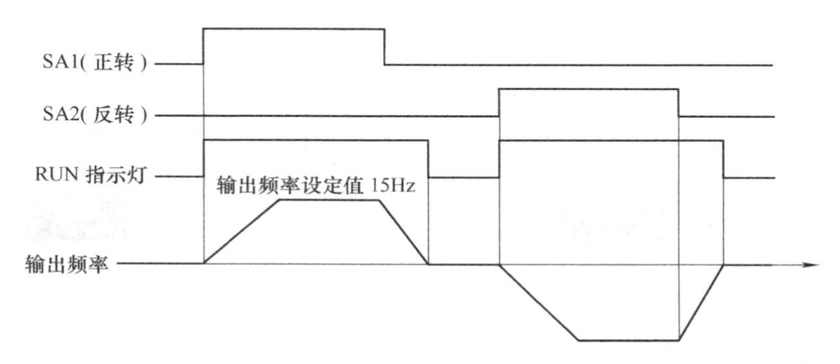

图 6.8 控制过程时序

2. 接线

用两个多功能输入端子（两根线）控制变频器的起、停和正反转，并用模拟电压/电流输入端子设定频率。外部端子控制变频器运行接线如图 6.9 所示。

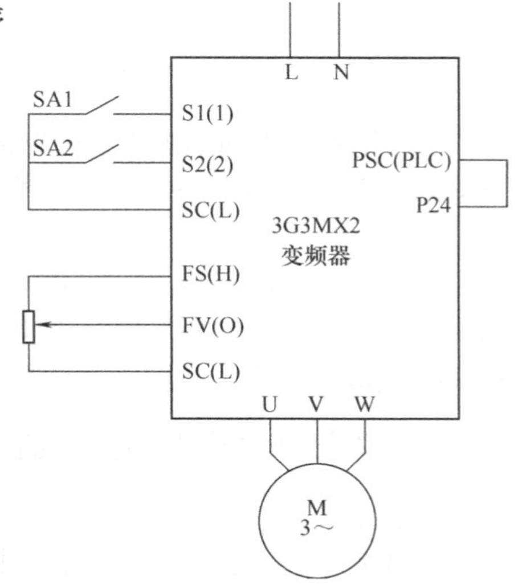

图 6.9 外部端子控制变频器运行接线

3. 变频器参数设置

用参数 A001、A002 设定用控制电路接线端子控制变频器频率设定和运行。用多功能输入端子 S1、S2 做变频器（电动机）的正反运行控制开关，须设置 C001=00 和 C002=01。将电位器连接到模拟量输入端子 FV 和 FI 设定频率值。外部端子控制变频器运行的参数设置见表 6.5。

表 6.5　外部端子控制变频器运行的参数设置

参数号	功能名称	数　　据	默认值	说　　明
A001	第 1 频率指令选择	01（控制电路端子台）	02	—
A002	第 1 运行指令选择	01（控制电路端子台）	02	—
A004	第 1 最高频率	50.0Hz	60.0Hz	数据范围：第一基本频率A003~400.0Hz（1000.Hz）
C001	多功能输入 1 功能选择	00（正转 FW）	00（FW）	输入端子改变，则设定参数号变化，例如输入端子选 Sx，则设定参数号为 C00x（x≠1）
C002	多功能输入 2 功能选择	01（反转 RV）	01（RV）	同上（x≠2）
F002	第 1 加速时间设定	30.00s	10.00s	0.01~99.99s 100.0~999.9s 1000.~3600.s
F003	第 1 减速时间设定	20.00s	10.00s	0.01~99.99s 100.0~999.9s 1000.~3600.s

4. 运行调试

1）按图 6.9 接线，并接通变频器的电源。

2）设置第 1 频率指令选择 A001=01，第 1 运行指令选择 A002=01。

3）用两个多功能输入端子 S1、S2 分别做变频器的正反运行开关，设置 C001=00（正转）和 C002=01（反转）。

4）按模式键 1s 以上，就会显示输出频率监控 d001 的数据，此时显示 0.00Hz。

5）调节外接电位器，通过观察 F001 使频率设定值为 15.00Hz。设置电动机的第 1 最高频率 A004=50Hz，第 1 加速时间设定 F002=30.00s，第 1 减速时间设定F003=20.00s。

6）合上正转控制开关 SA1。此时运行指示灯亮，电动机用 9s 加速到 15Hz 的输出频率。

7）停留一段时间（10s）后，断开正转控制开关 SA1，电动机用 6s 减速到 0Hz 的输出频率。停止后运行指示灯会熄灭。

8）停留一段时间（7s）后，合上反转控制开关 SA2。此时运行指示灯亮，电动机用 9s 加速到 15Hz 的输出频率。

9）停留一段时间（例如 10s）后，断开反转控制开关 SA2，电动机用 6s 减速到 0Hz 的输出频率。停止后运行指示灯会熄灭。

注意：F002/F003 所设加/减速时间是从 0Hz 到第 1 最高频率的加/减速时间。

6.3 PLC 通过端子控制变频器运行

6.3.1 PLC 控制变频器正反转运行

把 PLC 的输出端子直接接在变频器的多功能输入端子上，由 PLC 输出点的通断代替开关的闭合和断开，实现对变频器及电动机的控制，这就是 PLC 通过输出端子控制变频器。

使用外部端子控制变频器时，多功能输入端子接按钮，如果使用带自锁的按钮，则不能自动复位，在系统突然停电并重新送电后，有的变频器会重新起动，很不安全，此外，不能组成较复杂的自动控制电路。所以，大多数的变频调速控制电路不用按钮直接控制变频器，而是使用 PLC 作为控制器进行控制。

1. 控制要求

按下正转起动按钮 SB2，变频器正转运行，电动机正转；正转指示灯 HL1 亮，做正转指示。按下停止按钮 SB1，变频器停止运行。

按下反转起动按钮 SB3，变频器反转运行，电动机反转；反转指示灯 HL2 亮，做反转指示。按下停止按钮 SB1，变频器停止运行。

2. PLC 的 I/O 分配

控制电路中共有正转起动按钮 SB2、反转起动按钮 SB3 及停止按钮 SB1 的三个输入信号接入 PLC，需通过控制变频器的 S1、S2 端子进行正反转运行，同时使用 HL1、HL2 作为正反转运行指示，PLC 的 I/O 分配见表 6.6。

表 6.6　PLC 的 I/O 分配

输入端子名称	外接器件	作用	输出端子名称	外接器件	作用
0.00	SB1	停止	100.02	变频器的 S1 端子	正转
0.01	SB2	正转起动	100.03	变频器的 S2 端子	反转
0.02	SB3	反转起动	100.06	HL1	正转指示
			100.07	HL2	反转指示

3. 接线

PLC 控制变频器正反转运行的接线原理图如图 6.10 所示。

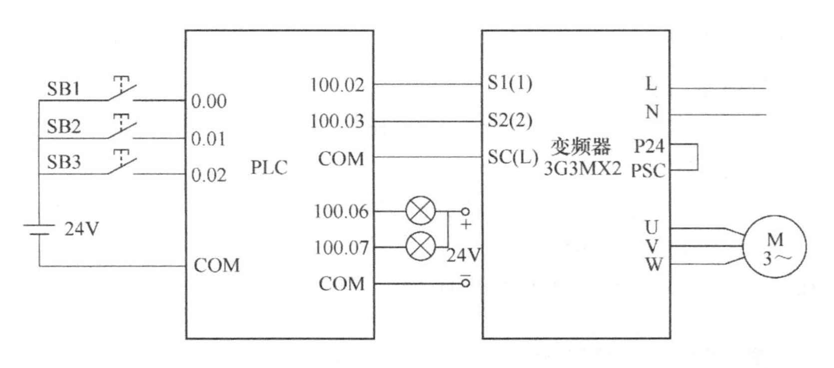

图 6.10　PLC 控制变频器正反转运行的接线原理图

4. 变频器参数设置

对变频器进行初始化后，应使 C001=0（FW：正转指令），C002=1（RV：反转指令），所以这两个参数使用默认值即可，其他参数设置见表 6.7。

表 6.7　PLC 控制变频器正反转运行变频器参数设置

参数号	功能名称	数　　据	默认值	说　　明
A001	第 1 频率指令选择	02（操作器）	02	
A002	第 1 运行指令选择	01（控制电路端子台）	02	运行命令启用时，指示灯 LED 亮
F001	输出频率设定	30.00Hz	6.00Hz	电动机按照 30Hz 运行
F002	第 1 加速时间设定	15.00s	10.00s	—
F003	第 1 减速时间设定	15.00s	10.00s	—

5. 梯形图程序设计

使用 CX-Programmer 9.5 编程软件完成 PLC 梯形图程序编辑，如图 6.11 所示。

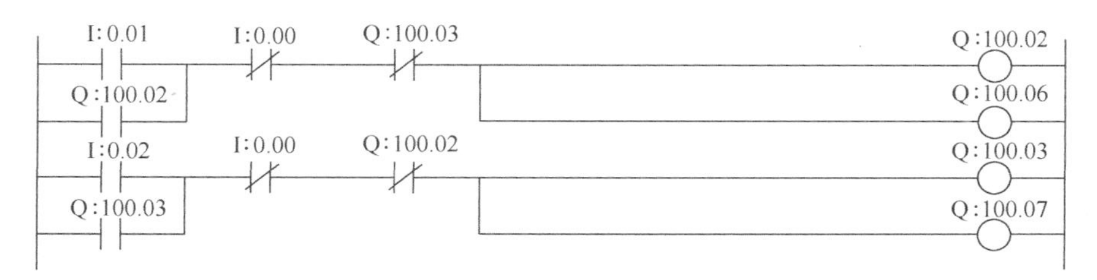

图 6.11　PLC 控制变频器正反转运行梯形图程序

6. 运行调试

1）按图 6.10 完成 PLC 和变频器接线。

2）完成变频器相关参数设置。

3）编辑 PLC 梯形图程序，将程序下载到 PLC 中。

4）按下正转起动按钮 SB2，变频器正转运行，电动机正转，正转指示灯 HL1 亮，做正转指示。按下停止按钮 SB1，变频器停止运行。

5）按下反转起动按钮 SB3，变频器反转运行，电动机反转，反转指示灯 HL2 亮，做反转指示。按下停止按钮 SB1，变频器停止运行。

6.3.2 PLC 控制变频器正反转自动循环运行

如果一个系统要求电动机正转→停止→反转→停止→正转自动循环运行，例如要求正转 20s，停止 10s，反转 20s，停止 10s，然后重新循环。此时需使用 PLC 中的定时器进行延时控制，可以使用多个定时器串联的方式或一个定时器加比较指令的方式进行程序设计。

1. 控制要求

按下起动按钮 SB2，PLC 的内部定时器开始计时，在 0~20s，电动机正转运行；在 20~30s，电动机停止运行；在 30~50s，电动机反转运行；在 50~60s，电动机反转运行。以 60s 为周期，电动机循环运行。按下停止按钮 SB1，变频器停止运行。正转运行时，正转指示灯 HL1 亮，做正转指示；反转运行时，反转指示灯 HL2 亮，做反转指示。

2. PLC 的 I/O 分配

PLC 的 I/O 分配见表 6.8。

表 6.8 PLC 的 I/O 分配

输入端子名称	外接器件	作用	输出端子名称	外接器件	作用
0.00	SB1	停止	100.02	变频器的 S1 端子	正转
0.01	SB2	起动	100.03	变频器的 S2 端子	反转
			100.06	HL1	正转指示
			100.07	HL2	反转指示

3. 接线

PLC 控制变频器正反转自动循环运行的接线原理图如图 6.12 所示。

4. 变频器参数设置

PLC 控制变频器正反转自动循环运行参数设置见表 6.9。

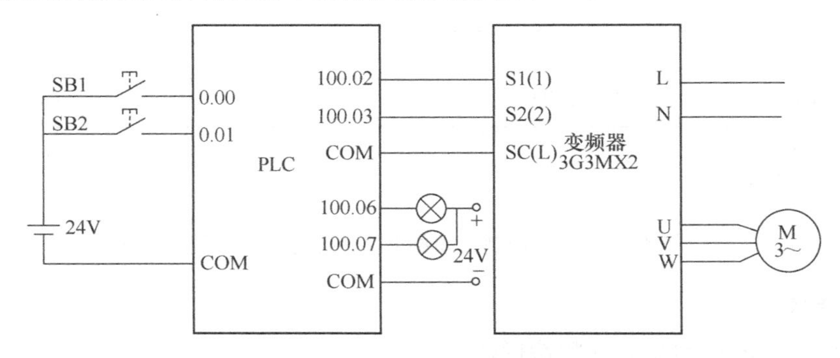

图 6.12 PLC 控制变频器正反转自动循环运行的接线原理图

表 6.9 PLC 控制变频器正反转自动循环运行参数设置

参数号	功能名称	数 据	默认值	说 明
A001	第 1 频率指令选择	02（操作器）	02	
A002	第 1 运行指令选择	01（控制电路端子台）	02	运行命令启用时，指示灯 LED 亮
F001	输出频率设定	20.00Hz	6. 00Hz	变频器按照 20Hz 运行
F002	第 1 加速时间设定	5.00s	10. 00s	—
F003	第 1 减速时间设定	5.00s	10. 00s	—
C001	多功能输入 1 功能选择	00（正转 FW）	00（FW）	
C002	多功能输入 2 功能选择	01（反转 RV）	01（RV）	

5. 梯形图程序设计

方法一：使用多个定时器串联的方式进行程序设计。使用四个定时器 T0、T1、T2、T3 分别将时间设置为 20s、10s、20s、10s，四个定时器进行串联，梯形图程序如图 6.13 所示。

方法二，使用一个定时器加比较指令的方式进行程序设计。使用一个定时器 T0 将时间设置为 60s，由于欧姆龙 PLC 的定时器按照减计时方式进行工作，当触发信号接通时，定时器的当前值从#600 开始，每经过 0.1s 减 1，所以前 20s，即定时器的当前值大于 400 时，电动机正转；当前值小于等于 300、大于 100 时电动机反转；其余时间电动机停止运行。梯形图程序如图 6.14 所示。

6. 运行调试

1）按照图6.12完成PLC和变频器接线。

2）完成变频器相关参数设置。

3）编辑PLC梯形图程序，将图6.13所示程序下载到PLC中。

4）按下起动按钮SB2，PLC的内部定时器T0~T3依次开始计时，计时周期为60s，达到60s后定时器T0~T3自动复位从T0开始重新计时。一个计时周期内，0~20s，电动机正转；30~50s，电动机反转。定时器T0控制电动机正转运行时间，定时器T2控制电动机反转运行时间。按下停止按钮SB1，变频器停止运行。

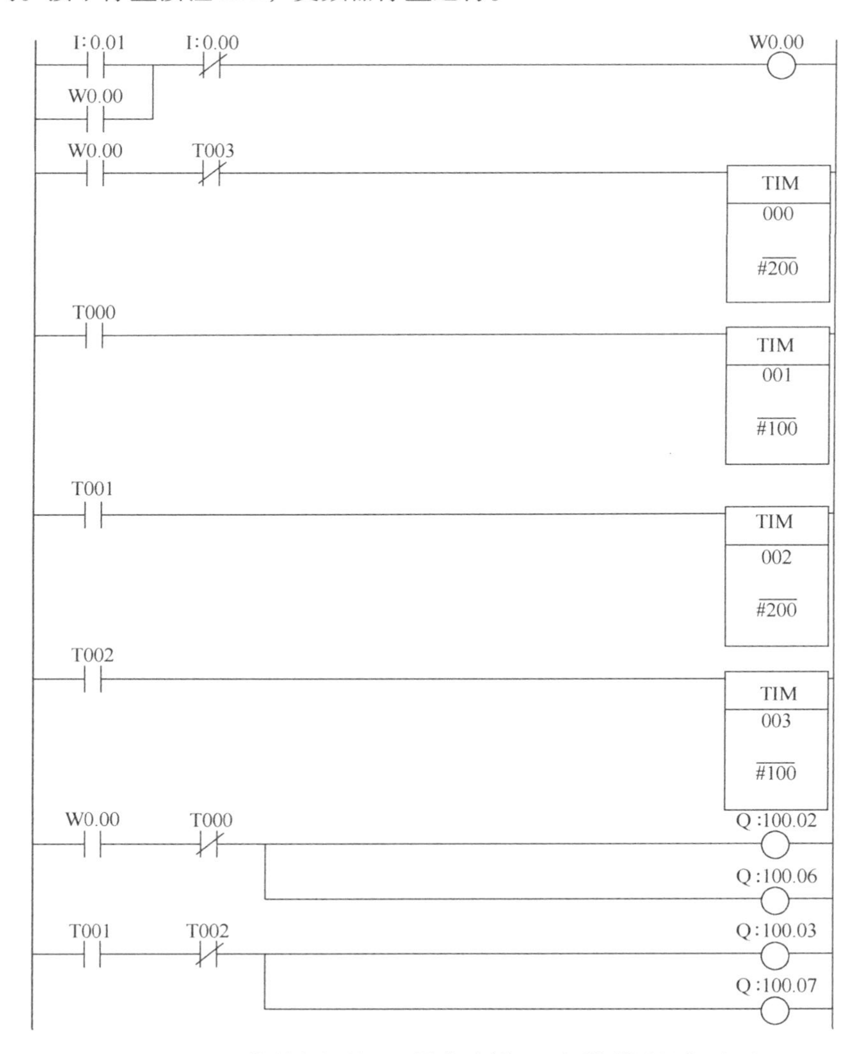

图6.13　PLC控制变频器正反转自动循环运行梯形图程序（一）

5）编辑PLC梯形图程序，将图6.14所示程序下载到PLC中。

6）按下起动按钮SB2，PLC的内部定时器开始计时，每个计时周期为60s，达到60s后定时器自动复位从0重新计时。使用比较器编程，在0~20s，电动机正转；在30~50s，电机动反转。按下停止按钮SB1，变频器停止运行。

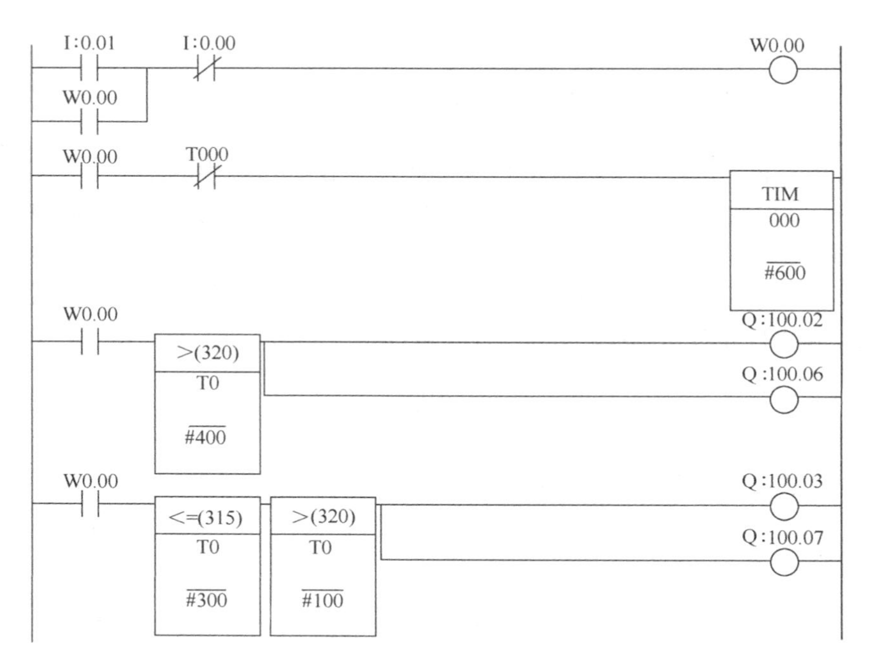

图 6.14　PLC 控制变频器正反转自动循环运行梯形图程序（二）

6.3.3 PLC 控制变频器实现小车自动往返运行

小车自动往返运行示意图如图 6.15 所示。小车的工作要求为按下起动按钮 SB2，电动机正转，小车右行，碰到限位开关 SQ2 时，小车停止；电动机自动改为反转，小车左行，碰到限位开关 SQ1 时，小车停止；电动机自动改为正转，依次循环。按下停止按钮 SB1，不管小车处在什么位置，都立即停止运行。

图 6.15　小车自动往返运行示意图

1. 控制要求

小车在两地之间自动往返，通过控制变频器实现电动机的正反转从而实现小车的左行和右行。具体控制要求如下：

1）按下起动按钮 SB2，电动机正转，小车右行，可以用指示灯来做右行指示，碰到限位开关 SQ2 时，小车停止。

2）电动机自动改为反转，小车左行，可以用指示灯来做左行指示，碰到限位开关 SQ1 时，小车停止。

3）电动机自动改为正转，依次循环。

4）按下停止按钮 SB1，不管小车处在什么位置，都立即停止运行。

2. PLC 的 I/O 分配

PLC 的 I/O 分配见表 6.10。

表 6.10　PLC 的 I/O 分配

输入端子名称	外接器件	作用	输出端子名称	外接器件	作用
0.00	停止按钮 SB1	停止	100.02	S1 端子	正转
0.01	起动按钮 SB2	起动	100.03	S2 端子	反转
0.02	限位开关 SQ1	反转限位			
0.03	限位开关 SQ2	正转限位			

3. 接线

PLC 控制变频器实现小车自动往返运行的接线原理图如图 6.16 所示。

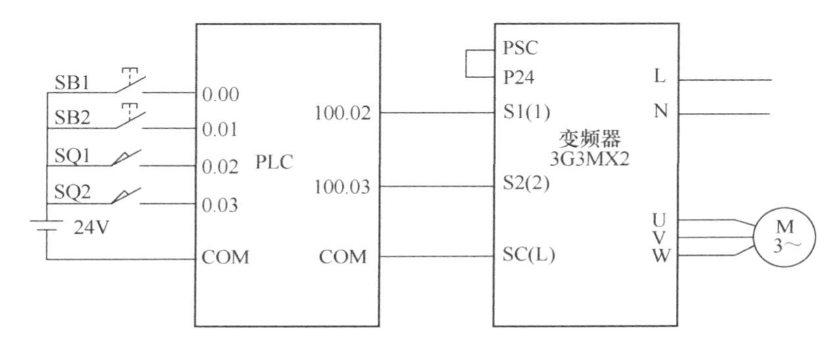

图 6.16　PLC 控制变频器实现小车自动往返运行的接线原理图

4. 变频器参数设置

PLC 控制变频器实现小车自动往返运行参数设置见表 6.11。

表 6.11　PLC 控制变频器实现小车自动往返运行参数设置

参数号	功能名称	数　据	默认值	说　明
A001	第 1 频率指令选择	01（控制电路端子台）	02	
A002	第 1 运行指令选择	01（控制电路端子台）	02	运行命令启用时，指示灯 LED 亮
F001	输出频率设定	25.00Hz	6.000Hz	变频器按照 25Hz 运行
F002	第 1 加速时间设定	20.00s	10.00s	—
F003	第 1 减速时间设定	20.00s	10.00s	—
C001	多功能输入 1 功能选择	00（正转 FW）	00（FW）	S1 设置为正转信号输入端
C002	多功能输入 2 功能选择	01（反转 RV）	01（RV）	S2 设置为反转信号输入端

5. 梯形图程序设计

小车在左行或右行过程中，只要碰到限位开关就立即反向运行，梯形图程序如图 6.17 所示。

如果小车在两个地点之间进行物料运送，在左限位进行装料，在右限位进行卸料，此时就需要小车碰到限位开关时停车一段时间（如 5s）再反转，主电路和控制电路的接线图不变，梯形图程序如图 6.18 所示。

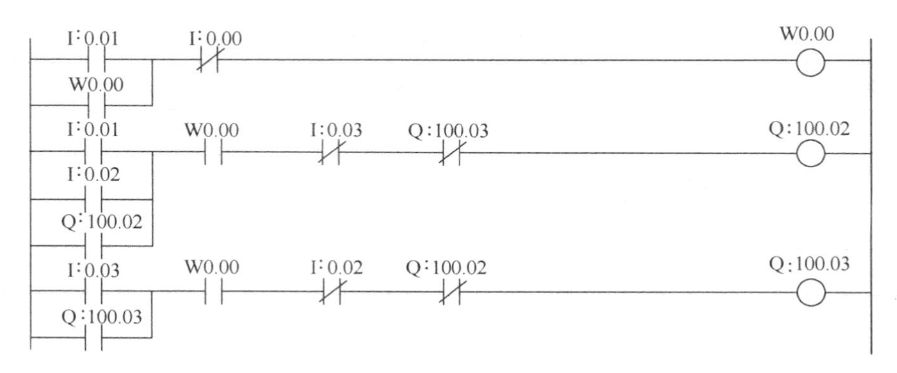

图 6.17 PLC 控制变频器实现小车自动往返运行梯形图程序（一）

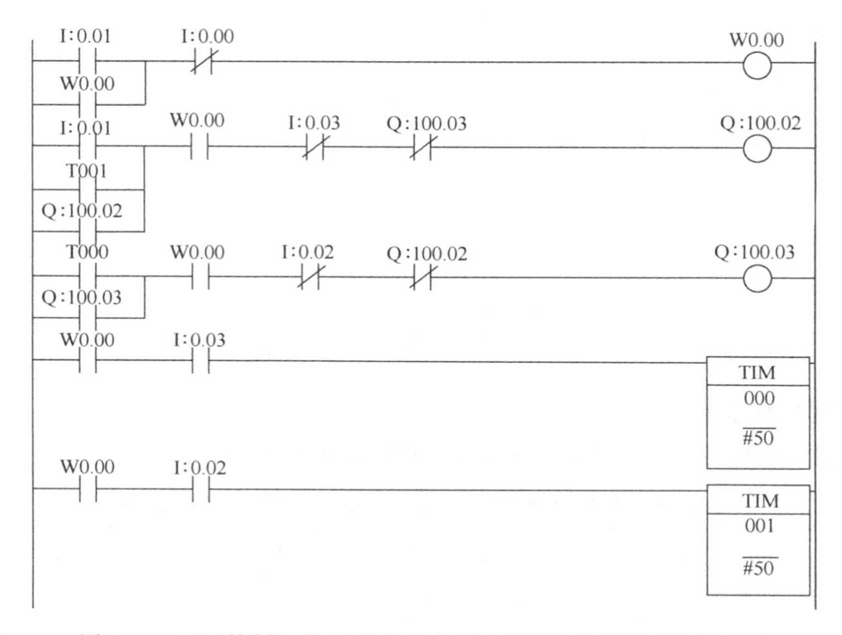

图 6.18 PLC 控制变频器实现小车自动往返运行梯形图程序（二）

如果要求按下停止按钮，不管小车处在什么位置，都必须在小车回到压下 SQ1 的位置时再停车，则此时的梯形图程序如图 6.19 所示。

6. 运行调试

1）按照图 6.16 完成 PLC 和变频器接线。

2）完成变频器相关参数设置。

3）编辑 PLC 梯形图程序，将图 6.17 所示程序下载到 PLC 中。

4）按下起动按钮 SB2，电动机正转，小车右行，碰到限位开关 SQ2 时，小车停止；电动机自动改为反转，小车左行，碰到限位开关 SQ1 时，小车停止；电动机自动改为正转，依次循环。按下停止按钮 SB1，不管小车处在什么位置，都立即停止运行。

5）编辑 PLC 梯形图程序，将图 6.18 所示程序下载到 PLC 中。

6）按下起动按钮 SB2，电动机正转，小车右行，碰到限位开关 SQ2 时，小车停止；5s 后电动机自动改为反转，小车左行，碰到限位开关 SQ1 时，小车停止；5s 后电动机自动改为正转，依次循环。按下停止按钮 SB1，不管小车处在什么位置，都立即停止运行。

7）编辑 PLC 梯形图程序，将图 6.19 所示程序下载到 PLC 中。

8）按下起动按钮 SB2，电动机正转，小车右行，碰到限位开关 SQ2 时，小车停止；5s 后电动机自动改为反转，小车左行，碰到限位开关 SQ1 时，小车停止；5s 后电动机自动改为正转，依次循环。按下停止按钮 SB1，不管小车处在什么位置，小车回到压下 SQ1 的位置时再停车。

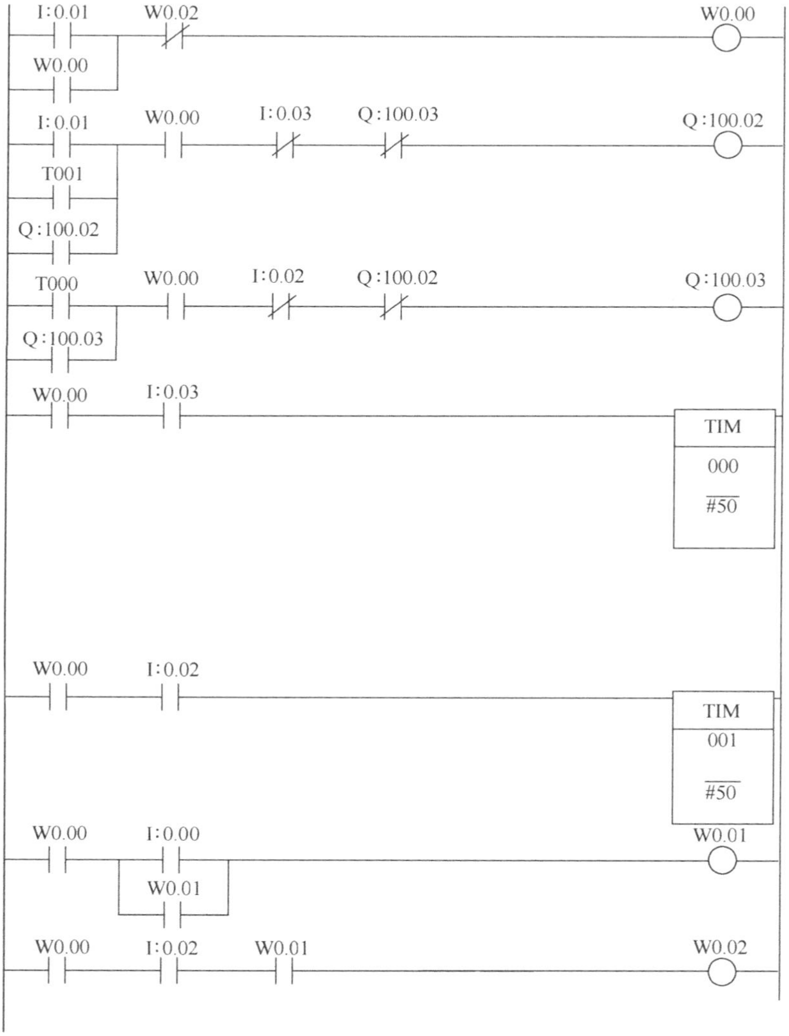

图 6.19　PLC 控制变频器实现小车自动往返运行梯形图程序（三）

6.3.4 PLC 控制变频器实现多段速运行

多段速运行功能是向指定的参数区设定多个运行速度，通过多功能输入端子的通断组合来选择速度。

3G3MX2 变频器实现多段速运行功能可以通过设置 A019（多段速选择）来选择不同的控制方式。当 A019 设置为 00 时表示使用 4 个多功能输入端子（S_i+3、S_i+2、S_i+1 和 S_i）的二进制组合来控制最大 16 段速运行；当 A019 设置为 01 时表示使用 7 个多功能输入端子

（S7~S1）直接控制最大 8 段速运行，相关参数设置见表 6. 12。

表 6. 12　3G3MX2 变频器实现多段速运行的相关参数设置

参数号	功能名称	数值	默认值
A019	多段速选择	00：通过 4 个端子进行 16 段速的选择	00
		01：通过 7 个端子进行 8 段速的选择	
A020	第 1 多段速指令 0 速	0. 00 起动频率~最高频率	6. 00Hz
A021~A035	多段速指令 1~15 速	0. 00 起动频率~最高频率	0. 00Hz
C001~C007	多功能输入功能选择	02~05：二进制运行 16 速（CF1~CF4）	—
		32~38：位运行 8 速（SF1~SF7）	—

16 段速：通过让对应的参数区 $C_i+3=05$（CF4）、$C_i+2=04$（CF3）、$C_i+1=03$（CF2）和 $C_i=02$（CF1）（C007~C001 中任意相连的 4 个），选择多功能输入端子 S_i+3、S_i+2、S_i+1 和 S_i 共 4 个端子（对应 S7~S1 中相连的 4 个）控制 16 段速 0~15 速，4 个多功能输入端子与 16 段速逻辑关系见表 6. 13。通过参数区 A020~A035 设定 0~15 速的频率。多段速运行优先于第 1 频率指令选择（A001），当 4 个多功能输入端子没有信号输入时，频率值为 A001 中设定的内容。

表 6. 13　4 个多功能输入端子与 16 段速逻辑关系

端子号 / 速度号	多功能输入端子（S7~S1）中任意相连 4 个，如 S6~S3			
	S6（CF4）	S5（CF3）	S4（CF2）	S3（CF1）
多段速 0	OFF	OFF	OFF	OFF
多段速 1	OFF	OFF	OFF	ON
多段速 2	OFF	OFF	ON	OFF
多段速 3	OFF	OFF	ON	ON
多段速 4	OFF	ON	OFF	OFF
多段速 5	OFF	ON	OFF	ON
多段速 6	OFF	ON	ON	OFF
多段速 7	OFF	ON	ON	ON
多段速 8	ON	OFF	OFF	OFF
多段速 9	ON	OFF	OFF	ON
多段速 10	ON	OFF	ON	OFF
多段速 11	ON	OFF	ON	ON
多段速 12	ON	ON	OFF	OFF
多段速 13	ON	ON	OFF	ON
多段速 14	ON	ON	ON	OFF
多段速 15	ON	ON	ON	ON

8 段速：通过让对应的参数区 C007～C001＝38～32（SF7～SF1），选择多功能输入端子 S7～S1 共 7 个端子控制多段速 0～7 速。要通过参数区 A020～A027 设定 0～7 速的频率，多功能输入端子 S7～S1 与 8 段速逻辑关系见表 6.14。多段速运行优先于第 1 频率指令选择（A001），当 7 个多功能输入端子没有信号输入时，频率值为 A001 中设定的内容。

表 6.14　多功能输入端子 S7～S1 与 8 段速逻辑关系

端子号 / 速度号	多功能输入端子 S7～S1						
	S7（SF7）	S6（SF6）	S5（SF5）	S4（SF4）	S3（SF3）	S2（SF2）	S1（SF1）
多段速 0	OFF	OFF	OFF	OFF	OFF	OFF	OFF
多段速 1	×	×	×	×	×	×	ON
多段速 2	×	×	×	×	×	ON	OFF
多段速 3	×	×	×	×	ON	OFF	OFF
多段速 4	×	×	×	ON	OFF	OFF	OFF
多段速 5	×	×	ON	OFF	OFF	OFF	OFF
多段速 6	×	ON	OFF	OFF	OFF	OFF	OFF
多段速 7	ON	OFF	OFF	OFF	OFF	OFF	OFF

在多段速控制中，电动机的转动方向由剩余多功能输入端子来设置。7 个多功能输入端子中，哪个作为电动机运行、停止控制端子，哪个作为多段速控制端子，可以由用户任意确定。一旦确定多功能输入端子的控制功能，其内部参数的设置值必须与端子的控制功能相对应。

1. PLC 控制变频器 3 段速运行

（1）控制要求　按下按钮 SB2，变频器以 15Hz 运行；按下按钮 SB3，变频器以 25Hz 运行；按下按钮 SB4，变频器以 35Hz 运行；按下停止按钮 SB1，停止运行。

3G3MX2 变频器控制电动机 3 段速运行时，S1 端子设为电动机正转控制端子。S3 端子和 S4 端子设为 3 段速控制端子。3 段速设置为：速度 1，S1、S3 接通，输出频率为 15Hz，电动机转速为 500r/min；速度 2，S1、S4 接通，输出频率为 25Hz，电动机转速为 700r/min；速度 3，S1、S3、S4 接通，输出频率为 35Hz，电动机转速为 900r/min。

（2）PLC 的 I/O 分配　PLC 的 I/O 分配见表 6.15。

表 6.15　PLC 的 I/O 分配

输入端子名称	外接器件	作用	输出端子名称	外接器件	作用
0.00	按钮 SB1	停止	100.02	S1 端子	正转
0.01	按钮 SB2	速度 1（15Hz）	100.03	S3 端子	多段速控制
0.02	按钮 SB3	速度 2（25Hz）	100.04	S4 端子	多段速控制
0.03	按钮 SB4	速度 3（35Hz）			

（3）接线　PLC 控制变频器 3 段速运行的接线原理图如图 6.20 所示。

（4）变频器参数设置　恢复变频器默认值，设定 b084＝02 和 b180＝01，按下“Enter”键，开始复位，以保证变频器的参数恢复到默认值，变频器 3 段速运行参数设置见表 6.16。

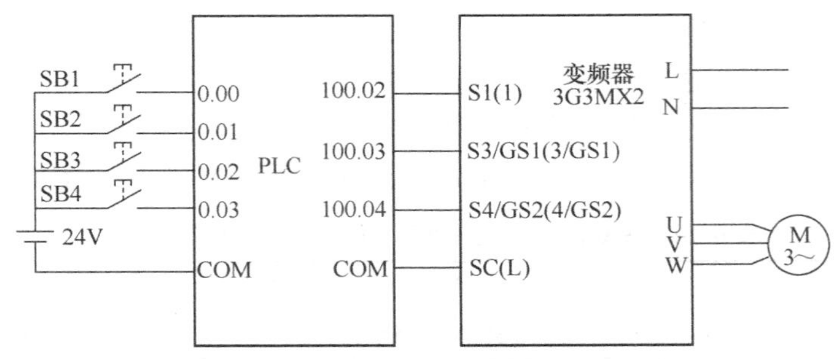

图 6.20 PLC 控制变频器 3 段速运行的接线原理图

表 6.16 变频器 3 段速运行参数设置

参数号	功能名称	数值	默认值
A004	第 1 最高频率	50Hz	60. 00Hz
A061	第 1 频率上限限位	50Hz	0. 00Hz
A062	第 1 频率下限限位	0. 00Hz	0. 00Hz
A019	多段速选择	00：通过 4 个端子进行 16 段速的选择	00
A020	第 1 多段速 0 速	0. 00Hz	6. 00Hz
A021	多段速指令 1 速	15. 00Hz	0. 00Hz
A022	多段速指令 2 速	25. 00Hz	0. 00Hz
A023	多段速指令 3 速	35. 00Hz	0. 00Hz
C001	多功能输入 1 功能选择	00：正转	00
C003	多功能输入 3 功能选择	02：CF1（多段速 1）	18
C004	多功能输入 4 功能选择	03：CF2（多段速 2）	12

（5）梯形图程序设计　PLC 控制变频器 3 段速运行梯形图程序如图 6.21 所示。

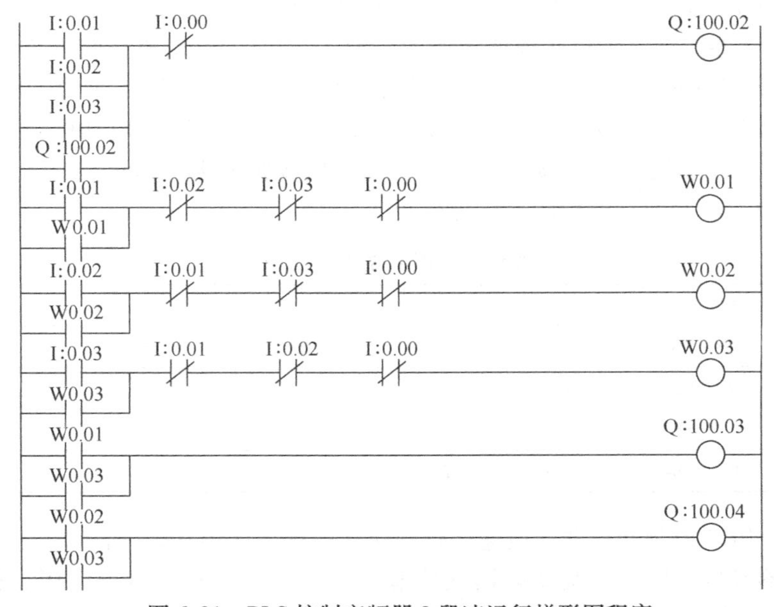

图 6.21 PLC 控制变频器 3 段速运行梯形图程序

（6）运行调试

1）按图 6.20 接线，并接通变频器电源。

2）完成变频器相关参数设置。

3）编辑 PLC 梯形图程序，将图 6.21 所示程序下载到 PLC 中。

4）按下按钮 SB2，变频器以速度 1（15Hz）运行；按下按钮 SB3，变频器以速度 2（25Hz）运行；按下按钮 SB4，变频器以速度 3（35Hz）运行；按下停止按钮 SB1，停止运行。

变频器的多段速运行功能能够控制电动机的连续运行和断续运行，还可以对各种速度任意设置加速时间、加减速模式和运行时间等。

2. PLC 控制变频器 8 段速自动运行

（1）控制要求　按下起动按钮 SB2，变频器依次按 10Hz→20Hz→25Hz→30Hz→35Hz→40Hz→45Hz→50Hz 各运行 10s，然后重新循环。按下停止按钮 SB1，变频器停止运行。

（2）PLC 的 I/O 分配　实现 PLC 控制变频器 8 段速自动运行，需要使用四个多功能输入端子进行二进制组合，所以使用 S3~S7 的组合进行频率给定，同时使用 S1 作为正转起动信号。PLC 的 I/O 分配见表 6.17。

表 6.17　PLC 的 I/O 分配

输入端子名称	外接器件	作用	输出端子名称	外接器件	作用
0.00	按钮 SB1	停止	100.02	S1 端子	正转
0.01	按钮 SB2	起动	100.03	S3 端子	多段速控制
			100.04	S4 端子	多段速控制
			100.05	S5 端子	多段速控制
			100.06	S6 端子	多段速控制

（3）接线　PLC 控制变频器 8 段速自动运行的接线原理图如图 6.22 所示。

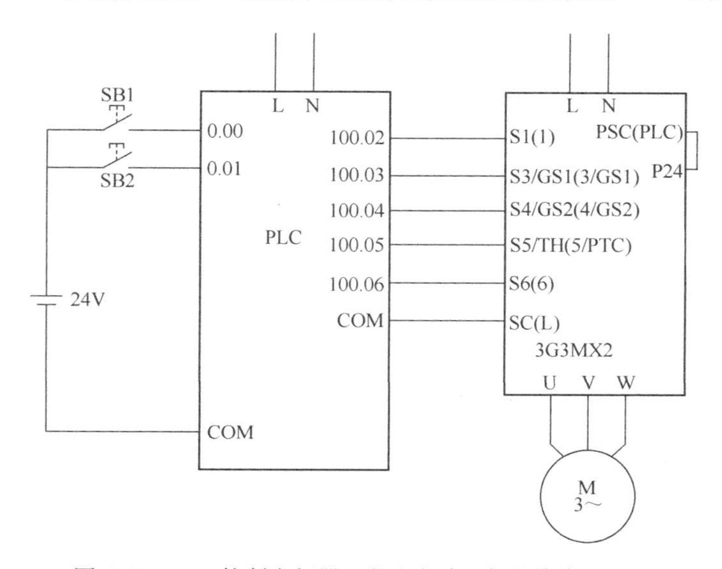

图 6.22　PLC 控制变频器 8 段速自动运行的接线原理图

（4）变频器参数设置　PLC 控制变频器 8 段速自动运行的变频器参数设置见表 6.18。

表 6.18　8 段速自动运行的变频器参数设置

参数号	功能名称	数据	默认值
A001	第 1 频率指令选择	01（控制电路端子台）	02
A002	第 1 运行指令选择	01（控制电路端子台）	02
A004	第 1 最高频率	50.00Hz	60.00Hz
C001	多功能输入 1 功能选择	00（正转 FW）	00（FW）
C003	多功能输入 3 功能选择	02（CF1）	18（RS）
C004	多功能输入 4 功能选择	03（CF2）	12（EXT）
C005	多功能输入 5 功能选择	04（CF3）	02（CF1）
C006	多功能输入 6 功能选择	05（CF4）	03（CF2）
F002	第 1 加速时间设定	3.00s	10.00s
F003	第 1 减速时间设定	3.00s	10.00s
A021	多段速指令 1 速	10.00Hz	0.00Hz
A022	多段速指令 2 速	20.00Hz	0.00Hz
A023	多段速指令 3 速	25.00Hz	0.00Hz
A024	多段速指令 4 速	30.00Hz	0.00Hz
A025	多段速指令 5 速	35.00Hz	0.00Hz
A026	多段速指令 6 速	40.00Hz	0.00Hz
A027	多段速指令 7 速	45.00Hz	0.00Hz
A028	多段速指令 8 速	50.00Hz	0.00Hz

（5）梯形图程序设计　项目要求变频器实现 8 段速自动运行，每段速度运行时间为 10s，所以运行周期为 80s，可使用一个定时器将时间设置为 80s，再使用比较指令，比较定时器的当前值，即 0～10s 接通实现速度 1，10～20s 接通实现速度 2……梯形图程序如图 6.23所示。

（6）运行调试

1）按图 6.22 接线，并接通变频器电源。

2）完成变频器相关参数设置。

3）编辑 PLC 梯形图程序，将图 6.23 所示程序下载到 PLC 中。

4）按下起动按钮 SB2，变频器依次按照 10Hz→20Hz→25Hz→30Hz→35Hz→40Hz→45Hz→50Hz 各运行 10s，然后重新循环。按下停止按钮 SB1，变频器停止运行。

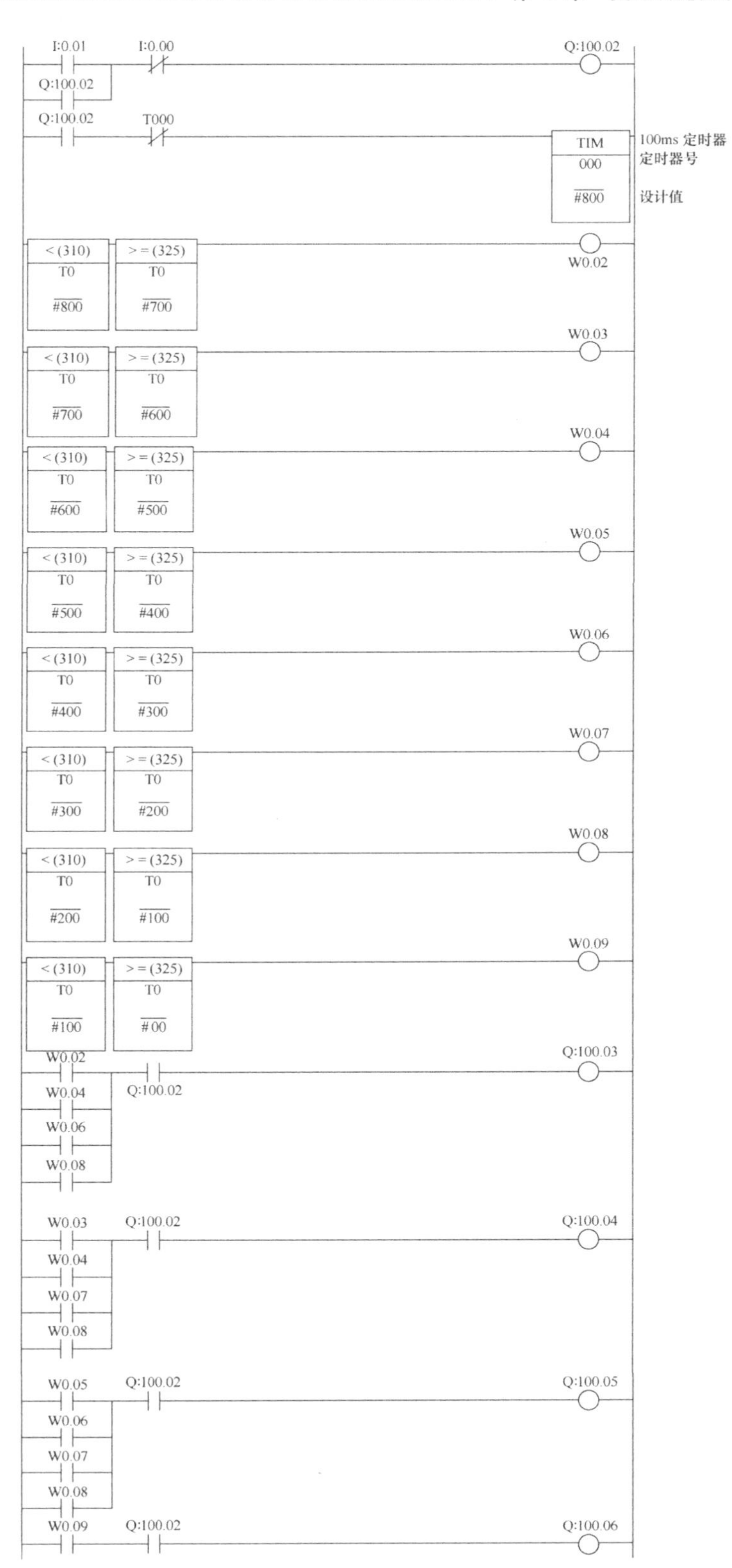

图 6.23 PLC 控制变频器实现 8 段速自动运行梯形图程序

6.3.5 PLC控制变频器工频与变频切换

在变频器拖动系统中，当变频器出现故障时，需要手动或自动切换到工频状态，从而保证电动机的运行。即使变频器正常工作，有些情况下也需要进行工频运行与变频运行的相互切换。

1. PLC控制工频与变频手动切换

(1) 控制要求

1) 图6.24所示为工频与变频手动切换电路。其中，图6.24a为主电路，图6.24b为控制电路。图中，KM1用于将电源接至变频器的输入端，KM2用于将变频器的输出端接至电动机，KM3用于将工频电源接至电动机。因为在工频运行时，变频器不可能对电动机进行过载保护，所以接入热继电器FR作为工频运行时的过载保护，并把FR的辅助常闭触点接在了变频与工频的公共端，所以在变频运行时热继电器也有过载保护功能。由于变频器的输出端子是绝对不允许与电源相接的，因此，KM2与KM3是绝对禁止同时导通的，相互之间加了可靠的互锁。

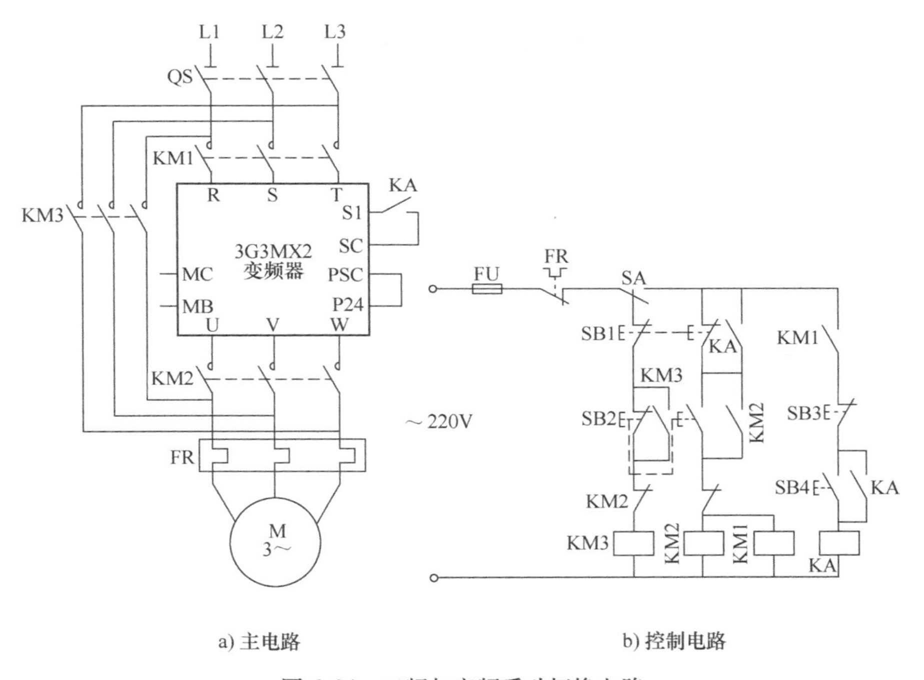

a) 主电路　　b) 控制电路

图6.24　工频与变频手动切换电路

SA为变频运行与工频运行的转换开关。SB2既是工频运行的起动按钮，也是变频运行的电源接入按钮。SB1既是工频运行的停止按钮，也是变频运行的电源切断按钮，与SB1并联的KA的辅助常开触点保证了变频器正在运行期间，不能切断变频器的电源。SB4为变频运行的起动按钮，SB3为变频运行的停止按钮。

当SA处于工频位置时，按下按钮SB2，电动机以工频运行，按下按钮SB1电动机停转。在工频运行期间，SB3和SB4不起作用。

当SA处于变频位置时，按下按钮SB2，接通变频器的电源，为变频器运行做准备；按下按钮 SB1，切断变频器电源，变频器不能运行。接通变频器的电源后，按下按钮 SB4，变频器运行；按下按钮 SB3，变频器停止运行。在变频运行时，不能通过 SB1 停车，只能通过 SB3 以正常模式停车，与 SB1 并联的 KA 辅助常开触点保证了这一要求。

图 6.24 中没有使用变频器的故障检测功能，变频器的内部继电器端子 MA、MB、MC 不起作用。即使变频运行时，热继电器也可作为过载保护使用。若在变频运行时不需要热继电器做过载保护，而使用变频器本身的保护功能，应改变热继电器 FR 常闭触点的连接位置。

2）图 6.25 所示为同时具有手动切换与变频器出现故障后自动切换功能的控制电路，其主电路仍与图 6.24a 相同。

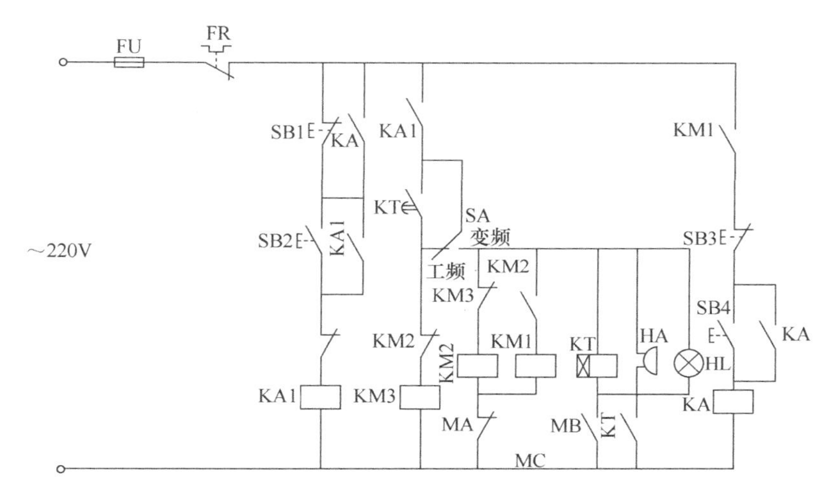

图 6.25　工频与变频手动转换与故障自动切换控制电路

当变频运行变频器出现故障时，变频器内部继电器 M 的常闭触点（MA—MC）断开，交流接触器 KM1—KM2 线圈断电，切断变频器与交流电源和电动机的连接。同时 M 的常开触点（MB—MC）闭合，一方面接通由蜂鸣器 HA 和故障指示灯 HL 组成的声光报警电路，另一方面使时间继电器 KT 线圈通电，其常开触点延时闭合，自动接通工频运行电路，电动机以工频运行。此时操作人员应及时将 SA 拨到工频运行位置，便声光报警结束，并及时检修变频器。

在变频运行时，不能通过 SB1 停车，只能通过 SB3 以正常模式停车，与 SB1 并联的 KA 辅助常开触点保证了这一要求。

（2）PLC 的 I/O 分配　PLC 的 I/O 分配见表 6.19。

表 6.19　PLC 的 I/O 分配

输入端子名称	外接器件	作用	输出端子名称	外接器件	作用
0.00	按钮 SB1	停止	100.02	KM1	变频输入
0.01	按钮 SB2	起动	100.03	KM2	变频输出
0.02	SA	工频选择	100.04	KM3	工频运行
0.03	SA	变频选择	100.05	KA	变频器运行

（续）

输入端子名称	外接器件	作用	输出端子名称	外接器件	作用
0.04	按钮 SB3	变频停止	100.06	HA	蜂鸣器
0.05	按钮 SB4	变频起动	100.07	HL	故障指示灯
0.06	MB—MC	变频器故障			
0.07	FR	过载保护			

（3）接线 PLC 控制工频与变频手动切换与故障自动切换的变频器部分的接线原理图如图 6.24a 所示，PLC 部分的接线原理图如图 6.26 所示。我们还可以接入工频运行指示灯和变频运行指示灯，指示灯可以用 KM3 和 KA 的常开触点控制，也可以直接接在 PLC 的输出端子上。

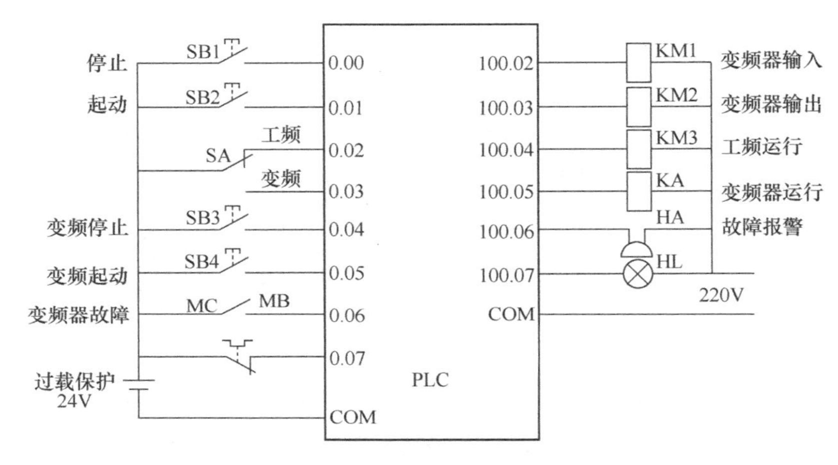

图 6.26 PLC 控制工频与变频手动切换与故障自动切换的 PLC 部分的接线原理图

（4）变频器参数设置 PLC 控制工频与变频手动切换与故障自动切换的参数设置见表 6.20。

表 6.20 用 PLC 切换工频与变频手动切换与故障自动切换的参数设置

参数号	功能名称	数值	默认值
A001	第 1 频率指令选择	01（控制电路端子台）	02
A002	第 1 运行指令选择	01（控制电路端子台）	02
A004	第 1 最高频率	50.00Hz	60.00Hz
A061	第 1 频率上限限位	50.00Hz	0.00Hz
A062	第 1 频率下限限位	0.00Hz	0.00Hz
C001	多功能输入 1 功能选择	00：正转	
C026	多功能继电器输出功能选择	05：AL（报警信号）	—

（5）梯形图程序设计 参考梯形图程序如图 6.27 所示。

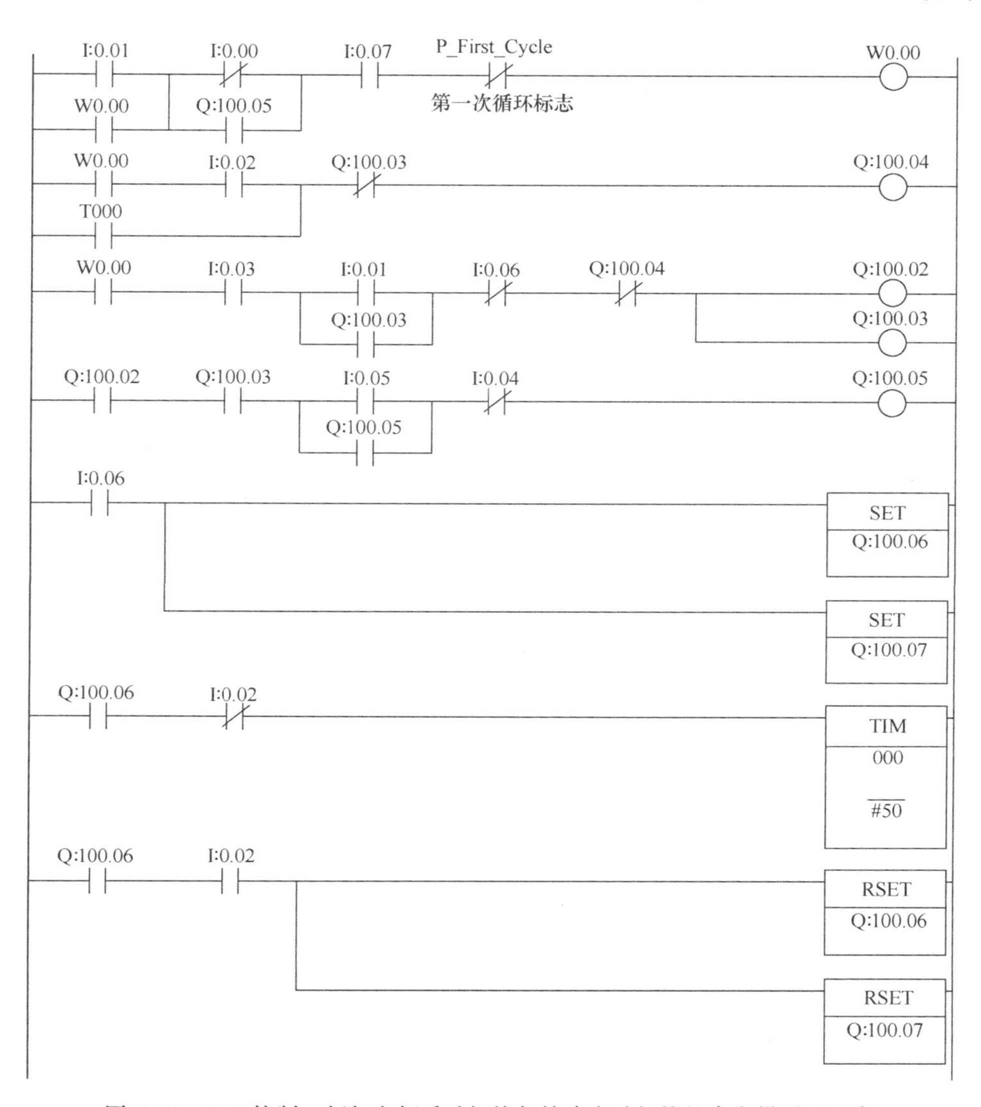

图 6.27 PLC 控制工频与变频手动切换与故障自动切换的参考梯形图程序

(6) 运行调试

1) 按图 6.24a 完成主电路接线，按图 6.26 完成 PLC 接线。

2) 变频器上电并完成相关参数设置。

3) 编辑 PLC 梯形图程序，将图 6.27 所示程序下载到 PLC 中。

4) 将变频运行与工频运行的转换开关 SA 切换为工频模式，按下工频运行的起动按钮 SB2，接触器 KM3 接通，电动机按照工频运行；按下停止按钮 SB1，电动机停止运行。

5) 将变频运行与工频运行的转换开关 SA 切换为变频模式，按下起动按钮 SB2，接触器 KM1、KM2 接通，接通变频器的电源。按下变频运行的起动按钮 SB4，继电器 KA 得电，变频器起动运行。按下变频运行的停止按钮 SB3，变频器停止运行，按下按钮 SB1，接触器 KM1、KM2 失电，变频器切断电源。

6）当变频器运行出现故障时，多功能继电器常开触点 MB—MC 接通，变频器停止运行，将变频运行与工频运行的转换开关 SA 切换为工频模式，电动机按照工频运行。

2. PLC 控制工频与变频自动切换

（1）控制要求　图 6.25 中变频器出现故障时虽然能自动由变频运行切换为工频运行，但切换后还需要手动将转换开关 SA 由变频位置拨至工频位置。

另一种工频与变频自动切换的接线原理图如图 6.28 所示，其主电路与图 6.24a 相同，PLC 的梯形图程序如图 6.29 所示。线路的控制过程为：

按下工频选择按钮 SB1，工频选择指示灯 HL1 亮；按下起动按钮 SB4，交流接触器 KM3 线圈通电，其主触点闭合，电动机工频运行，同时工频运行指示灯 HL3 亮；此时按下变频选择按钮 SB2 不起作用；按下停止按钮 SB3，电动机停转。

按下变频选择按钮 SB2，变频选择指示灯 HL2 亮；按下起动按钮 SB4，交流接触器 KM1、KM2 线圈通电，其主触点闭合，接通变频器输入电源，并将变频器的输出连接到电动机，变频电源指示灯 HL4 亮，但电动机不转；按下变频起动按钮 SB6，中间继电器 KA 线圈通电，常开触点闭合，变频器运行，电动机旋转，变频运行指示灯 HL5 亮；此时工频选择按钮 SB1 不起作用；按下变频停止按钮 SB5，电动机停转。

不管工频运行还是变频运行，在电动机过载时，热继电器 FR 触点动作，电动机停转。

（2）PLC 的 I/O 分配　PLC 的 I/O 分配见表 6.21。

表 6.21　PLC 的 I/O 分配

输入端子名称	外接器件	作用	输出端子名称	外接器件	作用
0.00	按钮 SB1	工频选择	100.02	KM1	变频输入
0.01	按钮 SB2	变频选择	100.03	KM2	变频输出
0.02	按钮 SB3	停止	100.04	KM3	工频运行
0.03	按钮 SB4	起动	100.05	KA	变频器运行
0.04	按钮 SB5	变频停止	100.06	HL1	工频选择指示
0.05	按钮 SB6	变频起动	100.07	HL2	变频选择指示
0.06	MB—MC	变频器故障	101.02	HL3	工频运行指示
0.07	按钮 SB7	报警复位	101.03	HL4	变频电源指示
0.08	FR	过载保护	101.04	HL5	变频运行指示
			101.05	HA	故障报警器
			101.06	HL6	故障指示灯

（3）接线　PLC 控制工频与变频自动切换的接线原理图如图 6.28 所示。当变频运行变频器出现故障时，变频器内部继电器 M 的常开触点（MB—MC）闭合，交流接触器 KM1、KM2 和中间继电器 KA 的线圈断电，切断变频器与交流电源和电动机的连接。同时，一方面接通由蜂鸣器 HA 和指示灯 HL6 组成的声光报警电路，另一方面使 PLC 的定时器 T0 工作，

延时自动接通工频运行电路，电动机以工频运行。按下报警复位按钮 SB7，声光报警结束，及时检修变频器。

在图 6.28 中，6 个指示灯 HL1～HL6 都接在 PLC 的输出端子上，也可以不接在 PLC 的输出端子上，而用交流接触器 KM1～KM3 和中间继电器 KA 的常开触点控制各个指示灯。

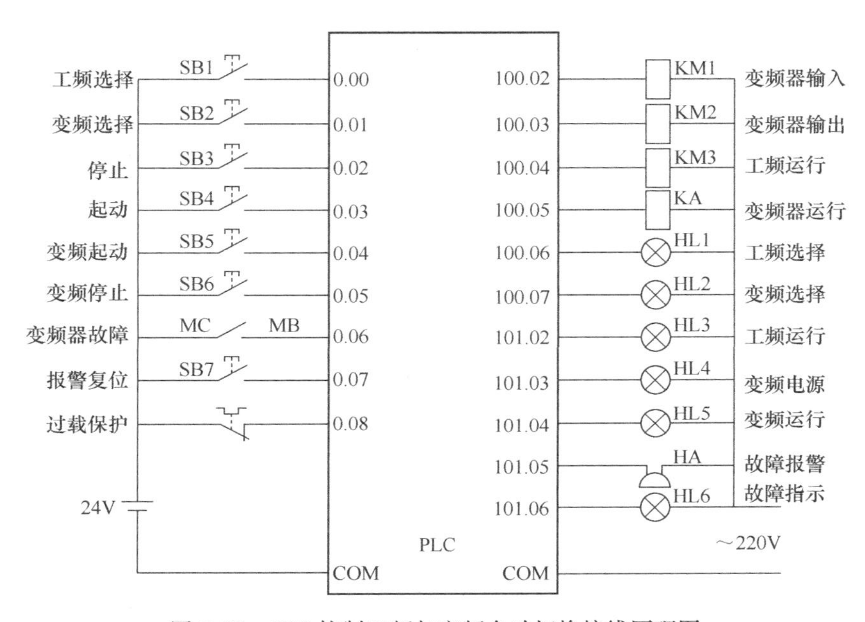

图 6.28　PLC 控制工频与变频自动切换接线原理图

（4）变频器参数设置

变频器参数设置与表 6.20 相同。

（5）梯形图程序设计　PLC 控制工频与变频自动切换的参考梯形图程序如图 6.29 所示。

（6）运行调试

1）按图 6.24a 完成主电路接线，按图 6.28 完成 PLC 接线。

2）变频器上电并完成相关参数设置。

3）编辑 PLC 梯形图程序，将图 6.29 所示程序下载到 PLC 中。

4）按下工频选择按钮 SB1，工频选择指示灯 HL1 亮，按下起动按钮 SB4，接触器 KM3 线圈得电，电动机工频运行；按下停止按钮 SB3，电动机停止运行。

5）按下变频选择按钮 SB2，变频选择指示灯 HL2 亮，按下起动按钮 SB4，接触器 KM1、KM2 线圈得电，接通变频器的电源。按下变频起动按钮 SB6，中间继电器 KA 得电，变频器起动运行。按下变频停止按钮 SB5，变频器停止运行，按下按钮 SB3，接触器 KM1、KM2 失电，变频器切断电源。

6）变频器运行出现故障时，多功能继电器常开触点 MB—MC 接通，变频器停止运行，将自动切换为工频运行模式，电动机按照工频运行。

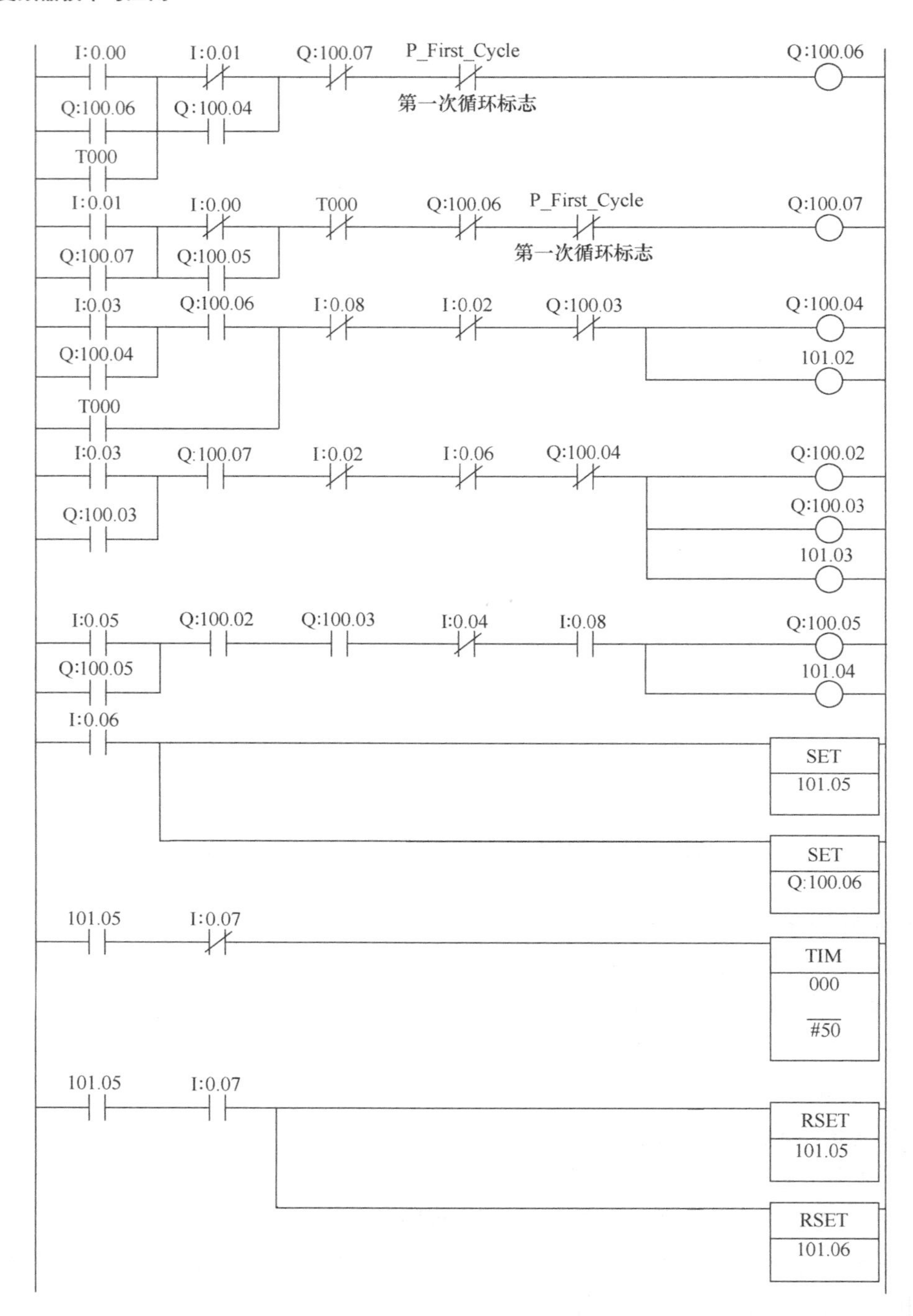

图 6.29 PLC 控制工频与变频自动切换的参考梯形图程序

6.4 PLC 通过通信方式控制变频器运行

CP1E-NA 型 PLC 和 3G3MX2 变频器采用 Modbus 通信协议，可控制一台电动机实现多段速运行控制。系统设置起动/停止开关和频率给定按钮，先通过预设频率给定按钮实现频率给定，当接通起动/停止开关后，电动机按照预先设定的频率运行，在电动机运行过程中，当按下其他的频率给定按钮后，电动机立即按照新的频率运行，任意时刻起动/停止开关断开，电动机停止运行。PLC 和变频器的 Modbus 通信连接示意图如图 6.30 所示。

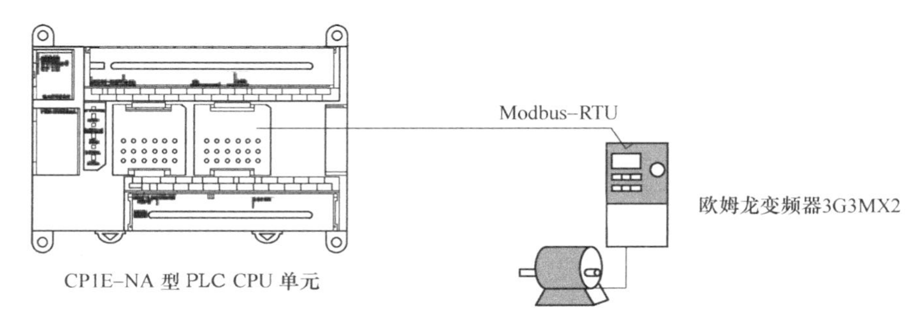

图 6.30 PLC 与变频器的 Modbus 通信连接示意图

传统的 PLC 与变频器之间的连接大多是依靠 PLC 的数字量输出来控制变频器的起停，依靠 PLC 的模拟量输出来控制变频器的速度给定，这样做存在以下五个问题。

1）需要在设计控制系统时采用很多硬件，价格昂贵。

2）现场的布线多，容易引起噪声和干扰。

3）PLC 和变频器之间传输的信息受硬件的限制，交换的信息量很少。

4）在变频器的起停控制中，由于继电器、接触器等硬件的动作有延时，从而影响控制精度。

5）通常变频器的故障状态由一个触点输出，PLC 能得到变频器的故障状态，但不能准确地判断出当故障发生时，变频器是何种故障。

如果 PLC 通过与变频器进行通信来进行信息交换，那么可以有效地解决上述问题，这是因为通信方式具有使用硬件少、传送信息量大及速度快等特点。另外，通过网络，可以连续地对多台变频器进行监视和控制，实现多台变频器之间的联动控制和同步控制。通过网络还可以实时地调整变频器的参数。欧姆龙 CP1E-NA 型 PLC 和 3G3MX2 变频器之间采用 Modbus通信协议，用户可以通过程序调用的方式来实现 PLC 和变频器之间的通信，而且编程工作量小，通信网络由 PLC 和变频器内置的 RS-485 通信端口及双绞线组成，一台 CP1E-NA型 PLC 最多可以和 31 台变频器进行通信，费用低、使用方便。

6.4.1 CP1E-NA 型 PLC 和 3G3MX2 变频器的通信

CP1E-NA 型 PLC 的 CPU 单元上有两个串行端口：串口 1、串口 2，其中串口 1 为内置的 RS-232C 端口，串口 2 可选用通信选件 CP1W-CIF01 配置为 RS-232C 端口，或选用通信选件 CP1W-CIF11 配置为 RS-422/485 端口。PLC 的 CPU 单元上配置的 RS-422/485 端口与 3G3MX2 变频器上的 RS-422/485 端口相连，采用 Modbus 通信协议进行主从通信。通过编写 PLC 程序，使变频器作为 Modbus 通信协议从站接收来自 CP1E-NA 型 PLC 主站的通信指令，实现起停、频率给定、监控等功能。

CP1E-NA 型 PLC 与 3G3MX2 系列变频器的通信需要做如下工作。

1. 硬件连接

确认 CP1E-NA 型 PLC 已安装好 RS-485 通信选件。选用 CP1W-CIF11 配置为 RS-485，并安装到串口 2 上。

1）图 6.31 所示为 CP1E-NA 型 PLC 与一台 3G3MX2 变频器的连接。使用双绞屏蔽电缆连接 CP1W-CIF11 和 3G3MX2 变频器，电缆的一端接 CP1E 插件 CP1W-CIF11 的 SDA-、SDB+端子，另一端接 3G3MX2 变频器控制电路端子块的 RS-、RS+端子，其余线不用。

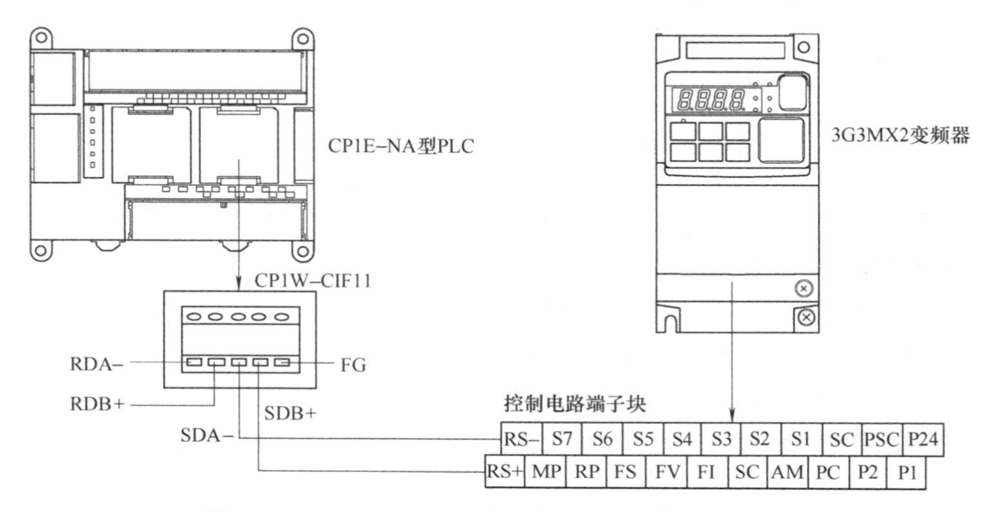

图 6.31 CP1E-NA 型 PLC 与一台 3G3MX2 变频器的连接

2）图 6.32 所示为 CP1E-NA 型 PLC 与多台 3G3MX2 变频器的连接。为使 RS-485 通信保持稳定，将变频器终端电阻切换开关拨到 ON 的位置。

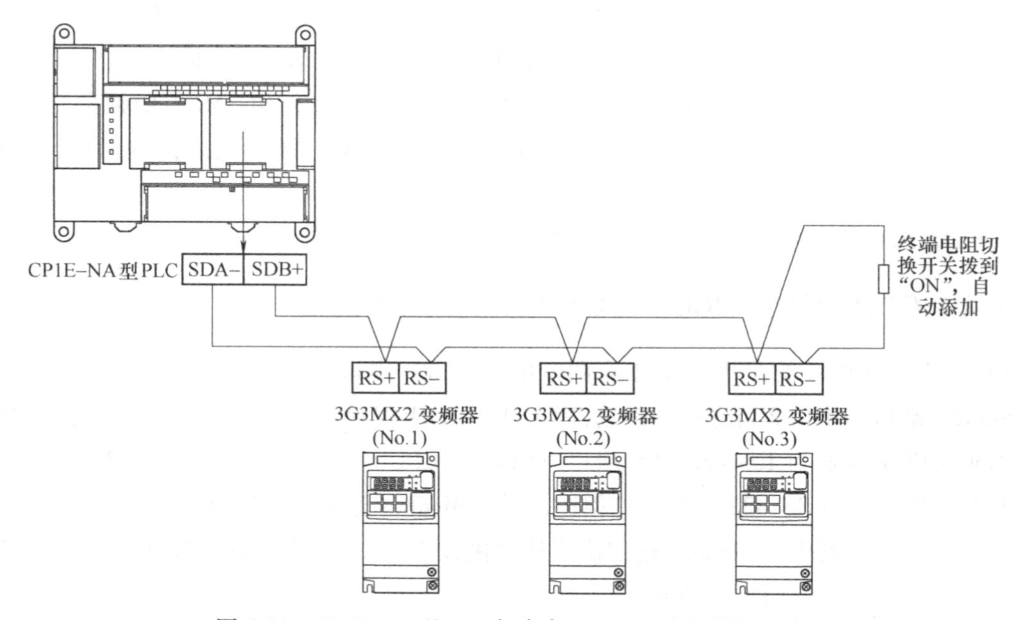

图 6.32 CP1E-NA 型 PLC 与多台 3G3MX2 变频器的连接

2. 通信选件 CP1W-CIF11 配置

CP1W-CIF11 配置见表 6.22。

表 6.22　CP1W-CIF11 配置

开　关	含　　义		说　　明
SW1	ON	有	终端电阻有无的选择
	OFF	无	
SW2	ON	2 线（RS-485）	SW2 和 SW3 设置方式相同
	OFF	4 线（RS-422）	
SW3	ON	2 线（RS-485）	
	OFF	4 线（RS-422）	
SW4	—	—	空置
SW5	ON	RD：有 RS 控制	选择 RD 的 RS 控制的有无
	OFF	RD：无 RS 控制	
SW6	ON	SD：有 RS 控制	1 :*N* 情况下，4 线时，SW6 为 ON；2 线时，SW6 为 ON
	OFF	SD：无 RS 控制	

3. CP1E-NA 型 PLC 设定

通信设置：以 PLC 通过串口 2 与变频器连接为例，使用 CX-Programmer 编程软件将串口 2 模式设置为“Modbus-RTU 简易主站”，通信波特率为 9600bit/s，数据格式为“8，1，E”，如图 6.33 所示。

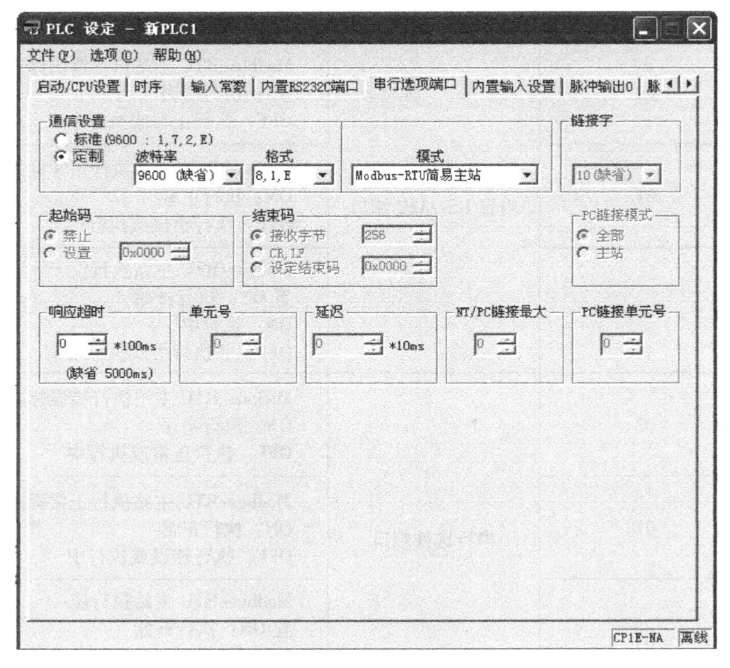

图 6.33　CP1E-NA 串口 2 设置

参数区设置：需设置 Modbus-RTU 简易主站的参数区，见表 6.23。

表 6.23 Modbus-RTU 简易主站的参数区

CP1E-NA 型 CPU 单元 DM 分配字		位	内　容	
内置 RS-232C 端口	串行选件端口			
D1200	D1300	00~07	命令	从站地址（00~F7hex）
		08~15		保留（总为 00hex）
D1201	D1301	00~07		功能代码
		08~15		保留（总为 00hex）
D1202	D1302	00~15		通信数据字节数（0000~005E hex）
D1203~D1249	D1303~D1349	00~15		通信数据（最大 94B）
D1250	D1350	00~07	响应	从站地址（01~F7hex）
		08~15		保留（总为 00hex）
D1251	D1351	00~07		功能代码
		08~15		保留
D1252	D1352	00~07		错误代码
		08~15		保留（总为 00hex）
D1253	D1353	00~15		响应字节数（0000~03EA hex）
D1254~D1299	D1354~D1399	00~15		响应数据（最大 92B）

Modbus-RTU 简易主站串口通信特殊辅助继电器说明见表 6.24。

表 6.24 Modbus-RTU 简易主站串口通信特殊辅助继电器说明

辅助区字	辅助区位	端　口	内　容
A640	02	内置 RS-232C 端口	Modbus-RTU 主站执行错误标志 ON：执行错误 OFF：执行正常或执行中
	01		Modbus-RTU 主站执行正常标志 ON：执行正常 OFF：执行错误或执行中
	00		Modbus-RTU 主站执行位 置 ON：执行开始 ON：执行中 OFF：非执行中或执行结束
A641	02	串行选件端口	Modbus-RTU 主站执行错误标志 ON：执行错误 OFF：执行正常或执行中
	01		Modbus-RTU 主站执行正常标志 ON：执行正常 OFF：执行错误或执行中
	00		Modbus-RTU 主站执行位 置 ON：执行开始 ON：执行中 OFF：非执行中或执行结束

串口 2 在 D1300~D1349 中保存要发送给变频器的 Modbus-RTU 命令。PLC 编程软件

CX-Programmer 与 CP1E-NA 型 PLC 建立在线连接后，当串口 2 的通信使能位 A641.00 由 0→1时，Modbus-RTU 命令自动发出，变频器返回的响应保存在 D1350～D1399 中。

4. 3G3MX2 变频器设定

终端电阻切换开关设定：将变频器终端电阻切换开关拨到 ON 的位置，目的是使 RS-485 通信保持稳定，如图 6.34 所示。

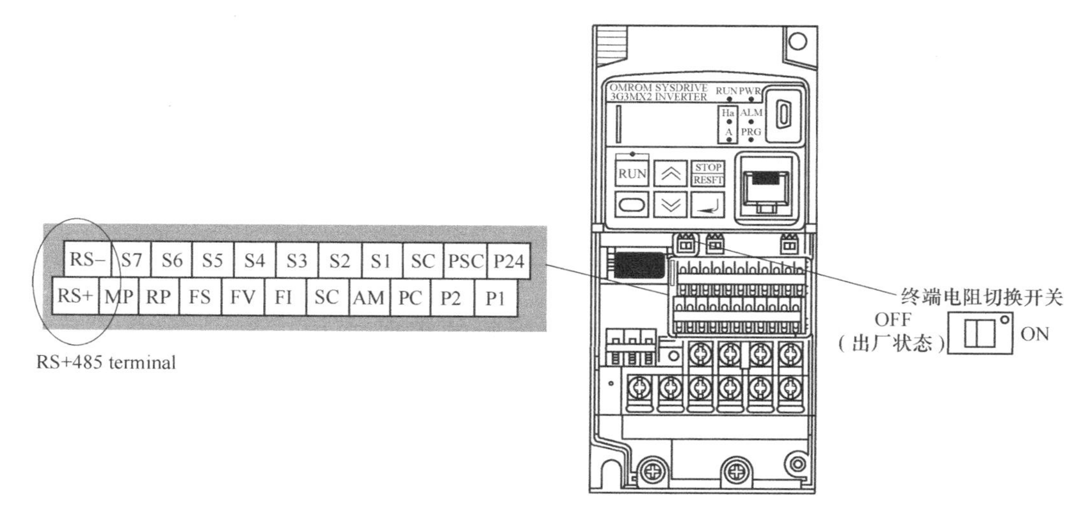

图 6.34　3G3MX2 变频器终端电阻切换开关设置

此外应正确设置变频器相关参数，3G3MX2 变频器 Modbus 通信（Modbus-RTU）相关参数见表 6.25。

表 6.25　3G3MX2 变频器 Modbus 通信（Modbus-RTU）相关参数一览表

参数号	功能名称	数　　据	初始设定值
A001	第 1 频率指令选择	03：Modbus 通信（Modbus-RTU）	02
A002	第 1 运行指令选择	03：Modbus 通信（Modbus-RTU）	02
C071	通信传送速度选择	03：2400bit/s 04：4800bit/s 05：9600bit/s 06：19.2kbit/s 07：38.4kbit/s 08：57.6kbit/s 09：76.8kbit/s 10：115.2kbit/s	05
C072	通信站号选择	1～247	1
C074	通信奇偶校验选择	00：无奇偶校验 01：偶数（even）校验 02：奇数（odd）校验	00
C075	通信停止位选择	1：1 位 2：2 位	1

（续）

参数号	功能名称	数　据	初始设定值
C076	通信异常时选择	00：提示异常输出+自由滑行停止 01：减速停止后提示异常 02：忽略 03：自由滑行停止 04：减速停止	02
C077	通信异常时超时	0.00：超时无效 0.01~99.99s	0.00s
C078	通信等待时间	0~1000s	0.00s

6.4.2 PLC通过通信方式控制变频器运行的实现

1. 控制要求

使用CP1E-NA型PLC通过Modbus通信协议，控制3G3MX2变频器实现多段速运行，开关SA接PLC输入端子0.00，控制系统起动与停止。按钮SB1、SB2、SB3分别表示三段速度，分别接PLC输入端子0.01、0.02、0.03，当相应按钮按下后，对应变频器频率为10Hz、20Hz、30Hz。先进行速度设定，当按下SB1时，设定变频器频率为10Hz，按下开关SA，变频器按照10Hz运行，同理，分别按下SB2、SB3时，变频器按照20Hz、30Hz运行。变频器在运行过程中，按下相应的频率设定按钮，则变频器频率立即改变，按照相应的频率运行。

2. PLC的I/O分配

PLC使用通信方式控制变频器运行，需要四个输入信号，一个开关用来控制变频器起动/停止运行，另有三个按钮分别作为三段速度的频率给定信号，PLC输出端无需接设备。PLC的I/O分配见表6.26。

表6.26　PLC的I/O分配

输入端子名称	外接器件	作　用
0.00	起/停开关SA	起动/停止
0.01	按钮SB1	频率设定10Hz
0.02	按钮SB2	频率设定20Hz
0.03	按钮SB3	频率设定30Hz

3. PLC、变频器接线

PLC、变频器接线如图6.35所示。

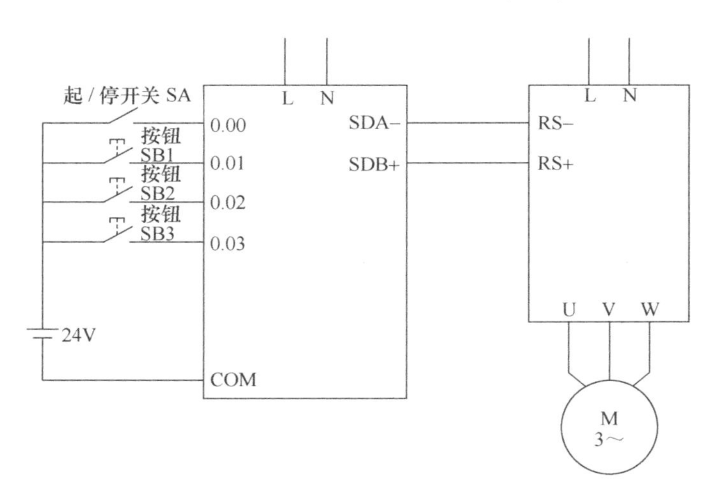

图 6.35　PLC、变频器接线

4. 变频器的参数设置

将变频器终端电阻切换开关拨到 ON 的位置，变频器按照表 6.27 进行设置。

表 6.27　变频器通信参数设置

参数号	参数含义	设定值	初始设定值
b84	初始化选择为异常监控清除+数据初始化	03	00
b180	初始化-模式选择实行	01	00
b37	参数显示选择为全显示	00	04
A001	第 1 频率指令选择 Modbus 通信	03	02
A002	第 1 运行指令选择 Modbus 通信	03	02
C071	通信速率 9600kbit/s	05	05
C072	通信站号选择 1	1	1
C074	通信奇偶校验选择偶校验	01	00
C075	通信停止位选择 1 位停止	1	1
C077	通信错误超时无效	0. 00	0. 00
C078	通信等待时间为 0ms	0	0

5. 梯形图程序设计

参照图 6.33 进行 CP1E-NA 型 PLC 通信参数设置，并编辑梯形图程序如图 6.36 所示。

6. 运行并调试程序

1）按图 6.35 接线，并接通变频器电源。

2）完成变频器相关参数设置。

3）设置 PLC 通信参数，编辑 PLC 梯形图程序，将图 6.36 所示程序下载到 PLC 中。

4）按下开关 SA，当按下 SB1 时，变频器按照 10Hz 运行，分别按下 SB2、SB3 时，变频器按照 20Hz、30Hz 运行。变频器在运行过程中，按下相应频率设定按钮，则变频器频率立即改变，按照相应的频率运行。

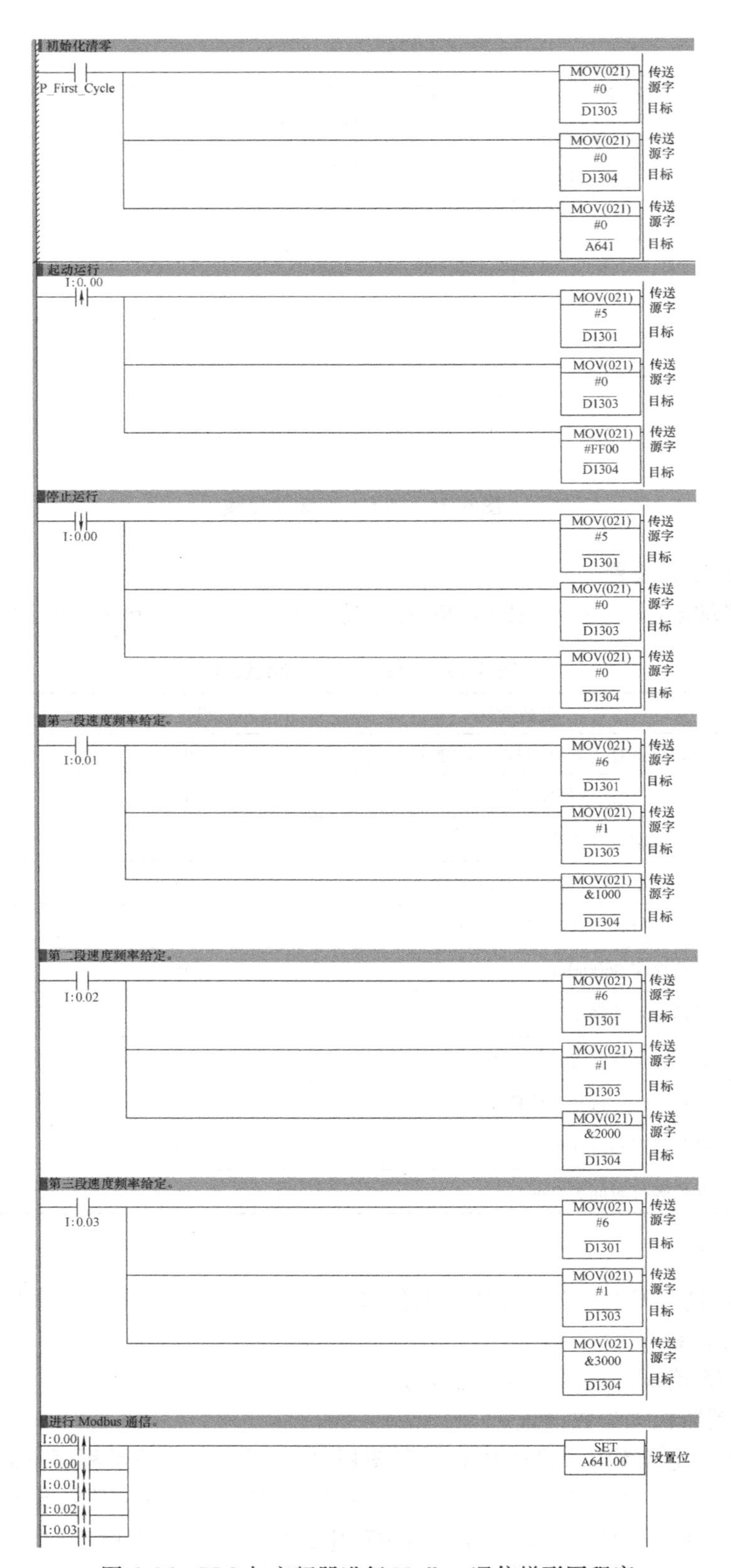

图 6.36 PLC 与变频器进行 Modbus 通信梯形图程序

6.5 PLC、变频器、触摸屏综合应用

触摸屏，是一种通过触摸方式进行人机交互的人机界面，它通过手指触摸的方式进行人机交互、检测和接收信息，在工业生产及人们的生活中得到了广泛的应用。作为智能的多媒体输入输出设备，它取代了传统控制台的许多功能，代替传统的键盘、操作按钮等输入设备以及数码管、指示灯等输出设备，使用功能丰富的软元件替代实际元件，可以省去大量的硬件接线，从而提高了系统的自动化程度。

用户可以使用触摸屏对电动机进行监控，触摸屏把设备动作信息送入控制器 PLC 中，经过 PLC 运算处理控制变频器按照控制要求动作，同时将设备状态送给触摸屏进行实时监控。本节以控制电动机两段速自动运行为例来讲 PLC、变频器、触摸屏综合应用，结构如图 6.37所示。

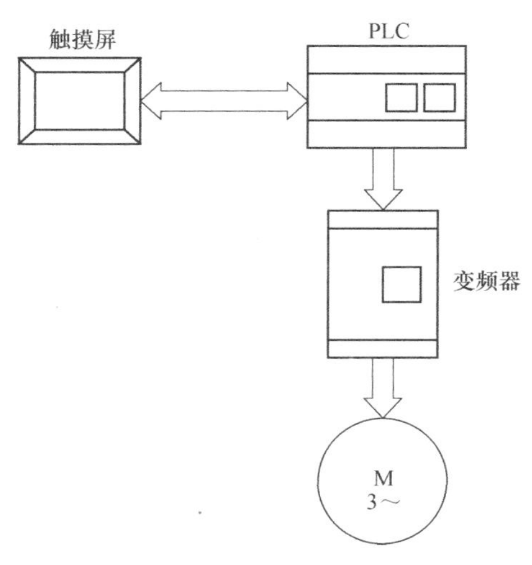

图 6.37 触摸屏通过 PLC 控制变频器结构

6.5.1 PLC、变频器、触摸屏控制电动机两段速自动运行要求

控制要求如下：

1）使用触摸屏通过 PLC 的外部端子控制变频器按照规定时间分别以高速、低速自动运行。

2）通过触摸屏画面，指示变频器的运行状态，显示高速运行还是低速运行。

NV-3Q 触摸屏通过 RS-422A/485 选件板与 CP1E-NA 型 PLC 连接，控制 PLC 起动与停止运行，并监控 PLC 的输出状态。CP1E-NA 型 PLC 通过外部端子控制 3G3MX2 变频器实现变频器高速和低速运行。其关键是设定好触摸屏变量与 PLC 寄存器的对应关系及梯形图的编写。

在触摸屏工程制作过程中，可使用两个界面，其中一个是主界面，另外一个是控制界面。

1）主界面。制作文本“基于触摸屏的变频调速系统”，制作画面切换元件并有相关文字说明，进入变频器运行控制界面。主界面如图 6.38 所示。

2）变频器运行控制界面。制作两个按钮元件，并有相应的文字说明，两个按钮元件用于控制变频器的起动、停止；制作一个按钮元件用于返回主界面；制作两个频率速度运行指示灯，分别显示变频器高低速运行。控制界面如图 6.39所示。

图 6.38 触摸屏主界面

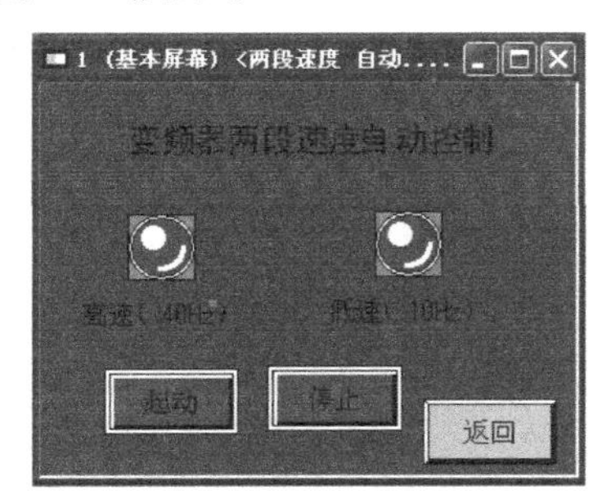

图 6.39 触摸屏控制界面

6.5.2 触摸屏软件 NV-Designer 的使用

下面以欧姆龙 NV-3Q 触摸屏的组态软件 NV-Designer 为例来说明触摸屏的使用。

（1）启动 NV-Designer，创建新工程　安装 NV-Designer 软件，双击图标“ ”就可启动软件。软件启动后显示图 6.40 所示对话框，选择“创建新工程”并单击“确定”。

（2）选择机型　硬件选型使用 NV-3Q 系列触摸屏，所以在 NV-Designer 软件中，也进行对应的设置，具体设置为：“NV 机型”下拉列表框选择“NV3Q”，“NV 类型”下拉列表框选择“彩色”，文件名默认为“NewProject”，如图 6.41 所示。

图 6.40　创建新工程

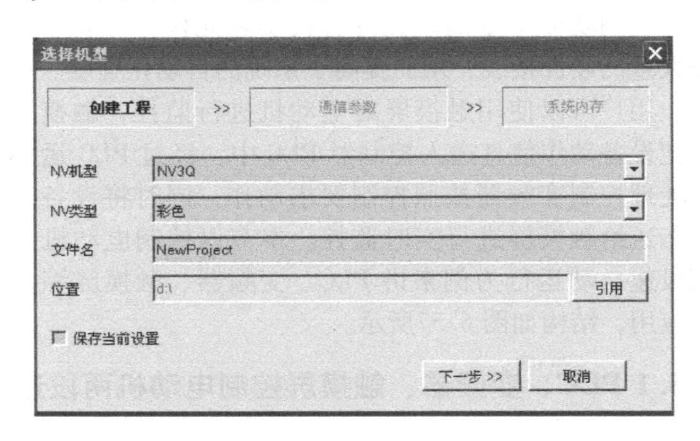

图 6.41　选择机型

（3）通信参数设置　由于硬件选型，使用欧姆龙 CP1E-NA 型 PLC 与触摸屏进行通信连接，所以在通信参数“PLC 机型”下拉列表框选择“OmronSYSMAC-CS/CJ/CP Series”，如图 6.42 所示。单击“下一步”，设置系统内存，可使用系统默认设置。

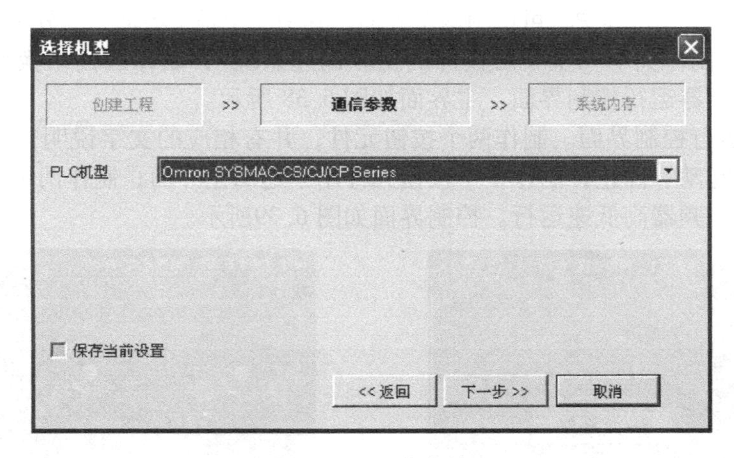

图 6.42　通信参数

（4）触摸屏工程编辑　创建工程设置完成后，进入触摸屏工程编辑界面，如图 6.43 所示，左侧为屏幕管理对话框，中间为当前编辑的基本对话框，右侧为部件库。

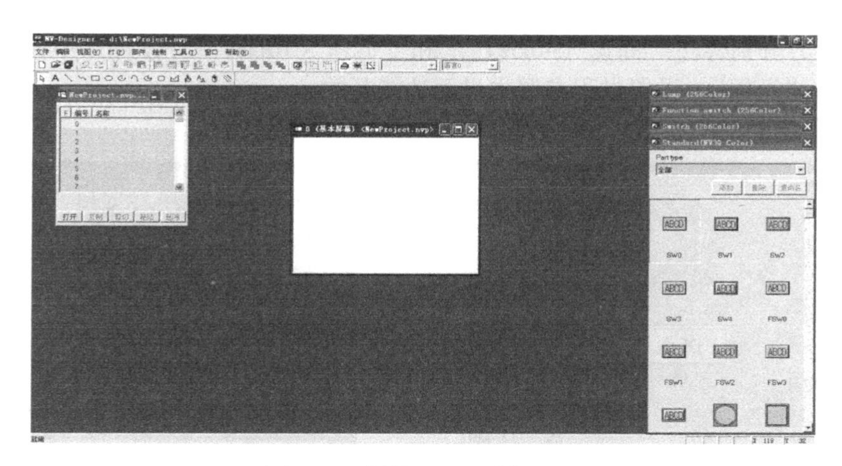

图 6.43　触摸屏工程编辑界面

6.5.3 PLC、变频器、触摸屏控制电动机工程实现

控制要求：在触摸屏上按下“起动”按钮，变频器驱动电动机按照 10Hz 频率低速运行 10s，接着变频器驱动电动机自动调至为 40Hz 高速运行 8s，系统停止。任何时间按下停止按钮，系统停止运行。

1. 制作触摸屏界面

根据上述控制要求创建两个工作界面，其中基本屏幕 0 为主界面，基本屏幕 1 为变频器运行控制界面。触摸屏画面结构如图 6.44 所示。

在基本屏幕 0 中，使用文本工具制作文本“基于触摸屏的变频调速系统”；从部件库中插入一个功能开关，在标签项中标注为“进入系统”。双击功能开关，在标签选项卡 OFF 状态时的字符串文本框中输入“进入系统”，将状态切换到 ON，单击“复制 OFF 的内容”，将 ON 状态时显示的字符串也设置为“进入系统”，用于指示功能开关的功能。触摸屏功能开关部件标签制作如图 6.45 所示。

图 6.44　触摸屏画面结构

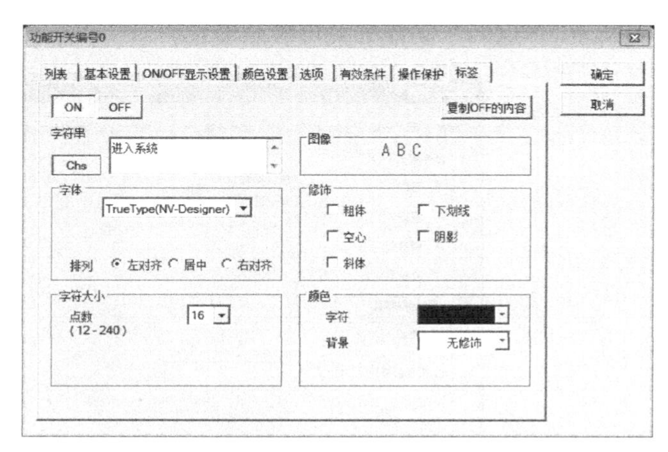

图 6.45　触摸屏功能开关部件标签制作

在基本屏幕 1 中，使用文本工具制作文本“变频器两段速度自动控制”；从部件库中插入两个开关，在标签项中分别标注为“起动”和“停止”；从图库中插入两个指示灯，使用

文本工具在下方分别标注“高速（40Hz）”和“低速（10Hz）”；从图库中插入功能开关，标签项标注为“返回”，设置过程参照主界面功能开关。

屏幕布局如图 6.46 所示。

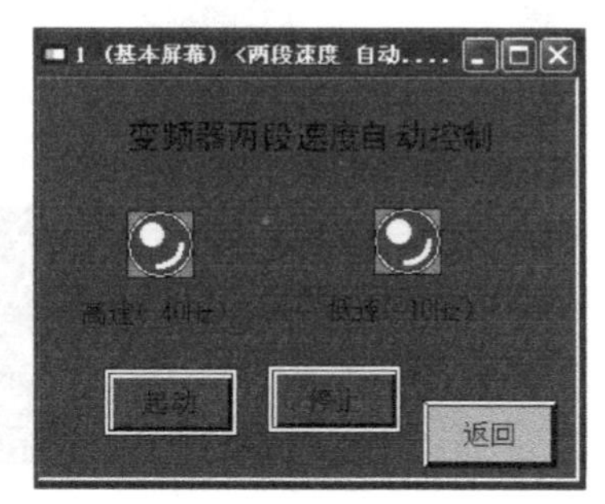

图 6.46　屏幕布局

2. 屏幕部件与寄存器的对应关系

规划系统中用到的屏幕部件与寄存器的对应关系，见表 6.28。

表 6.28　屏幕部件与寄存器的对应关系

部件类型	部件名称	操作模式	操作对象及寄存器
功能开关	进入系统	切换屏幕	屏幕编号 1
功能开关	返回	切换屏幕	屏幕编号 0
开关	起动按钮	瞬时型	W0.00
开关	停止按钮	瞬时型	W0.01
指示灯	低速指示灯	ON/OFF 位	100.01
指示灯	高速指示灯	ON/OFF 位	100.02

3. 参数的设置

（1）功能开关参数设置　在基本屏幕 0 中双击“进入系统”功能开关，在弹出的对话框中的“基本设置”选项卡中，“操作模式”选择“切换屏幕”，屏幕编号设置为 1，如图 6.47所示。“返回”功能开关可参照设置。

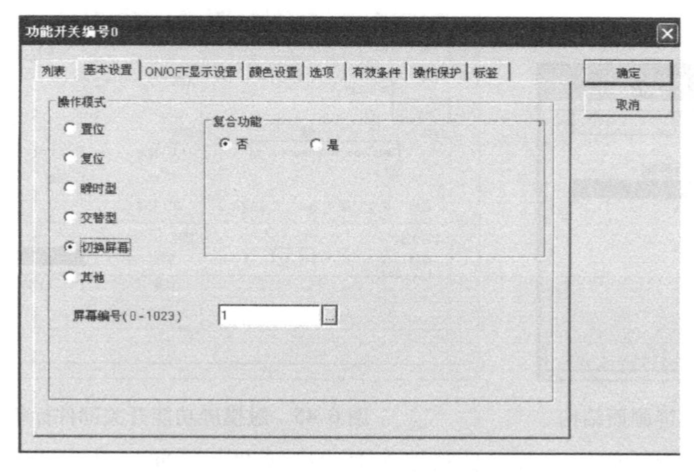

图 6.47　功能开关基本设置

（2）开关参数设置　在基本屏幕1中双击“起动”开关，在弹出的对话框中的“基本设置”选项卡中，操作模式选择“瞬时型”，此时开关作为按钮使用，“ON/OFF显示控制”选择“指定输出地址”，使用“地址状态”。开关部件基本设置如图6.48所示。

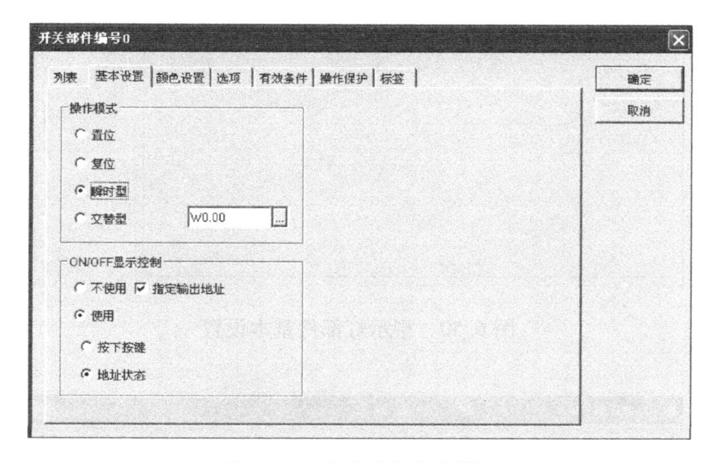

图6.48　开关部件基本设置

选择“颜色设置”选项卡，将ON状态时显示的颜色设置为绿色，OFF状态时显示的颜色设置为红色，用于指示按钮动作，开关部件颜色设置如图6.49所示。“停止”开关可参照设置。

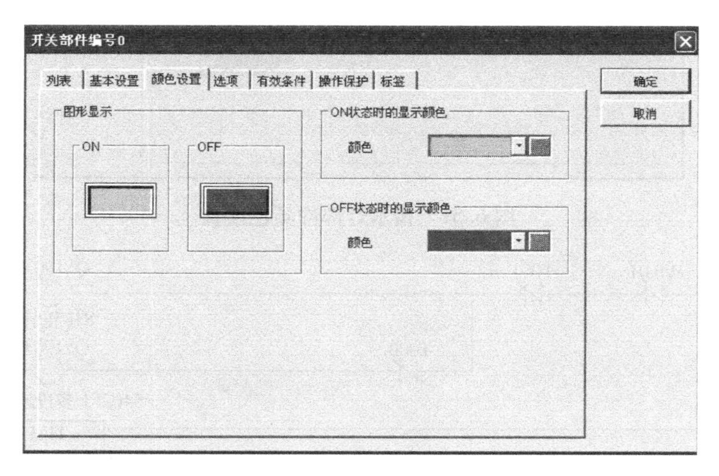

图6.49　开关部件颜色设置

（3）指示灯参数设置　在基本屏幕1中双击“低速”指示灯，在弹出的对话框中的“基本设置”选项卡中，将ON/OFF位地址设置为100.01。指示灯部件基本设置如图6.50所示。

选项“颜色设置”选项卡，将ON状态时显示的颜色设置为绿色，“OFF状态时显示的颜色”设置为红色，用于显示电动机的运行状态，指示灯部件颜色设置如图6.51所示，“高速”指示灯可参照设置。

4. 梯形图程序设计

变频器两段速自动运行的梯形图程序如图6.52所示。

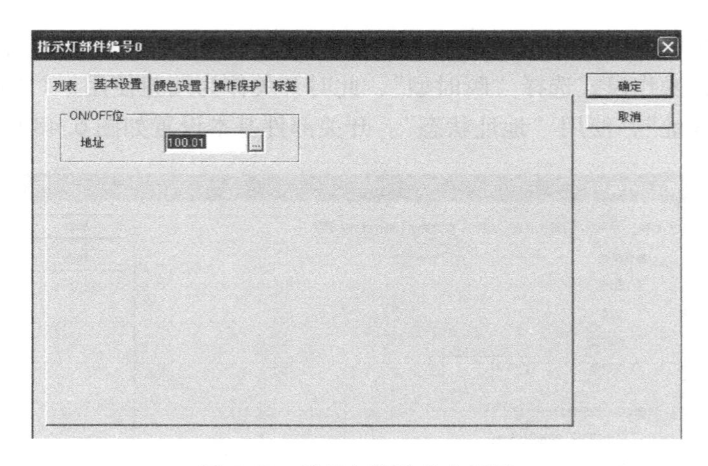

图 6.50 指示灯部件基本设置

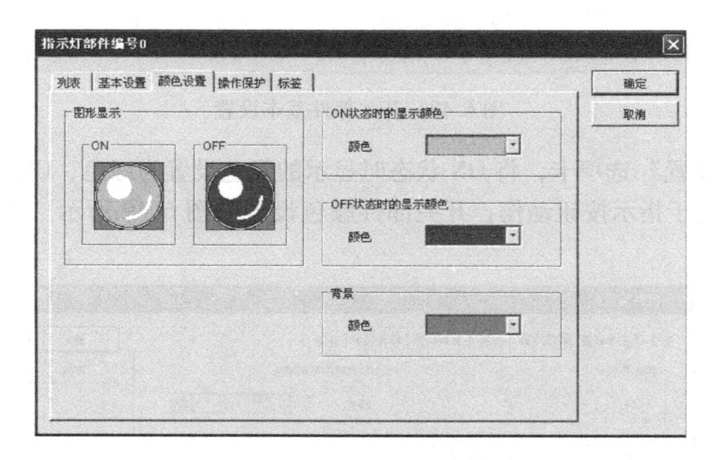

图 6.51 指示灯部件颜色设置

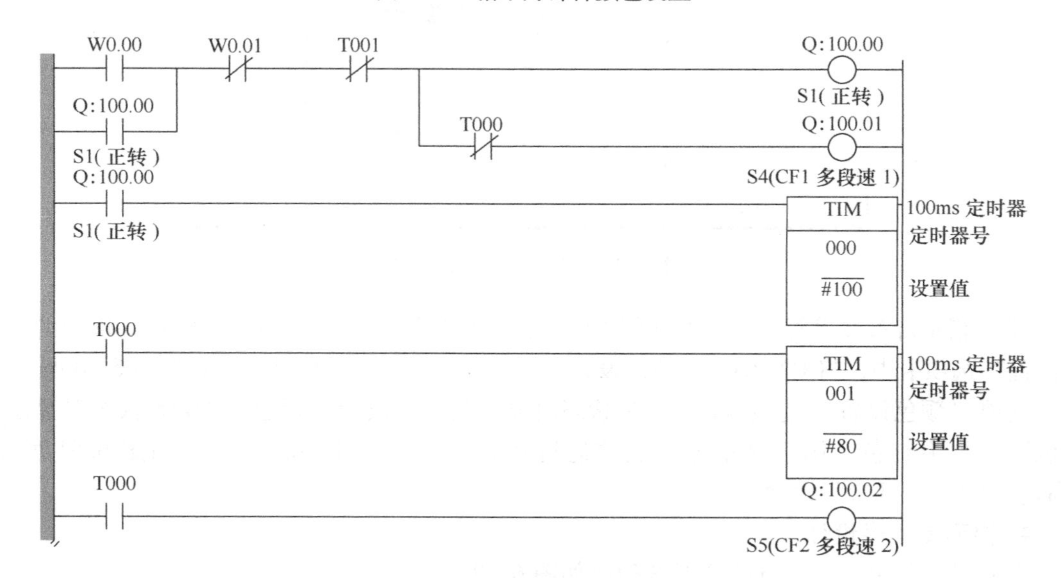

图 6.52 变频器两段速自动运行的梯形图程序

5. 系统调试

1）变频器两段速自动运行的接线原理图如图 6.53 所示，按图安装接线。

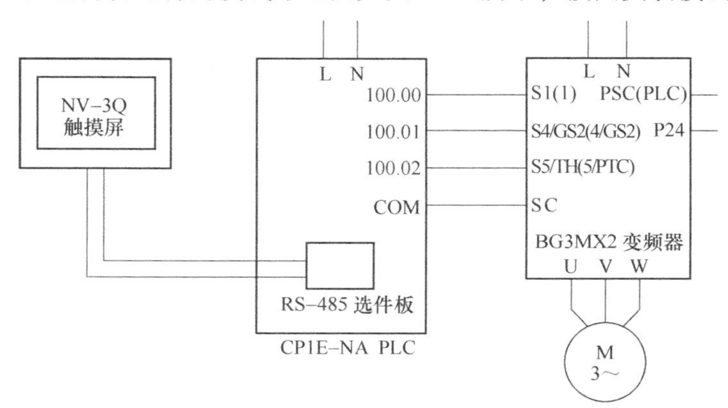

图 6.53　变频器两段速自动运行的接线原理图

2）下载程序到 PLC，PLC 的 I/O 分配见表 6.29。

表 6.29　PLC 的 I/O 分配

输入（触摸屏软元件）		输　出	
起动按钮	W0.00	变频器正转	100.00
停止按钮	W0.01	低速运行	100.01
		高速运行	100.02

3）设置变频器参数：变频器通过控制电路端子台，使用多功能输入端子的不同组合实现两段速控制，在开始功能设置之前，应先将变频器参数进行复位，具体参数设置见表 6.30。

表 6.30　变频器两段速自动运行参数设置

参数号	参数含义	设定值	初始设定值
b084	初始化选择为异常监控清除+数据初始化	03	00
b180	初始化模式选择为执行	01	00
b37	参数显示选择为全显示	00	04
A001	第 1 频率指令由控制电路端子台给定	01	02
A002	第 1 运行指令由控制电路端子台给定	01	02
A021	多段速指令 1 速频率设置为 10Hz	10	0.00
A022	多段速指令 2 速频率设置为 40Hz	40	0.00
C004	多功能输入 4 功能选择为 CF1（多段速 1）	02	12
C005	多功能输入 5 功能选择为 CF2（多段速 2）	03	02

4）触摸屏与 PLC 通信调试，将计算机上制作好的界面传送给触摸屏，并将触摸屏与 PLC 连接好，通过操作触摸屏上的触摸键观察触摸屏上的指示与 PLC 输出的指示变化是否符合要求。

本章小结

本章介绍了变频调速控制系统的一些常用控制电路的设计，主要有：变频器的操作面板控制（本机控制）、外部端子控制、PLC 通过端子控制（正反转运行、正反转自动循环运行、控制小车自动往返运行、多段速运行、工频变频切换等）及 PLC 通过通信方式控制，并通过 PLC、触摸屏等技术控制变频器实现相关功能，实现了多科目知识的融合应用。

PLC 程序设计是控制电路的主要设计步骤，可以采用梯形图编程，也可以采用语句编程。同一功能可以用不同的程序来实现，本章给出的梯形图不是唯一的，仅供参考。

思考与练习

1. 能否通过改变变频器输入电压相序的方式实现正反转？实现变频器正反转控制的常用方式有哪些？

2. 使用变频器驱动电动机时需要在变频器输出与电动机之间加热继电器进行保护吗？为什么？

3. 使用 PLC 控制变频器运行，实现五段速自动运行：按下起动按钮 SB2，变频器按照 10Hz→20Hz→30Hz→40Hz→50Hz 五段速度自动运行，每段速度运行时间为 10s。按下停止按钮 SB1，变频器停止。［要求将变频器参数区 C7～C1 设置为 38～32（SF7～SF1）］

4. 使用 PLC 通过 Modbus-RTU 通信，实现变频器的多段速度控制，要求变频器输出频率随时间变化如图 6.54 所示，完成 PLC 程序设计、变频器参数设置及线路连接。

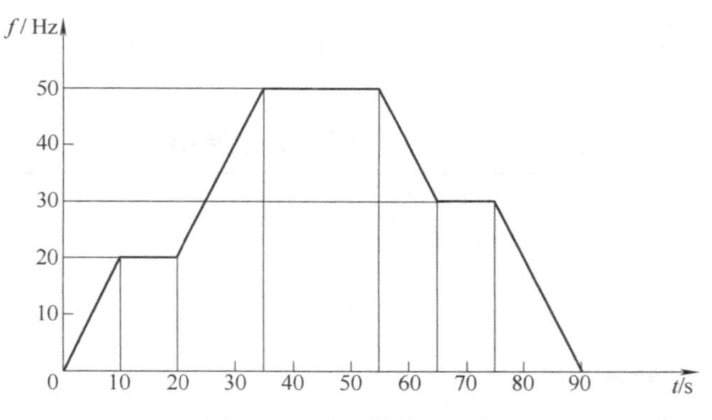

图 6.54 变频器输出频率

5. 使用 PLC、变频器、触摸屏完成电动机正反转控制：在触摸屏上按下正转按钮，变频器驱动电动机按照 10Hz 频率正转运行；接着按下停止按钮，变频器停止运行；在触摸屏上按下反转按钮，变频器驱动电动机按照 30Hz 反转运行，接着按下停止按钮，变频器停止运行。

6. CP1E-NA 型 PLC 自带模拟量输出端子，使用 PLC 模拟量输出端子、变频器、触摸屏完成电动机调速运行：在触摸屏上设计起动、停止按钮及频率输入框，使变频器按照频率输入框中设定的频率运行。

第7章 变频器的选择、安装、调试及维护

7.1 变频器的选择

7.1.1 变频器的标准规格

变频器的选择包括型号选择与容量选择两方面。变频器的生产厂家很多，每个生产厂家都有标准规格和技术规范，供大家在选择变频器时进行参考，究竟选用什么品牌、规格的变频器应根据用户的具体要求、性能、价格及售后服务等因素决定。

7.1.2 变频器参数的选择

1. 变频器的功率

从效率角度出发，在选择变频器功率时，要注意以下几点：

1）变频器功率值与电动机功率值相当时最合适，以利于变频器在高效率下运转。

2）在变频器的功率分级与电动机功率分级不相同时，变频器的功率要尽可能接近电动机的功率，但应略大于电动机的功率。

3）当电动机频繁起动、制动或重载起动时，可选取大一级的变频器，以利于变频器长期、安全地运行。

4）经测试，电动机实际功率确实有裕量时，可以考虑选用功率小于电动机功率的变频器，但要注意瞬时峰值电流是否会造成过电流保护动作。

5）当变频器与电动机功率不相同时，则必须相应调整节能程序的设置，以达到较高的节能效果。

2. 变频器的容量

采用变频器驱动异步电动机调速，在异步电动机确定后，通常应根据异步电动机的额定电流来选择变频器容量，或者根据异步电动机在实际运行中的电流值（最大值）来选择变频器容量。

选择变频器容量的基本原则：最大负载电流不能超过变频器的额定输出电流。一般情况下，按照变频器使用说明书中所规定的配用电动机容量进行选择。

选择时应注意，变频器的过载能力允许电流瞬时过载为150%额定电流（每分钟）或120%额定电流（每分钟），这对于设定电动机的起动和制动过程才有意义，而和电动机短时过载200%以上、时间长达几分钟是无法比拟的。凡是在工作过程中可能使电动机短时过载的场合，变频器的容量都应加大一档。

（1）连续运行的场合　由于变频器供给电动机的电流是脉动电流，其脉动值比工频供电时的电流要大，因此需将变频器的容量留有适当的裕量。通常应令变频器的额定输出电流不小于1.05~1.1倍电动机的额定电流（铭牌值）或电动机实际运行中的最大电流。

（2）频繁加、减速运行的场合　频繁加、减速运行时，加速、恒速、减速等各种运行状态下变频器的额定输出电流 I_g 可以根据下式进行选定：

$$I_g=(I_1t_1+I_2t_2+\cdots)\ K_0/(t_1+t_2+\cdots) \tag{7.1}$$

式中，I_1、I_2 等为各运行状态下的平均电流（A）；t_1、t_2 等为各运行状态下的时间（s）；K_0 为安全系数（频繁加、减速运行时 K_0 取 1.1）。

（3）电流变化不规则的场合　在运行中，如电动机电流不规则变化，不易获得运行特性曲线，这时将电动机在输出最大转矩时的电流限制在变频器的额定输出电流范围内进行选定。

（4）电动机直接起动的场合　通常，三相异步电动机直接工频起动时起动电流为其额定电流的5~7倍，直接起动时可按下式选取变频器：

$$I_g \geqslant I_k/K_g \tag{7.2}$$

式中，I_k 为在额定电压、额定频率下电动机起动时的堵转电流（A）；K_g 为变频器的允许过载倍数，$K_g=1.3\sim1.5$。

（5）多台电动机共用一台变频器供电的场合　上述1~4条仍适用，但应考虑以下几点：

1）在电动机总功率相等的情况下，由多台小功率电动机组成的情况，较台数少但电动机功率较大的情况电动机效率低，因此两者电流总值并不等，这种情况可根据各电动机的电流总值来选择变频器。

2）在整定软起动、软停止时，一定要按起动最慢的那台电动机进行整定。

3）如有一部分电动机直接起动，可按下式进行计算：

$$I_g \geqslant [N_2I_k+(N_1-N_2)I_N]/K_g \tag{7.3}$$

式中，N_1 为电动机总台数；N_2 为直接起动的电动机台数；I_k 为电动机直接起动时的堵转电流（A）；I_N 为电动机额定电流（A）；K_g 为变频器允许过载倍数（1.3~1.5）；I_g 为变频器额定输出电流（A）。

（6）容量选择注意事项

1）并联追加投入起动。用1台变频器控制多台电动机并联运转时，如果所有电动机同时起动加速，可如前所述选择容量。但是对于一小部分电动机开始起动后再追加投入其他电动机起动的场合，此时变频器的电压、频率已经上升，追加投入的电动机将产生大的起动电流。因此，变频器容量与同时起动时相比要大些，额定输出电流可按下式计算：

$$I_g \geqslant \sum_0^{N_1} KI_m+\sum_0^{N_2} I_{ms} \tag{7.4}$$

式中，I_g 为变频器额定输出电流（A）；K 为变频器安全系数；N_1 为先起动的电动机台数；N_2 为追加投入起动的电动机台数；I_m 为先起动的电动机额定电流（A）；I_{ms} 为追加投入电动机的起动开始电流（A）。

2）大过载容量。通用变频器过载容量通常多为125%、60s或150%、60s，需要超过此值的过载容量时必须增大变频器的容量。

3）轻载电动机。电动机的实际负载比电动机的额定输出功率小时，多认为可选择与实际负载相称的变频器容量。但是对于通用变频器，即使实际负载小，使用比按电动机额定功率选择的变频器容量小的变频器效果也并不理想。

4）容量不相同。变频器的容量与适配电动机的最大容量不一定相同，这时应详细查阅变频器使用说明手册。这是因为日本的变频器多以适配电动机的最大容量来标注变频器的容量，而其他系列的变频器则不一定，有的标注的是变频器实际消耗的平均功率，有的标注的是视在功率。变频器适配电动机的最大容量应以说明书为准。

3. 输入电压与输出电压

变频器的输出电压按电动机的额定电压选定。在我国低压电动机多数为380V，可选用400V系列变频器。应当注意变频器的工作电压是按 U/f 曲线变化的。变频器规格表中给出的输出电压是变频器的可能最大输出电压，即基频下的输出电压。

变频器的输入电压有200V系列（线电压220V）和400V系列（线电压380V），又分为单相输入和三相输入。在我国，小功率的变频器可以选三相380V输入，也可以选单相220V输入；大功率的变频器一般选三相380V输入；有些进口设备是三相220V输入的变频器，在应用时要特别注意。变频器的输出电压不会超过输入电压，如果选用200V系列的变频器请注意变频器与电动机的匹配。

4. 最高输出频率

不同变频器的最高输出频率不同，有50/60Hz、120Hz、240Hz或更高。50/60Hz的变频器，以在额定速度以下进行调速运行为目的，大容量通用变频器几乎都属于此类。最高输出频率超过工频的变频器多为小容量。在50/60Hz以上区域，由于输出电压不变，为恒功率特性，要注意在高速区转矩的减小。车床等机床根据工件的直径和材料改变速度，在恒功率的范围内使用，在轻载时采用高速可以提高生产率，只是要注意不要超过电动机和负载的容许最高速度。

一般通用变频器的最高输出频率为400~500Hz，实际输出的上限频率应根据实际情况设置，在我国一般为50Hz。

7.1.3 变频器类型的选择

根据控制功能将通用变频器分为三种类型——普通功能型 U/f 控制变频器、具有恒转矩控制功能的高功能型 U/f 控制变频器和矢量控制高性能型变频器。变频器类型的选择，应根据负载的要求来进行。

1. 风机和泵类负载

这类负载在过载能力方面要求较低，低速运行时负载转矩较小，故选型时通常以廉价为主要原则，选择普通功能型 U/f 控制变频器。

2. 恒转矩负载

多数负载具有恒转矩特性，在转速精度及动态性能等方面要求一般不高，例如挤压机、搅拌机、传送带、厂内运输电车、吊车的平移机构、吊车的提升机构和提升机等。选型时可选 U/f 控制方式的变频器，但是最好采用具有恒转矩控制功能的变频器，如果用普通变频器实现恒转矩调速，必须加大电动机和变频器的容量，以提高低速转矩。

3. 被控对象具有较低的动、静态指标要求

这类负载一般要求低速时有较硬的机械特性，才能满足生产工艺对控制系统的动、静态指标要求，如果控制系统采用开环控制，可选用具有无转速反馈矢量控制功能的变频器。

4. 被控对象具有较高的动、静态指标要求

对调速精度和动态性能指标都有较高要求以及要求高精度同步运行等场合，可采用带速度反馈的矢量控制方式的变频器。

对于一般负载，大多采用通用变频器，不需要选择变频器的类型，只需根据负载类型进行设置即可。

7.1.4 异步电动机的选择

当对标准的通用异步电动机进行变频调速时，由于变频器的性能和电动机自身运行工况的改变等原因，在确定电动机的参数时，除按照常规方法选择电动机的型号及参数外，还必须考虑电动机在各个频率段恒速运行时出现的一些新问题。

1. 电动机容量的选择

选择电动机容量的基本原则是：能带动负载，在生产工艺所要求的各个转速点长期运行不过热。在旧设备改造时，要尽可能留用原设备的电动机。

选择电动机容量时，应考虑如下几点：电动机容量、起动转矩必须大于负载所需要的功率和起动转矩；电源电压下降10%~15%的情况下，转矩仍能满足起动或运行中的需要；从电动机温升角度考虑，为了不影响电动机的寿命，温升必须在绝缘所限制的范围以内。

2. 电动机磁极对数的选择

电动机的磁极对数一般由生产工艺决定，不宜随意选择。如果通用变频器具有矢量控制功能，若有条件，最好选用 $2p=4$ 的电动机，因为多数矢量控制通用变频器也是以 $2p=4$ 的电动机作为模型进行设计的。[根据 $n=\frac{60f}{p}(1-s)$，$2p=4$ 时同步转速为 1500r/min。]

3. 电动机工作频率范围的选择

电动机工作频率范围应满足负载对调速范围的要求，由于某些通用变频器低速运行特性不理想，所以最低频率越高越好。

4. 使用变频器传动时电动机出现的新问题

笼型异步电动机由通用变频器传动时，由于高次谐波的影响和电动机运行速度范围的扩大，将出现一些新的问题，与工频电源传动时的差别比较大。因此，在旧设备改造留用原选电动机时，要特别注意如下问题：

(1) 低速时的散热能力问题　标准的通用笼型异步电动机的散热能力是在额定转速且冷却风扇与电动机同轴的条件下考虑冷却风量的。当使用变频器之后，在电动机运行速度低的情况下冷却风量将自动变小，散热能力随之变差。由于电动机的温升与冷却风量成反比，所以在额定速度以下连续运行时，可采用设置恒速冷却风扇的办法，改善低速运行条件下电动机的散热能力。

(2) 额定频率运行时有温升提高问题　由于变频器的三相输出电压波形是 SPWM 波，因此不可避免地在异步电动机的定子电流中含有高次谐波，高次谐波增加了电动机的损耗，使电动机的效率和功率因数都变差。高次谐波损耗基本与负载大小无关。所以，电动机温升将会比变频调速改造前有所提高。通用变频器高次谐波分量越少，电动机的温升也就越小。这也是检验通用变频器性能是否优良的重要标志之一。

(3) 电动机运行时出现噪声增大问题　SPWM 变频器的载波频率与电动机铁心的固有振荡频率发生谐振时会引起电动机铁心振动而发出噪声。

当电动机的噪声过大时，可以改变变频器的载波频率，载波频率的调节范围一般为 2~16kHz，变频器的出厂设置一般为 4kHz。

7.1.5 变频器的外围设备及其选择

变频器的运行离不开某些外围设备。选用外围设备常是为了下述目的：①提高变频器的某种性能；②对变频器和电动机进行保护；③减小变频器对其他设备的影响等。

外围设备通常都是选购配件，分常规配件和专用配件两类。外围设备如图 7.1 所示。

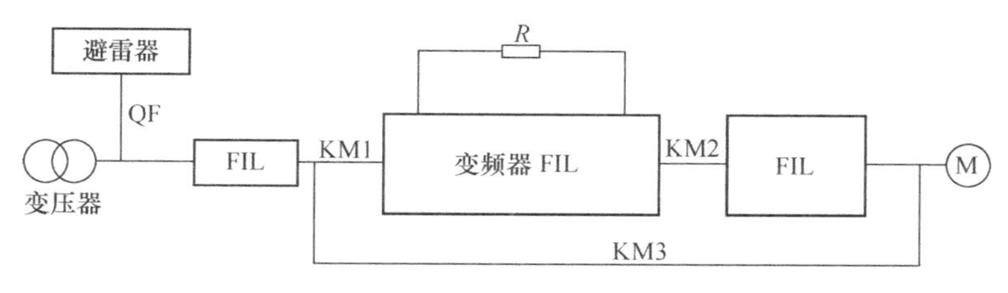

图 7.1　变频器的外围设备

1. 常规配件的选择原则

（1）电源变压器

1）选用目的。如果电网电压不是变频器所需要的电压等级，使用电源变压器可以将高压电源变换到变频器所需的电压等级。

即使电网电压是变频器所需要的电压等级，为了减少变频器对电网的影响，也可以加变压器隔离。隔离变压器的输入电压和输出电压相同。

2）电源变压器的容量确定方法。变频器的输入电流含有一定量的高次谐波，使电源侧的功率因数降低，若再考虑变频器的运行效率，则变压器的容量常按下式考虑：

$$变压器的容量=\frac{变频器的输出功率}{变频器的输入功率因数\times变频器效率}$$

式中，变频器的输入功率因数在有输入交流电抗器时取 0.8~0.85，无输入交流电抗器时则取 0.6~0.8。变频器效率可取 0.95；变频器输出功率应为所接电动机的总功率。

变压器容量的参考值，常按经验取变频器容量的 130%左右。若负载较重，可适当加大变压器的容量。

（2）避雷器　避雷器用来吸收由电源侵入的浪涌电压。可选专用避雷器或用三个压敏电阻代替避雷器。

（3）电源侧断路器 QF

1）选用目的。电源侧断路器用于变频器、电动机与电源回路的通断，并且在出现过电流或短路事故时能自动切断变频器与电源的联系，以防事故扩大。如果需要进行接地保护，也可以采用剩余电流保护装置。

2）选择方法。电源侧断路器的额定电流应大于变频器的额定输入电流。

（4）电源侧电磁接触器 KM1

1）选用目的。电源一端断电后，电源侧电磁接触器自动将变频器与电源脱开，以免在重新供电时变频器自行工作，以保护设备的安全以及人身安全；在变频器内部保护功能起作用时，通过电源侧电磁接触器使变频器与电源脱开。

2）选择方法。电源侧电磁接触器主触点的额定电流应大于变频器的额定输入电流。

（5）电动机侧电磁接触器 KM2 和工频电网切换用接触器 KM3　变频器和工频电网之间的切换运行是互锁的，这可以防止变频器的输出端接到工频电网上。一旦出现变频器输出端误接到工频电网的情况，将损坏变频器。对于具有内置工频电源切换功能的通用变频器，应选择变频器生产厂家提供或推荐的接触器型号；对于变频器用户自己设计的工频电源切换电路，应遵循接触器常规选择原则。

（6）热继电器　变频器都具有内部电子热敏保护功能，不需要热继电器保护电动机，但遇到下列情况时，应使用热继电器：10Hz 以下或 60Hz 以上连续运行；一台变频器驱动多台电动机；需要变频和工频之间的切换。

热继电器热元件的额定电流应大于被保护电动机的额定电流，整定为被保护电动机的额定电流。

（7）导线的选取　在变频器的功率不是很大时，导线可按经验值 $5A/mm^2$ 估算，导线较细时可稍大于 $5A/mm^2$，导线较粗时应小于 $5A/mm^2$，并且导线越粗，单位面积的载流量越小。主电路最细选用 $2.5mm^2$ 的导线。控制回路一般选用 $1mm^2$ 的导线。控制线较多时，变频器或 PLC 的出线孔可能装不下，可使用 $0.75mm^2$ 或 $0.5mm^2$ 的导线。导线标称截面积有 $0.5mm^2$、$0.75mm^2$、$1mm^2$、$1.5mm^2$、$2.5mm^2$、$4mm^2$、$6mm^2$、$10mm^2$、$16mm^2$、$25mm^2$、$35mm^2$ 及 $50mm^2$ 等规格。

2. 专用配件的选择

（1）无线电噪声滤波器 FIL　无线电噪声滤波器 FIL 用于限制变频器因高次谐波对外界的干扰，可酌情选用，输入侧、输出侧都可用。

（2）交流电抗器 LA 和直流电抗器 LD　交流电抗器 LA 用于抑制变频器输入侧的谐波电流，改善功率因数。选用与否视电源变压器与变频器容量的匹配情况及电网电压允许的畸变程度而定。一般情况以采用为好。

直流电抗器 LD 用于改善变频器输出电流的波形，减少电动机的噪声。

3. 制动电阻

制动电阻用于吸收电动机再生制动的再生电能，可以缩短大惯量负载的自由停车时间，还可以在位能负载下放时，实现再生运行。

变频器内部配有制动电阻，但当内部制动电阻不能满足工艺要求时，可选用外部制动电阻。

制动电阻阻值及功率计算比较复杂。一般用户可以根据经验并参照表 7.1 的最小制动电阻选取，也可以由试验来确定，一般选 200W 管型电阻（可调）或磁盘电阻。

表 7.1　最小制动电阻

电动机功率/kW	0.4	0.75	2.2	3.7	5.5	7.5	11	15	18.5~45
最小制动电阻/Ω	96	96	64	32	32	32	20	20	12.8

7.1.6 变频器的干扰与抑制

变频器的输入侧为整流电路，它具有非线性性质，使输入电源的电压波形和电流波形发生畸变。配电网络中常接有功率因数补偿电容器及晶闸管整流装置等，当变频器接入网络中，在晶闸管换相时，将造成变频器输入电压波形畸变。当电容器投入运行时，亦造成电源电压畸变。另外配电网络三相电压不平衡也会使变频器的输入电压和电流波形发生畸变。

变频器输出电压波形为SPWM波，调制频率一般为2~16kHz，内部的功率器件工作在开关状态，必然产生干扰信号向外辐射或通过线路向外传播，影响其他电子设备的正常工作。

1. 对变频器的干扰

（1）输入电流波形的畸变　交-直-交电压型变频器接入配电网络后，三相电压会通过三相全波整流电路整流后向电解电容 C 充电，其充电电流的波形取决于整流电压和电容电压之差。充电电流使三相交流电流波形在原来基波分量的基础上叠加了高次谐波，使输入电流波形发生了畸变。

（2）配电网络三相电压不平衡时变频器输入电流波形的畸变　当配电网络电源电压不平衡时，变频器输入电压、电流波形都将发生畸变。

（3）配电网络同时接有功率因数补偿电容器及晶闸管整流装置时变频器输入电流波形的畸变　由于配电网络中常接有功率因数补偿电容器及晶闸管整流装置等，当变频器接入网络中，在晶闸管换相时，将造成变频器输入电压波形畸变，如图7.2a所示。当电容器投入运行时亦会造成电源电压畸变，如图7.2b所示。

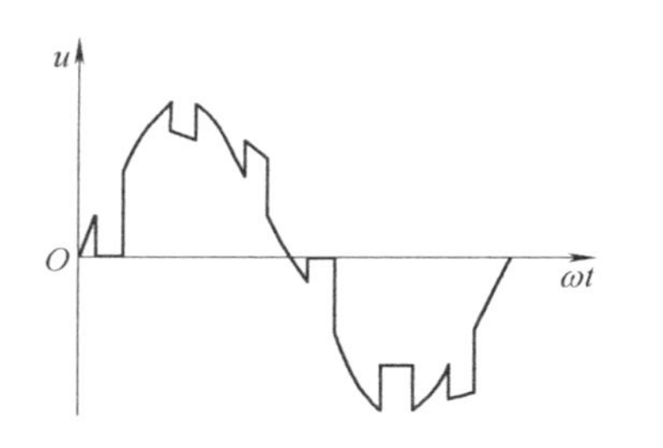

a) 晶闸管换相导致的电压凹陷

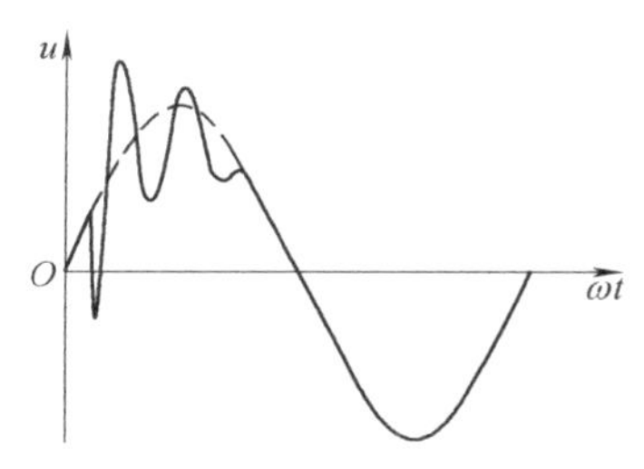

b) 电容器投入运行时的异常电压

图7.2　配电网络接有功率因数补偿电容器及晶闸管整流装置

2. 变频器的干扰

变频器的输出电压波形为SPWM波，由于变频器中产生SPWM波的逆变部分是通过高速半导体开关来产生控制信号，这种具有陡变沿的脉冲信号会产生很强的电磁干扰，尤其是输出电流，形成对其他设备的干扰信号。因此，变频器的生产厂家为变频器用户制造了一些专用设备，用来抑制变频器产生的电磁干扰，以达到质量检测标准并确保设备安全运行。

变频器对外产生干扰的方式有：

1）通过电磁波的方式向空中辐射。

2）通过线间电感向周围线路产生电磁感应。

3）通过线间电容向周围线路及器件产生静电感应。

4）通过电源网络向电网传播。

当变频调速系统的容量足够大时，所产生的高频信号将足以对周围各种电子设备的工作形成干扰，其主要后果是影响无线电设备的正常接收，影响周围机器设备的正常工作。此外，变频器输出的具有陡变沿的驱动脉冲包含多次高频谐波，而变频器与电动机之间的连接电缆存在杂散电容和电感，并受某次谐波的激励而产生衰减振荡，造成传送到电动机输入端的驱动电压产生过冲现象。同时电动机绕组也存在杂散电容，过冲电压在绕组中产生尖峰电流，使其在绕组绝缘层不均匀处引起过热，甚至烧坏绝缘层而导致损坏，并且会增加电源的功率损耗。如果逆变器的开关频率位于听觉范围内，还会产生噪声污染。

3. 抑制变频器干扰的措施

（1）配电变压器容量非常大的情况　当变频器使用的配电变压器容量大于500kVA，或配电变压器容量大于变频器容量10倍以上时，要在变频器输入侧加装交流电抗器LA，如图7.3所示。

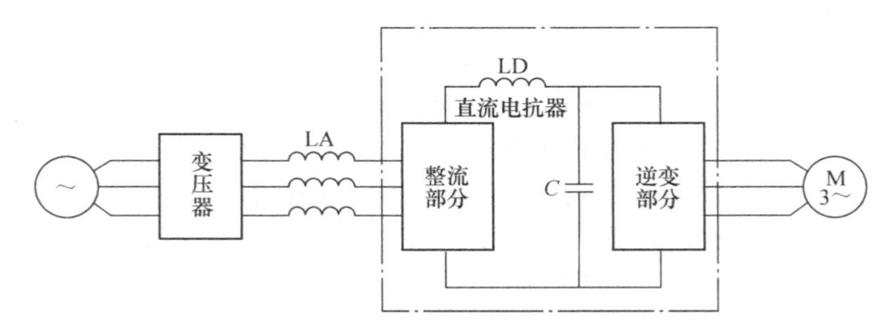

图7.3　交流电抗器的接法

（2）电源三相电压不平衡的情况　当配电变压器输出电压三相不平衡，且其不平衡率大于3%时，变频器输入电流的峰值就会很大，这会造成连接变频器的导线过热，或者导致变频器过电压或过电流，或者损坏二极管及电解电容。此时，需要加装交流电抗器。特别是变压器是星形联结时更为严重，除在变频器交流侧加装电抗器外，还需在直流侧加装直流电抗器（接法见图7.3）。

（3）配电变压器接有功率因数补偿电容器的情况　当配电网络有功率因数补偿电容器或晶闸管整流装置时，变频器输入电流峰值变大，加重了变频器中整流二极管的负担。若在变频器交流侧连接交流电抗器，则其等效电路如图7.4所示。

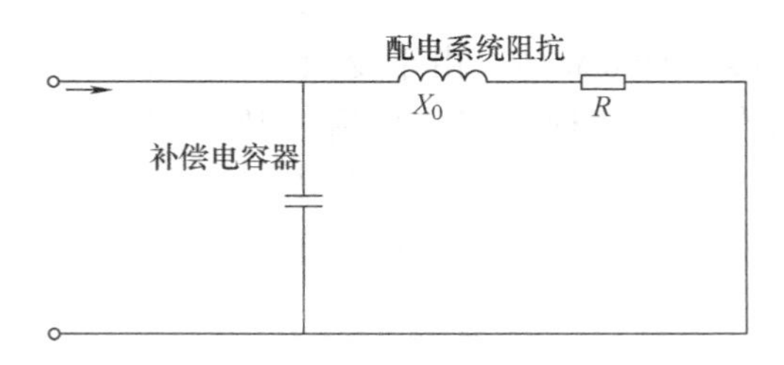

图7.4　配电系统接有功率因数补偿电容器的等效电路

变频器产生的谐波电流输出给补偿电容器及配电系统，当配电系统的电感与补偿电容器发生谐振呈现最小阻抗时，补偿电容器和配电系统将呈现最大电流，使变频器及补偿电容器都受到损伤。为了防止谐振现象发生，在补偿电容器前串接一个电抗器，则对5次以上的高次谐波来说，电路呈现感性，可避免谐振现象的产生。

（4）对变频器输出侧干扰的抑制　变频器的输出侧也会存在波形畸变，即存在高次谐波，且高次谐波的功率较大，这样变频器就成为一个强有力的干扰源，其干扰途径与一般电磁干扰是一致的，分为辐射、传导、电磁耦合及二次辐射等，如图 7.5 所示。从图中可以看出，变频器产生的谐波产生辐射干扰，对周围的电子接收设备产生干扰；产生传导干扰，使直接驱动的电动机产生电磁噪声，增加铁损和铜损，使温度升高；谐波干扰对电源输入端所连接的电子敏感设备产生影响，造成误动作；在传导的过程中，与变频器输出线平行敷设的导线产生电磁耦合，形成感应干扰。

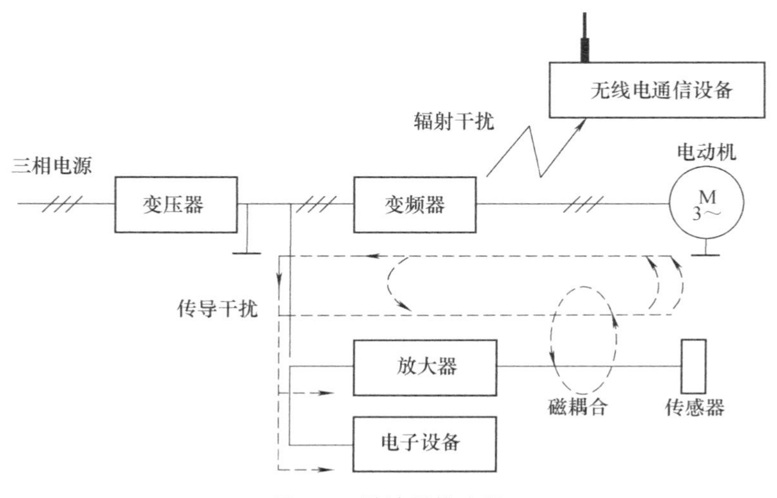

图 7.5　谐波干扰途径

为防止干扰，除变频器制造商在变频器内部采取一些抗干扰措施外，还应在安装接线方面采取以下对策：

1）变频系统的供电电源与其他设备的供电电源尽量相互独立，或在变频器和其他用电设备的输入侧安装隔离变压器，切断谐波电流。

2）为了减少对电源的干扰，可以在输入侧安装交流电抗器和输入滤波器（要求高时）或零序电抗器（要求低时）。输入滤波器必须由 *LC* 电路组成。零序电抗器的连接因变频器的容量不同而异，小容量时每相导线按相同方向绕 4 圈以上；容量变大时，若导线太粗不好绕，则将四个电抗器固定在一起，三相导线按同方向穿过内孔即可，如图 7.6 所示。

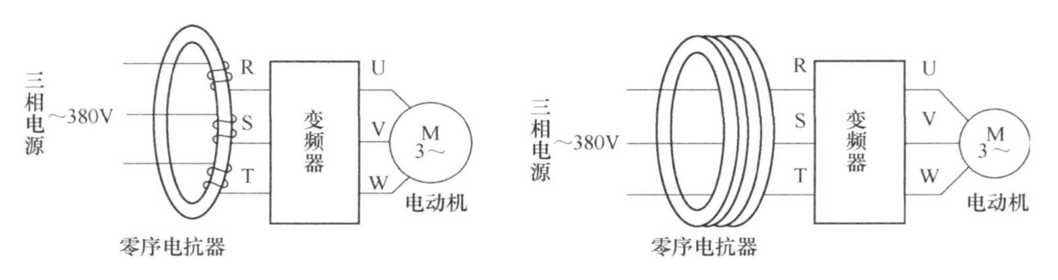

a) 用于 3.7～22kW（三相线同一方向绕 4 匝）　b) 用于 30～280kW（4 个磁环重叠在一起，三相线直接穿过）

图 7.6　输入端接零序电抗器防止干扰

3）为了减少电磁噪声，可以在输出侧安装输出电抗器，也可以单独配置或同时配置输出滤波器。注意输出滤波器虽然也是由 *LC* 电路构成，但与输入滤波器不同，不能混用。如果将其接错，则有可能造成变频器或滤波器的损伤。

4）变频器本身用铁壳屏蔽为好，电动机与变频器之间的电缆应穿钢管敷设或用铠装电缆，电缆尺寸应保证在输出侧为最大电流时电压降为额定电压的2%以下。

5）弱电控制线距离主电路配线至少100mm以上，绝对不能与主电路放在同一行线槽内，以避免辐射干扰，相交时要成直角。

6）控制电路的配线，特别是长距离的控制电路的配线，应该采用双绞线，双绞线的绞合间距应在15mm以下。

7）为防止各路信号的相互干扰，信号线以分别绞合为宜。

8）如果操作指令来自远方，需要的控制线路配线较长时，可采用中间继电器控制。

9）接地线除了可防止触电外，对防止噪声干扰也很有效，所以务必可靠接地。接地必须使用专用接地端子，并且用粗短线接地，不能与其他接地端共用接地端子，如图7.7所示。

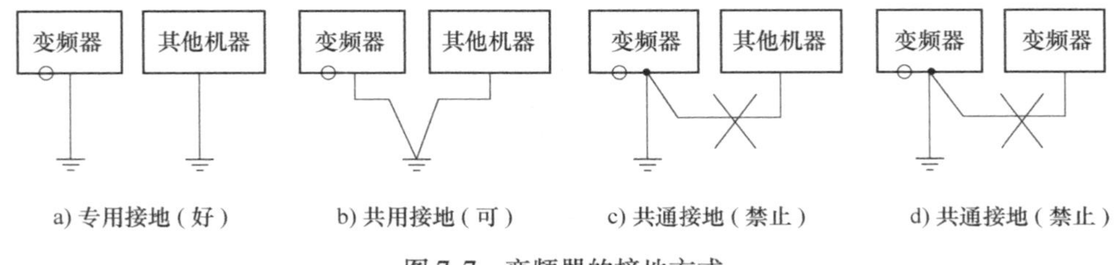

图7.7　变频器的接地方式

10）模拟信号的控制线必须使用屏蔽线，屏蔽线的屏蔽层一端接在变频器的公共端子（如COM）上，另一端必须悬空。

为了防止电击和火警事故，电气设备的金属外壳和框架均应按有关标准要求接地。变频器接地线要粗而短，采用专用接地极，禁止与其他机器或变频器共用接地线。

7.2 变频器的安装

7.2.1 变频器对安装环境的要求

通用变频器作为电力电子设备与数字控制装置，对其使用环境有一定要求。变频器所在的环境温度越高，腐蚀性气体浓度越大，其寿命就越短。同时，在安装时要求有良好的通风条件，环境中不能有过多的腐蚀性气体和灰尘。在高海拔地区使用变频器时，变频器中的滤波电容器的内外压力不平衡，可能导致平波电容器爆裂；在不加装特殊装置的情况下，一些元件也会误动作。在变频器的外购件装置选用上要作相应的考虑。变频器对周围环境温度也有要求。

（1）上限温度　单元型变频器装入控制柜使用时，需考虑上限温度。考虑到柜内预测温升为10℃，则上限温度多定为50℃。全封闭结构、上限温度为40℃的壁挂型变频器装入控制柜使用时，为了减小温升，可以装设厂家选用件通风板或者取掉单元外罩等。

（2）下限温度　在不发生冻结的前提条件下，通常要考虑下限温度。周围温度的下限值多为 0℃ 或 -10℃。

各变频器说明书对运行时空气湿度的要求都是相对湿度不超过 95%RH，也即保证不凝露，这个条件一般很容易达到。防潮思路是保持柜内温度不要低于周围环境温度，可以加装红外线空间加热器，一个 800mm×600mm×2200mm 的柜体加热功率达到几百瓦即可。在系统运行期间空间加热器应该关闭，系统停止运行一段时间（如 1h）后接通，可以制定操作规程由人工手动控制，也可以利用系统的控制设备来进行逻辑控制。

达不到安装环境要求时，变频器应降格使用。例如，海拔为 1000～1500m 时，额定电流应为正常额定电流的 97%；海拔为 1500～2000m 时，额定电流应为正常电流的 95%；海拔为 2000～2500m 时，额定电流应为正常电流的 91%；海拔为 2500～3000m 时，额定电流应为正常电流的 88%。这和一般低压电器的要求差不多。

制动电阻需要散热，因此应该安装在通风良好的地方。制动电阻的安装如图 7.8 所示。制动电阻上带有数百伏电压，要采取措施防止人员发生触电危险，电阻器的表面温度可能上升到约 300℃。而且当安装两个以上电阻时，应注意安装表面的材料及电阻的安放位置。

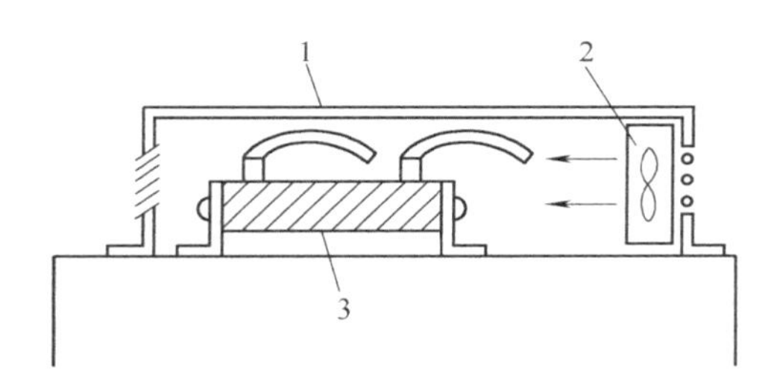

图 7.8　制动电阻的安装

1—具有散热功能的盖子，防止发生火灾等危险　2—冷却风扇　3—放电电阻器

7.2.2 变频器安装注意事项

1）变频器应垂直安装，在正前方能看到变频器正面的文字位置，不可斜装、倒装或水平安装。应使用螺栓安装在坚固的物体上。

2）变频器运行中会发热，为确保冷却空气的通路，安装方向和周围的空间应如图 7.9 所示，设计时要留有一定的空间。由于热量向上散发，所以不要安装在不耐热设备的下方。

3）变频器运行中散热片的温度可能达到 90℃，变频器背面的安装面板必须是能承受较高温度的材料。

4）将多台变频器安装在同一控制箱内时，为减少相互之间的热影响，应横向并列安放。当变频器的数量较多，必须上下安放时，应设置隔板以减少下部产生的热量对上部的影响，或者加大上下变频器的安放间隔，并加强控制箱的排风设施。

5）变频器安装在控制箱内，要考虑通风散热，以保证变频器的周围温度不超过规范值。不能将变频器安装在通风不良的下密封箱内。

6）控制信号电缆与主电路电缆连线分离，且不可弯曲；空气过滤网要定期清扫检查以防止阻塞。

7）对于30kW以上的变频器建议用外部冷却的方式安装，使散热片装在柜外，这样70%的热量散发在柜外。其安装方法在变频器的使用说明手册中有详细介绍。

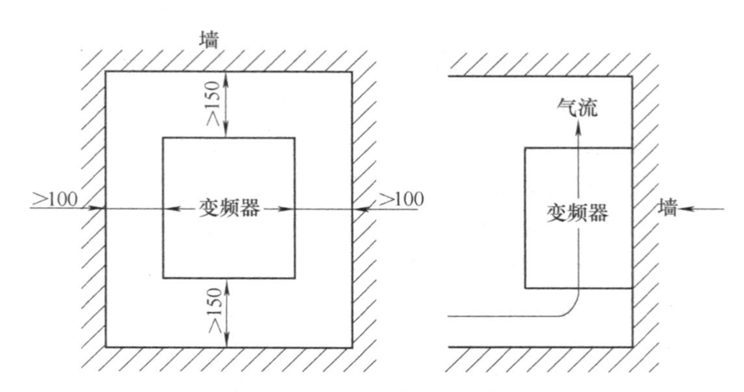

图7.9　安装方向和周围的空间

7.2.3 变频器的接线方法

卸下变频器的表面盖板，露出接线端子。端子分为两种，体积大的是主电路端子，体积小的是控制电路端子。为便于读者接线，现以富士变频器为例，将各端子的功能列入表7.2和表7.3，端子配置如图7.10所示。

表7.2　富士变频器主电路端子和接地端子功能

端子标记	端子名称	功能说明
L1/R，L2/S，L3/T	主电路电源输入	连接三相电源，无相序之分
U，V，W	变频器输出	连接三相电动机，任意改变两相可改变电动机的转向
RO，TO	控制电源辅助输入	连接控制电路备用电源输入（小于0.75kW没有）
PI，P（+）	直流电抗器连接用	连接功率因数改善用直流电抗器
P（+），DB	外部制动电阻连接用	连接外部制动电阻
P（+），N（-）	主电路中间直流电路	中间直流电路电压输出，可连接外部制动单元和电源再生单元
G	变频器接地	变频器箱体的接地端子，应良好接地

表7.3　富士变频器控制电路端子功能

分类	端子标记	端子名称	功　能　说　明
模拟量输入	I3	电位器用电源	频率设定电位器（1~5kΩ）用电源（DC10V）
	I2	设定电压输入	①按外部模拟输入电压命令值设定频率：DC0~10V/0~100% 按正负极性信号控制可逆运行：DC0~±10V/0~100% 反动作运行：DC10~0V/0~100% ②输入PID控制的反馈信号 ③按外部模拟输入电压命令值转矩控制 ※输入阻抗：22kΩ

（续）

分类	端子标记	端子名称	功能说明
模拟量输入	C1	电流输入	①按外部模拟输入电流命令值设定频率：DC4~20mA/0~100% 反动作运行：DC20~4mA/0~100% ②输入 PID 控制的反馈信号 ※输入阻抗：250Ω
	I1	模拟量输入信号公共端	模拟量输入信号的公共端子
触点输入	FWD	正转运行/停止命令	端子 FWD—CM 间：闭合（ON），正转运行；断开（OFF），减速停止
	REV	反转运行/停止命令	端子 REV—CM 间：闭合（ON），反转运行；断开（OFF），减速停止
	X1	选择输入 1	按照规定，端子 X1~X9 的功能可选择为电动机自由旋转、外部报警、复位报警及多步频率选择等命令信号。详见变频器的说明书
	X2	选择输入 2	
	X3	选择输入 3	
	X4	选择输入 4	
	X5	选择输入 5	
	X6	选择输入 6	
	X7	选择输入 7	
	X8	选择输入 8	
	X9	选择输入 9	
	PLC	PLC 信号电源	连接 PLC 的输出信号电源：额定电压 DC24V（22~27V）
	CM	触点输入公共端	触点输入信号的公共端子
模拟量输出	FMA（I1：公共端子）	模拟监视	输出模拟电压为 DC0~10V 的监视信号。可选择以下信号之一作为其监视内容： 输出频率值（转差补偿前）、负载率、PID 反馈量、PG 反馈量、输出频率值（转差补偿后）、输入功率、输出电流、输出电压、直流中间电路电压、输出转矩 ※允许连接负载阻抗：最小 5kΩ
脉冲输出	FMP（CM：公共端子）	频率值监视（脉冲变形输出）	以脉冲电压作为输出监视信号。监视信号内容和 FMA 相同 ※允许连接负载阻抗：最小 10kΩ
晶体管输出	Y1	晶体管输出 1	变频器以晶体管集电极开路输出方式输出各种监视信号，如正在运行、频率到达、过载预报等信号，共有四种晶体管输出信号，详见变频器的说明书
	Y2	晶体管输出 2	
	Y3	晶体管输出 3	
	Y4	晶体管输出 4	
	CME	晶体管输出公共端	晶体管输出信号的公共端子。端子 CME 和 I1 在变频器内部相互绝缘
触点输出	30A 30B 30C	总报警输出继电器	变频器报警（保护功能）动作，运行停止时，由此总报警继电器触点（1SPDT）输出报警信号。触点容量：AC250V/0.3A（$\cos\varphi=0.3$），对应低电压指令时为 DC48V/0.5A。可切换选择异常时激励动作或正常时激励动作
	Y5A Y5C	可选信号输出继电器	可选择和 Y1~Y4 端子类似的选择信号作为其输出信号。触点容量和报警继电器相同

（续）

分类	端子标记	端子名称	功　能　说　明
通信	DX+DX-	RS-485 通信输入/输出	RS-485 通信的输入/输出信号端子。采用菊花链方式可最多连接 31 台变频器
	SD	通信电缆屏蔽层连接	连接通信电缆的屏蔽层。此端子在电气上浮置

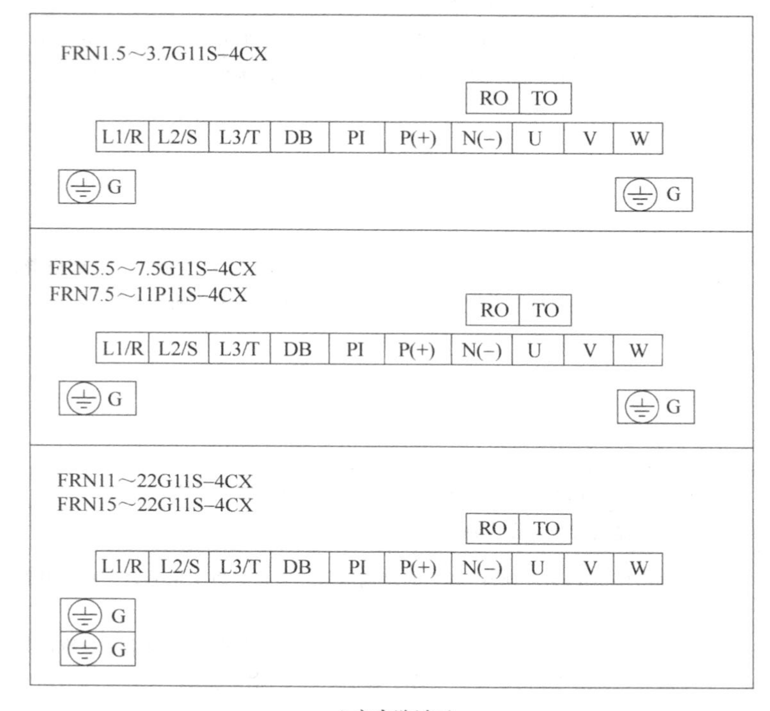

a) 主电路端子

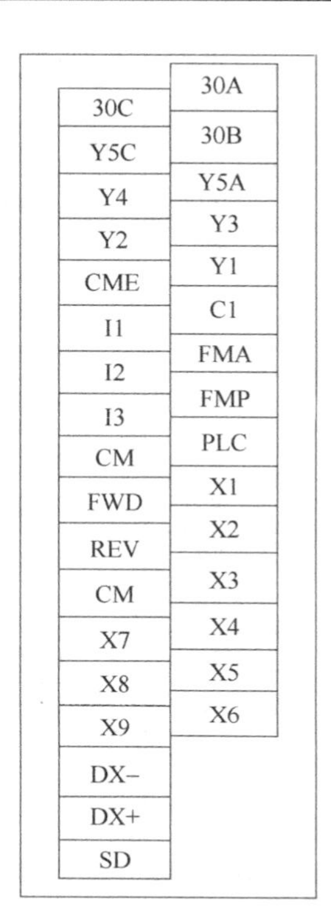

b) 控制电路端子

图 7.10　富士变频器端子配置

1. 主电路端子

（1）主电路电源输入端子（L1/R、L2/S、L3/T）　主电路电源输入端子 L1/R、L2/S、L3/T 通过线路保护用断路器或带漏电保护的断路器连接至三相交流电源。不需考虑连接相序。

为了使变频器保护功能动作时能切除电源和防止故障扩大，建议在电源电路中连接一个交流接触器，以保证安全。

不要采用主电路电源 ON/OFF 方法控制变频器的运行和停止。应使用控制电路端子 FWD、REV 或者键盘面板上的 FWD、REV 和 STOP 键控制变频器的运行和停止。对于多台变频器同步运行场合，只能使用控制电路端子 FWD、REV。

（2）变频器输出端子（U、V、W）　变频器输出端子按正确相序连接至三相电动机。如电动机旋转方向不对，则交换 U、V、W 中任意两相的接线即可。

变频器输出侧不能连接电容和浪涌吸收器。

变频器和电动机之间配线很长时，由于线间分布电容产生较大的高频电流，可能造成变频器过电流跳闸。另外，漏电流增加，电流值指示精度变差。因此，对不大于 3.7kW 的变频器，至电动机的配线长度应小于50m，更大容量时也应小于100m。如配线很长，则要连接输出侧滤波器。

(3) 控制电源辅助输入端子（RO、TO）　即使此端子不连接电源，变频器仍正常工作。保护功能动作时，如使变频器电源侧的交流接触器断开（OFF），则变频器控制电路将失电，总报警输出继电器端子（30A、30B、30C）不能保持，键盘面板显示消失。为防止这种情况，将和主电路电源相同的电压输入至此控制电源辅助输入端子（RO、TO）。

当连接有无线干扰滤波器时，控制电源辅助输入端子（RO、TO）应连接在滤波器输出侧。如连接在滤波器前，则滤波器的抗干扰效果将变差。

(4) 直流电抗器连接端子（PI、P(+)）　这两个端子是功率因数改善用直流电抗器的连接端子。变频器出厂时，其上连接有短路导体。当需要连接直流电抗器时，需去掉此短路导体，接直流电抗器。

(5) 外部制动电阻连接端子（P(+)、DB）　小容量的变频器内部装有制动电阻，连接于P(+)、DB端子上。如内装的制动电阻热容量不足（高频率运行和重载运行等）或为了提高制动转矩等，则有必要外接制动电阻。先从P(+)、DB端子上卸下内装制动电阻的连接线，并将其线端包好绝缘。再将外部的制动电阻连接于变频器的P(+)、DB端子上。配线长度应小于5m，用双绞线或双线并行配线。

(6) 主电路中间直流电路端子（P(+)、N(-)）　富士变频器FRN75G11S-4CX内部没有制动电阻器的驱动电路。有时，为了提高制动能力，必须使用外部制动单元和制动电阻。制动单元端子P(+)、N(-)对应连接变频器端子P(+)、N(-)。配线长度应小于5m，用双绞线或双线并行配线。

变频器端子P(+)、N(-)不使用时，应保持其原来开路状态。若短接P(+)、N(-)或直接连接制动电阻于其上，则将损坏变频器。

(7) 变频器接地端子（G）　为了安全检查和减少噪声，变频器的接地端子必须良好接地。为了防止电击和火警事故，电气设备的金属外壳和框架均应按照相关标准接地。

2. 控制电路端子

(1) 模拟量输入端子（I3、I2、C1、I1）　这些端子连接微弱的频率设定模拟信号，特别容易受外部干扰影响，所以配线尽可能短（小于20m），并用屏蔽线。

(2) 触点输入端子（FWD、REV、X1~X9、PLC、CM）　触点信号输入端子（FWD、REV、X1~X9等）和CM端子间一般是闭合/断开（ON/OFF）动作，尽量使用双绞线。

变频器出厂时有些端子用短路片短接，应根据控制方式、外部设备等因素，参照系统设计图和变频器使用说明书，决定是否去掉短路片，不能盲目进行。

(3) 连接导线　控制电路端子上的连接导线建议采用0.75mm^{2}或0.5mm^{2}的屏蔽线或绞合在一起的BVR线。如使用1mm^{2}以上规格的导线，在布线较多或布线不恰当时，前盖将盖不上，或者造成接触不良。

7.3 变频器的调试及维护

变频调速技术是集自动控制、微电子、电学等于一体的技术，它以很好的调速性能和节能性能，逐步在许多行业中应用。变频器的功能越来越强大，可靠性也相应提高，但如果使用不当、操作有误、维护不及时，仍会发生故障或导致运行状况改变，从而缩短设备的使用寿命，因此，变频器的调试和维护工作显得尤为重要。

7.3.1 变频器调试前的注意事项

1. 熟悉并掌握面板操作键

变频器都有操作面板，即使品牌不同，其功能也大同小异。变频器操作面板通常由四位数码管监视器、发光二极管指示灯和操作按键组成，在开始调试前，现场人员首先要结合使用说明手册，熟悉并掌握变频器操作面板各功能键的功能。

2. 通电前的检查

在变频器调试前，首先要认真阅读使用说明手册，特别要看是否增加了新的内容以及注意事项，然后对照使用说明手册，检查其输入端和输出端是否符合使用说明手册要求，接线是否正确和紧固，屏蔽线的屏蔽部分是否按照使用说明手册的规定正确连接。

3. 通电时的检查

在断开电动机负载的情况下对变频器通电，主要检查以下方面：

（1）观察显示情况　各种变频器在通电后，显示屏的显示内容都有一定的变化规律，应对照使用说明手册，观察其通电后的显示过程是否正常。

（2）观察风机　变频器内部都有风机，用以排出内部的热空气，可用手在风的出口处试探风机风量，并注意听风机的声音是否正常。

（3）测量进线电压　测量三相进线电压是否正常，若不正常应查出原因，确保供电电源正确。

（4）进行功能预置　根据生产机械的具体要求，对照使用说明手册，进行变频器内部各功能的设置。

（5）观察显示内容　变频器显示的内容可以切换显示，通过操作面板上的操作按键进行显示内容切换，观察显示的输出频率、电压、电流、负载率等是否正常。

7.3.2 变频器的调试

调试前，检查变频器的型号是否有误，随机附件是否齐全，端子之间、外露导电部分是否有短路、接地现象，接地是否可靠。确认所有开关都处于断开状态，保证通电后变频器不会异常起动或发生其他异常动作。特别需要检查是否有下述接线错误：①变频器输出端子（U、V、W）误接电源线。②外部制动电阻连接端子误接制动电阻以外的导线。③屏蔽线的屏蔽部分未按使用说明手册的规定正确连接。完成上述检查后，再进行下列所述各项调试。

变频器系统调试的方法步骤与一般的电气设备调试基本相同，应遵循“先空载、再轻载、后重载、最后调参数”的规律。

1. 变频器带电动机空载运行

将变频器的输出端与电动机相连接，电动机不带负载。首先根据变频器的工作电流，设置电动机的功率，然后设定变频器的最大输出频率、基频和转矩特性。先将频率设置于零位，合上电源后微微提升工作频率，观察电动机的起转情况及旋转方向是否正确。如方向相反，则予以纠正。使频率上升至额定频率，让电动机运行一段时间。如一切正常，再选若干个常用的工作频率，也使电动机运行一段时间。

将给定频率信号突降至0（或按停止按钮），观察电动机的制动情况。

主要测试以下项目：

（1）测试电动机的运转　对照使用说明手册，在操作面板上进行一些简单的操作，如起动、升速、降速、停止、点动等，观察电动机的旋转方向是否与所要求的一致。如果不一致，则加以改正。再观察控制电路工作是否正常，通过逐渐升高运行频率，观察电动机在运行过程中是否运转灵活，有无杂音，运转时有无振动现象，是否平稳等。

（2）电动机参数的自动检测　对需要应用矢量控制功能的变频器，应按照使用说明手册的指导，在电动机空转状态下测定电动机的参数，有的新型系列变频器也可在静止状态下进行自动检测。

2. 带负载调试

变频调速系统的带负载调试就是将电动机与负载连接起来进行试车，主要测试以下内容：

（1）低速运行调试　低速运行是指在该生产机械所要求的最低转速下运行。电动机应在该转速下运行1~2h（视电动机的容量而定，容量大者时间应长一些），以测试生产机械运转是否正常，电动机在满负荷运行时温升是否超过额定值。

（2）全速起动调试　将给定频率设定为最大值，按“起动按钮”，使电动机的转速从0一直上升到生产机械所要求的最大转速，然后测试以下内容：

1）起动是否顺利，电动机的转速是否一开始就随频率的上升而上升。如果在频率很低时，电动机不能很快旋转起来，说明起动困难，应适当增大U/f，或提高起动频率。

2）起动电流是否过大。将显示内容切换至电流显示，观察起动过程中的电流变化。如因电流过大而跳闸，则应适当延长升速时间；如机械对起动时间并无要求，最好将起动电流限制在电动机的额定电流以内。

3）观察整个起动过程是否平稳，是否在某一频率时有较大振动。如果有较大的振动，应将运行频率固定在发生振动的频率下，以确定是否发生机械谐振及是否有预置回避频率的必要。

4）停机状态下是否旋转。应注意观察在停机状态下，风机的风叶是否因自然风而反转。如有反转现象，应预置起动前的直流制动功能。

（3）全速停机试验　在停机试验过程中，应注意观察以下内容：①直流电压是否过高。把显示内容切换至直流电压显示，观察在整个降速过程中直流电压的变化情形。如因电压过高而跳闸，应适当延长降速时间。如降速时间不宜延长，应考虑加入直流制动功能，或接入制动电阻和制动单元。②拖动系统能否停住。当频率降至0Hz时，观察机械是否有蠕动现象，并了解该机械是否允许蠕动。如需要制止蠕动时，则应考虑预置直流制动功能。

（4）高速运行试验　把频率升高到与生产机械所要求的最高转速相对应的值，运行1~2h，观察电动机的带负载能力。当电动机带负载高速运行时，注意观察当变频器的工作频率超过额定频率时，电动机能否带动该转速下的额定负载。同时，观察生产机械运转是否平稳，生产机械在高速运行时是否有振动。

3. 变频器参数的调试

变频器调试不当会严重影响其性能，甚至不能正常工作。各参数的设定具有一定的经验性，不同变频器的参数代码、设置方式各不相同，但其功能设置大致相同。

（1）设定禁止频率　为了防止设备发生共振，禁止频率的设定要参考机械设备的固有频率。

（2）设定运行频率　指给定方式的选择，如面板给定、外部电压或电流给定及通信方式给定等。

（3）输出频率的限制　变频器只有在频率低于 50Hz 的条件下工作时，才能体现出节能效果。如果频率在 50Hz 以上，则只能调速而不能节能。因此应对输出频率进行限制。

（4）设定加速/减速时间　加速时间是输出频率由 0%到 100%所需的时间，减速时间是输出频率由 100%到 0%所需的时间。该参数应根据负载性质进行设置，减速时间应和变频器的停止方式相结合。

（5）设定 U/f 曲线　U/f 曲线应依据电动机电压、频率特性、最高特性、转速及负载特性进行选择。如果变频器离电动机超过 150m，则电动机起动时压降会过大。若变频器输出侧装有交流电抗器，应提高 U/f 曲线的起动转矩。

（6）电动机保护功能　在实际工作中，应将电动机的额定电流作为电动机过载的基准值。但需要注意的是：当 1 台变频器控制多台电动机时，此功能设置无效。

（7）故障自动复位次数及复位时间　这项设置的重要性在于：在实际运行中，难免会出现一些偶然发生的故障，但该设置使变频器能自动克服故障，从而保证变频器平稳工作，而无需找故障点。

7.3.3 变频器的维护

变频器使用环境的变化，如温度、湿度、烟雾等，以及变频器内部元器件老化等因素，可能会导致变频器发生各种故障。变频器内部电子电路中，有很多高/低电压的大容量电解电容器，长期使用会出现老化现象，维护时应特别注意。为了降低故障发生率，延长变频器使用寿命，在存贮、使用过程中必须对变频器进行维护检查。

1. 维护注意事项

1）只有受过专业训练的人才能拆卸变频器，并进行维修和器件更换。

2）维修变频器后不要将金属等导电物遗漏在变频器内，否则有可能造成变频器损坏。

3）进行维修检查前，为防止触电危险，需要首先确认以下几项：

①变频器已切断电源。

②主控制板充电指示灯熄灭。

③用万用表等确认直流母线间的电压已降到安全电压（DC 36V 以下）。

④对长期不使用的变频器，通电时应使用调压器慢慢升高变频器的输入电压直至额定电压，否则有触电和爆炸危险。

2. 日常检查与维护

日常检查与维护是保证变频器正常运行、及时发现隐患的重要手段，要严格按照使用说明手册规定的使用方法安装和操作变频器。日常检查与维护的主要内容包括：

1）检查安装地点、环境是否异常。

2）检查冷却风扇部分是否运转正常，有无异常声音。

3）检查风机是否正常吹风。

4）检查变频器、电动机、变压器及电抗器等是否过热有异味。

5）检查电动机声音是否正常。

6）检查变频器主电路和控制电路的电压是否正常。

7）检查滤波电容是否漏液、开裂，是否出现异味、有安全阀脱出现象。

8）检查操作面板显示部分是否正常，仪表指示是否正确，是否有振动或振荡等现象。

9）检查控制按键和调节按钮是否失灵。

10）检查变频器的周围环境是否符合标准规范，温度和湿度是否正常。

3. 定期检查和维护

1）根据使用环境情况，用户每3~6个月要对变频器进行一次定期检查。在定期检查时，应先停止运行，切断电源，再打开机壳进行检查。需要注意的是：即使切断了电源，主电路直流部分滤波电容器放电也需要时间，因此，必须待充电指示灯熄灭后，再用万用表等进行测量，至直流电压已降到安全电压（DC 36V以下）后再进行检查。

2）定期清扫风机进风口、散热片和空气过滤器上的灰尘、脏物，使风路畅通。污损的地方可用抹布沾上中性化学试剂擦拭；用吸尘器吸去电路板、散热器、风道上的粉尘，保持变频器散热性能良好；用吹具吹去印制电路板上的积尘，检查各螺钉紧固件是否松动，特别是通电铜条的大电流连接螺钉，必须拧紧不得松动；察看绝缘物是否有腐蚀、过热、变色、变形的痕迹；用绝缘电阻表测绝缘电阻应在正常范围内，绝缘电阻表的电压要适当，一般使用500V绝缘电阻表，测量时要判别进线端压敏电阻是否动作，防止误判。注意：绝缘电阻表内有高压，禁止测量印制电路板等弱电部分。

3）变频器如果长时间不使用，要进行维护。电解电容间隔一段时间就要通一次电，不能超过3~6个月不通电。新买来的变频器若已出厂0.5~1.0年，应进行充电试验，以使变频器主电路的电解电容器的特性得以恢复。充电时，应使用调压器慢慢升高变频器的输入电压直至额定电压，通电时间在2h以上，可不带负载，让电容器恢复过来再使用。充电试验至少每年1次。

7.3.4 变频器器件的更换

变频器由多种部件组成，长期工作后一些部件的性能会逐渐降低、老化，这是变频器发生故障的主要原因。为了保证设备的长期正常运转，易损件到一定使用周期必须更换。主要易损件有冷却风扇、主电路滤波电解电容器等，其使用寿命与使用环境、日常保养密切相关。在通常情况下，冷却风扇使用寿命为3万~4万h。按变频器连续运行折算，2~3年就要更换1次风扇；电解电容器的使用寿命为4万~5万h，正常使用寿命为5年，建议每年定期检查电容容量1次，当其容量减少20%以上时应予以更换。此外，可以先参照易损器件的使用寿命，再根据变频器的累计工作时间，确定正常更换年限。如果在检查时发现器件出现异常，应立即更换。在更换易损器件时，应确保元件的型号、电气参数完全一致或非常接近。

在确定变频器故障点后，需对变频器解体拆除，并对元件进行清洁和更换。在拆除过程中，要记录好拆除顺序，及时对拆除的元件和连接线做好标记，以保证组装的准确性，提高工作效率。组装时，要按与拆除时相反的顺序对元件进行组装。大容量的变频器内部，即使是同一种元件，如逆变桥模块，因其所处桥臂的位置不同，其安装螺钉孔的位置也会截然不同。如果一步出现错误，下一步将无法进行，因此，组装时务必要谨慎，做到工完场尽。更换完故障件后，还需对整流桥、逆变桥、主电路等进行绝缘测试，合格后方可进行通电测试。

变频器日常维护见表 7.4，变频器定期检查项目见表 7.5，需定期检查更换的元器件及参考更换时间见表 7.6。

表 7.4 变频器日常维护

检查对象	检查内容	周 期	检查方法	判别标准
运行环境	1. 温度、湿度 2. 尘埃、水及滴漏 3. 气体	随时	1. 温度计、湿度计 2. 目视 3. 目视	1. 按规定变频器的运行温度应<50℃，当运行温度在 40℃以上时，建议开盖运行 2. 无水漏痕迹 3. 无异味
变频器	1. 振动发热 2. 噪声	随时	1. 触摸外壳 2. 听	1. 振动平稳，风温合理 2. 无异样响声
电动机	1. 发热 2. 噪声	随时	1. 手触摸 2. 听觉	1. 发热无异常 2. 噪声均匀
运行状态参数	1. 输出电流 2. 输出电压 3. 内部温度	随时	1. 电流表 2. 电压表 3. 温度计	1. 在额定值范围内 2. 在额定值范围内 3. 温升小于 35℃

表 7.5 变频器定期检查一览表

检查地点	检查项目	检 查 内 容	检查方法	标 准
主电路	公用	(1) 紧固部件是否有松动 (2) 绝缘体是否有变形、裂纹、破损或由于过热老化而变色 (3) 是否附有灰尘、污损	(1) 拧紧 (2)、(3) 目测	(1)、(2)、(3) 没有异常
	导体、导线	(1) 导体由于过热是否有变色、变形现象 (2) 导线绝缘是否有破裂、变色现象	(1)、(2) 目测	(1)、(2) 没有异常
	端子座	是否有松动、损伤	拧紧、目测	没有异常
	滤波电容器	(1) 是否有漏液、变色、裂纹、外壳膨胀 (2) 安全阀是否有显著膨胀 (3) 按照需要检测静电容	(1)、(2) 目测 (3) 用静电电容测量仪	(1)、(2) 没有异常 (3) 静电容≥初始值×0.85
	电阻	(1) 是否有由于过热引起的异味、绝缘裂纹 (2) 是否有断线	(1) 嗅、目测 (2) 目测或卸开一端的连接，用万用表测量	(1) 没有异常 (2) 与标准电阻值的误差在±10%以内
	变压器、电抗器	是否有异常的嗡嗡声、异味	听、目测、嗅	没有异常
	接触器、继电器	(1) 动作时有否异常振动 (2) 触点是否有虚焊	(1) 听 (2) 目测	(1)、(2) 没有异常

（续）

检查地点	检查项目	检查内容	检查方法	标准
控制电路	控制电路板连接器	（1）紧固部件是否松动 （2）是否有异味、变色 （3）是否有裂缝、破损、变形、显著生锈 （4）电容器是否有漏液、变形痕迹	（1）拧紧 （2）嗅、目测 （3）、（4）目测	（1）、（2）、（3）、（4）没有异常
冷却系统	冷却风扇	（1）是否有异常声音、振动 （2）紧固部件是否松动 （3）是否由于过热而变形	（1）听、目测，用手转一下（必须切断电源） （2）拧紧 （3）目测	（1）平稳旋转 （2）、（3）没有异常
	通风道	散热片、给排气口的间隙是否有异物堵塞	目测	没有异物

表7.6 需定期检查更换的元器件及参考更换时间

名称	参考更换时间	更换方法
冷却风扇	2~3年	更换为新品
平滑电容	5年	更换为新品
熔断器	10年	更换为新品
印制电路板上的电解电容	5年	更换为新品（检查决定）
定时器		检查动作时间决定

注：表7.5、表7.6应用条件：1）周围年平均温度30℃；2）负载率80%以下；3）使用率12h/天以下。

7.3.5 变频器的维修

1. 事故处理

变频器在运行中出现跳闸，即视为事故。跳闸事故的原因通常有以下四种类型：

（1）电源故障　如电源瞬间断电、电压降至出现“欠电压”显示或瞬时过电压至出现“过电压”显示，都会引起变频器跳闸停机。待电源恢复正常后即可重新起动。

（2）外部故障　如输入信号断路，输出线路开路、断相、短路、接地或绝缘电阻过低，电动机故障或过载等，变频器都会显示外部故障而跳闸停机，故障排除后，即可重新起动。

（3）内部故障　如内部风扇断路或过热，熔断器断路，器件过载，存储器错误，CPU故障等，均属内部故障，可切入工频起动运行，不致影响生产。待内部故障排除后，即可恢复变频器起动运行。

（4）设置不当　当参数设置之后，空载试验正常，加载后出现过电流跳闸，可能是起动转矩设置不够或加速时间不足；也有的运行一段时间后，转动惯量减小，导致减速时过电压跳闸，适当增大加速时间便可解决。

2. 冗余措施

应用计算机往往采用冗余措施，即双保险措施，应用变频器也是如此。

（1）工频/变频切换措施 变频设备出现故障时，可及时切换到工频常规运行，不至于影响生产。通用型低压变频器普遍采用综合故障报警方式，即变频器内部故障与外部故障报警信号不能区分给出，如采用自动切换方式，则因外部故障切换到工频后，将导致外部故障进一步扩大。如因电动机绝缘电阻下降引起故障报警输出，若自动切入工频，就会烧毁电动机。所以采取从显示屏上识别内外故障人工切换方式。

（2）自动/手动切换方式 对于闭环控制系统，可设置这一措施，以备一旦微机或 PLC 等出现故障，及时离线实施手动模拟调速控制，即可维持生产。

3. 应急检修

变频器一旦发生内部故障，如在保修期内，则通知厂家或厂家代理负责维修。根据故障显示的类别和数据进行下列检查：

1）打开机箱后，首先观察内部有无断线、虚焊、焦味或变质变形的元器件，如有则及时处理。

2）用万用表检测电阻、二极管、功率开关管及模块通断电阻，判断是否开断或击穿。如有，则按原标称值和耐压值更换，或用同类型的代替。

3）用双踪示波器检测各工作点波形，采用逐级排除法判断故障位置和元器件。

在检修中应注意的问题：

①严防虚焊、虚连，或错焊、连焊，或接错线。特别是不可把电源线误接到输出端。

②注意通电静态检查指示灯、数码管和显示屏是否正常，预置数据是否适当。

③有条件者，可用一小电动机进行模拟动态实验。

7.3.6 变频器故障的常用检测方法

在变频器日常维护过程中，经常遇到各种各样的问题，如外围线路问题、参数设定不良或机械故障。如果是变频器出现故障，如何去判断是哪一部分问题，在这里略做介绍。

1）过电流保护动作是一类常见的故障。若重新起动时，一升速就跳闸，这是过电流十分严重的表现。主要原因有：负载侧短路；工作机械卡住；逆变器损坏；电动机的起动转矩过小，拖动系统转不起来。若重新起动时并不立即跳闸，而是在运行过程（包括升速和降速运行）中跳闸，则可能的原因有：升速时间设定太短；降速时间设定太短；转矩补偿（U/f 比）设定较大，引起低频时空载电流过大；电子热继电器整定不当，动作电流设定得太小，引起误动作。

例如，安川 G7 系列变频器的故障代码“OC”、西门子 MM440 变频器的“F0001”、ABB 的 ACS600 变频器的“OVERCURRET”都属于此故障类型。这种故障最大的可能原因是加速时间设置太低，则延长加速时间可以解决，加速中失速防止功能启用时，这个原因的可能性不大。输出侧相间或者对地短路、输出侧接触器动作逻辑错误、有冲击负载时变频器功率选择过小等是另外几个主要可能的原因。

2）电动机过负载保护动作是变频器根据电动机温度模型对电动机实施的保护动作，例如，安川 G7 系列变频器的“OH4”、西门子 MM440 变频器的“F0011”、ABB 的 ACS600 变频器的“MOTORTEMP”都属于这个故障类型。

3）直流过电压保护动作是直流电压超过允许值时的保护动作，例如，安川G7系列变频器的“OV”、西门子MM440变频器的“F0002”、ABB的ACS600变频器的“DC OVER-VOLT”都属于这个故障类型。

4）直流欠电压保护动作是直流电压低于下限引起的保护动作，例如，安川G7系列变频器的“UVl”、西门子MM440变频器的“F0003”、ABB的ACS600变频器的“DC UNDER-VOLT”都属于此故障类型。

5）变频器超温保护是针对变频器自身的保护，检测散热片温度超过允许值时产生，例如，安川G7系列变频器的“OH”、西门子MM440变频器的“F0004”、ABB的ACS600变频器的“ACS600 TEMP”都属于此故障类型。

故障检测常用方法如下：

1. 静态测试

（1）测试整流电路　找到变频器内部直流电源的P端子和N端子，将万用表（电磁式）调到$R\times10$档，红表棒接P端子，黑表棒分别依次接R、S、T，阻值大约为几十欧，且基本平衡。将黑表棒接P端子，红表棒依次接R、S、T，阻值接近于无穷大。将红表棒接N端子，重复以上步骤，阻值仍接近无穷大。如果有以下结果，可以判定电路已出现异常，①阻值三相不平衡，说明整流桥故障。②红表棒接P端子时，三次阻值都接近无穷大，可以断定整流桥故障或起动电阻（限流电阻）出现故障。

（2）测试逆变电路　将红表棒接P端子，黑表棒分别接U、V、W，应该有几十欧的阻值，且各相阻值基本相同，交换表棒后应该为无穷大。将黑表棒接N端子，重复以上步骤，阻值仍接近无穷大。否则可确定逆变模块故障。

2. 动态测试

在静态测试结果正常以后，才可进行动态测试，即上电试机。在上电前后必须注意以下几点：

1）上电之前，须确认输入电压是否有误，将380V电源接入220V级变频器之中会出现炸机（炸电容、压敏电阻、模块等）。

2）检查变频器各接口是否已正确连接，连接是否有松动，连接异常有时可能导致变频器出现故障，严重时会出现炸机等情况。

3）上电后检测故障显示内容，并初步断定故障及原因。

4）如未显示故障，首先检查参数是否有异常，并将参数复归后，在空载（不接电动机）情况下起动变频器，并测试U、V、W三相输出电压值，如出现断相、三相不平衡等情况，则模块或驱动板等有故障。

5）在输出电压正常（无断相、三相平衡）的情况下，带载测试。测试时，最好是满负载测试。

3. 故障判断

（1）整流模块损坏　一般是由于电网电压过高或内部短路引起。在排除内部短路情况下，更换整流桥。在现场处理故障时，应重点检查用户电网情况。

（2）逆变模块损坏　一般是由于电动机或电缆损坏及驱动电路故障引起。在修复驱动电路之后，测得驱动波形良好的状态下，更换模块。在现场服务中更换驱动板之后，还必须注意检查电动机及连接电缆，在确定无任何故障后，才可运行变频器。

（3）上电无显示　一般是由于开关电源损坏或软充电电路损坏导致直流电路无直流电引起。

（4）上电后显示过电压或欠电压　一般是由于输入断相、电路老化或电路板受潮引起。找出故障点，更换损坏的器件。

（5）上电后显示过电流或接地短路　一般是由于电流检测电路损坏引起，如霍尔元件、运算放大器等。

（6）起动显示过电流　一般是由于驱动电路或逆变模块损坏引起。

（7）空载输出电压正常，带载后显示过载或过电流　一般是由于参数设置不当或驱动电路老化、模块损伤引起。

7.3.7 变频器故障排除实例

【例 7-1】 富士 FRN200G7-4EX 变频器，通电后键盘面板无显示。

分析检修：键盘面板无显示应查电源是否正常。拆下主板，通电后测量+5V、±15V 及+24V 电源均正常，而控制信号无响应，则 CPU 不工作或损坏的可能性很大。测 IC1 的 CPU 脚 21（RST2）为低电平，表示 CPU 复位，即 CPU 未工作。追踪 RST2 信号是由运放 IC10 的引脚 14 经 R135 后输出，测量 IC10 输入端为高电平，正常，且电阻 R135 完好。判断为 IC10 损坏，更换后显示恢复正常。之后检测正常。

【例 7-2】 富士（FUJI）FVR055G7S-4EX，通电后各项显示正常，但无输出电压。

分析检修：先查交流电源主电路通道完好无损，核对控制电路，接线无错误。考虑到面板显示正常，说明变频器本身无故障，可能是由于某一控制信号丢失或不能正常工作。进一步检查外部控制电路，发现 FWD（正转）与 CM（公共端）之间串联的接触器常开辅助触点未接通，使变频器不能正常起动。换了另一对触点后，故障排除。

【例 7-3】 一台型号为 AEG Multiverter78/102-400 的变频器，得电后即显示“过电流”故障，且不能复位。

分析维修：停电后检查与变频器相连的电缆及负载电动机，均正常，变频器内也无短路现象。送电后，变频器仍显示“过电流”故障且不能被复位。测量控制板 A10 上的电流反馈测试点，对应 U、W 两相的测试点电压值为 0V，而对应 V 相的测试点电压值为 7.68V，远大于变频器允许通过的最大电流所对应的 2.5V。据此判断有两种可能性：一是 V 相电流互感器损坏；二是接收电流反馈信号的 A10 板上存在元器件损坏。先更换 A10 板，故障仍旧存在；更换 V 相电流互感器后，变频器恢复正常。

本章小结

变频器贮存和安装时必须考虑场所的温度、湿度、灰尘、振动等情况。在变频器驱动电动机系统中，变频器与电网、电动机以及周边设备之间存在着干扰，安装时应采取适当的抗干扰措施。

变频器系统调试时，在通电前要进行直观检查和用万用表检查。通电检查时，应该按照拟定的步骤进行，例如空载→轻载→带正常负载。调试时注意仪器仪表的正确使用，并做好调试记录。

变频器系统运行期间，维护保养应按照电气设备的相关规范进行。

思考与练习

1. 变频器有哪些主要参数?

2. 变频器的外围设备有哪些? 各有什么作用? 选用原则是什么?

3. 如何抑制变频器的干扰?

4. 变频器安装的环境条件有哪些?

5. 在安装变频器时，能否将主电路导线与控制电路导线放在同一行线槽内? 应如何交叉?

6. 变频器的日常维护项目有哪些?

7. 变频器的定期检查项目有哪些?

第8章　变频器在调速系统中的应用

变频器近些年在国内外得到了广泛的应用，它具有体积小、重量轻、安装操作简单、数据可靠、性能稳定和节电明显等特点。目前，变频器主要的应用有两个方面：一方面是为了满足生产工艺调速的要求而应用变频器；另一方面是为了节能需要而应用变频器。近30年来，变频技术已经在钢铁、冶金、化工、电力及轻工等行业中得到了广泛的应用，是企业技术改造和产品更新换代的理想调速技术。

本章主要介绍了变频器在几种实际场合中的应用。需重点掌握变频器在恒压供水系统和电梯中的应用，熟悉变频器在风机和空调中的应用，了解变频器在工业锅炉、起重设备和空气压缩机中的应用。

8.1 变频器在恒压供水系统中的应用

城市供水系统是人们生活和工业生产不可缺少的公共设施之一。水压通常只能保证6层以下楼房用户用水，而其余各层都需要“提升”水压才能满足用水的需求。传统的提升水压方式是采用水塔、高水位水箱或气压罐等增压设备，这种设备经济成本高、能量消耗大。如果采用变频器控制的恒压供水系统，则无需增压设备，可以节约电能，降低供水成本。

恒压供水变频调速系统的基本控制思想是：采用变频器对水泵电动机进行变频调速，组成供水压力的闭环控制系统。系统的控制目标是水泵总管道的出水压力，系统的给定水压力值与反馈的总管道出水压力值相比较，将偏差值送CPU进行运算处理后，发出控制指令，调节水泵电动机的转速和控制水泵电动机投入运行的台数，实现总管道以稳定压力供水。

8.1.1 供水系统的主要参数

某供水系统示意图如图8.1所示。水泵将水池中的水抽出，并上扬至一定高度，使其满足工农业生产和生活所需的供水压力和流量。

供水系统主要参数有流量、压力、全扬程、损失扬程与实际扬程及管阻等。

1. 流量

在单位时间内流过管道某一横截面的水量，称为流量，用Q表示，单位为m^3/s、m^3/min或m^3/h。

2. 压力

水在管路中的压强，俗称为压力，用p表示，单位为MPa。

3. 全扬程

单位质量的水被水泵所上扬的高度，称为扬程，如图8.1所示。将水上扬到一定高度，是水的动能转化成势能的过程。在这个过程中需要克服管道阻力做功，并且要使水保持一定的流速。那么，全扬程就可以定义为在忽略管道阻力，也不计流速的情况下，水泵将水上扬的最大高度。全扬程是说明水泵泵水能力的物理量，用H_T表示，单位为m。

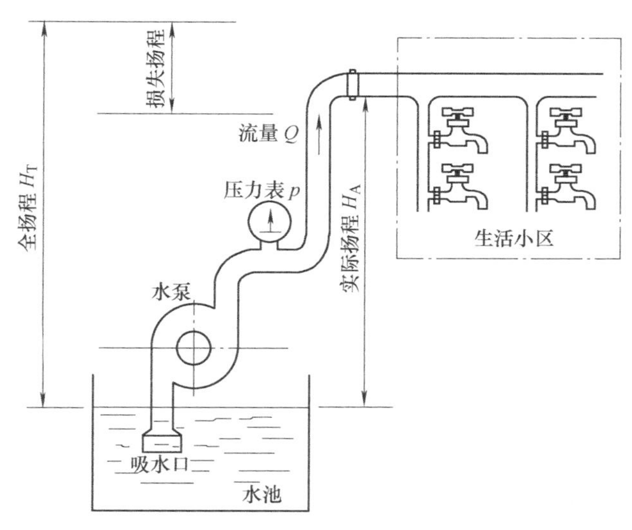

图 8.1　供水系统示意图

4. 损失扬程与实际扬程

水在管道中流动克服管道阻力做功，必然有一定的扬程损失，这部分扬程称为损失扬程。因此，水泵克服一切阻力后将水上扬的实际高度，称为实际扬程，是全扬程与损失扬程相减的差值，用 H_A 表示。

5. 管阻

在管道系统中，管路、截门等管件对水流的阻力，称为管阻。

8.1.2 供水系统的特性

1. 水泵的扬程特性

在转速一定的条件下，全扬程 H_T 与流量 Q 之间的函数关系 $H_T=f(Q)$ 称为水泵的扬程特性。图 8.2 中的曲线 3 为水泵在额定转速情况下的扬程特性，曲线 4 为水泵在转速较低的情况下的扬程特性。图中 A、B、C、D 四点为供水工作点。

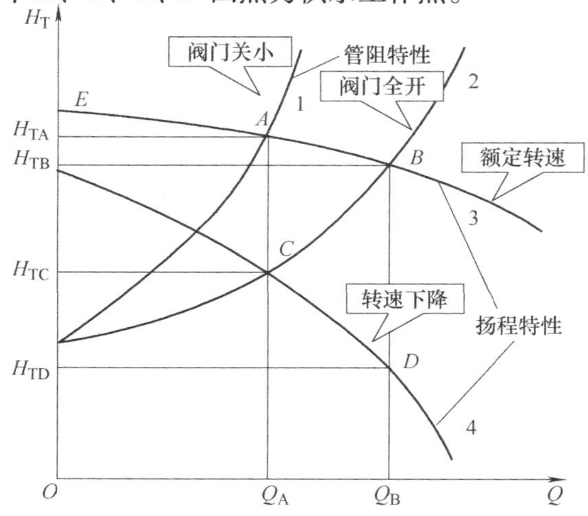

图 8.2　水泵的扬程特性及管阻特性

当系统工作于曲线 3 的 A 点时，用户用水需求量较小，所对应的流量 Q_A 较小。此时，所对应的全扬程 H_{TA}较大。当系统工作于曲线 3 的 B 点时，用户用水需求量较大，所对应的流量 Q_B 较大。此时，所对应的全扬程 H_{TB}较小。可见，流量的变化反映了用户水需求量的大小。因此，扬程特性反映了用户用水需求量对全扬程的影响。

2. 管道阻力特性

在管道阀门开度一定的条件下，全扬程 H_T 与流量 Q 的函数关系 $H_T=f(Q)$ 称为管道阻力特性，简称管阻特性，如图 8.2 中的曲线 1 和 2。

管阻特性的意义是：为了提供一定的供水流量所需全扬程的大小。图 8.2 中，曲线 2 为阀门全开时的管阻特性。由 C 点与 B 点对比可以看出，供水流量较小时，所需的扬程 H_{TC}也较小；在供水流量较大时，所需的扬程 H_{TB}也较大。

8.1.3 供水系统的控制目标

供水系统的控制目标是满足用户对流量的要求。因此，流量是供水系统的基本控制对象。而流量的大小又取决于水泵的扬程，但扬程是很难测量和控制的。在动态情况下，设管道中水压为 p，供水能力为 Q_g，用水需求量为 Q_n，三者的平衡关系是：

当供水能力 Q_g 大于用水需求量 Q_n，则水压 p 上升。

当供水能力 Q_g 小于用水需求量 Q_n，则水压 p 下降。

当供水流量 Q_g 等于用水需求量 Q_n，则水压 p 不变。

所谓供水能力，就是水泵能够提供的水流量，其大小取决于水泵的容量大小与管道的阻力情况。而用水需求量则是用户实际使用的需求量，其流量大小取决于用户的用水量。可见，供水能力与用水需求量之间的矛盾主要反映在水压的变化上。因此，控制了水压也就相应控制了流量。保持系统总管道出水压力恒定，也就保持了供水能力和用水流量的平衡状态，这就是恒压供水所要控制的目标。

8.1.4 供水系统流量的调节方法

在供水系统中，最根本的控制对象就是流量。因此，了解调节流量的方法，对供水系统的节能有非常重要的意义。常用的调节流量的方法有管道阀门调节和水泵转速调节两种。

1. 管道阀门调节

在保持水泵转速不变（额定转速）的前提下，改变阀门开度调节供水流量的方法，称为阀门控制法。其实质是水泵本身供水能力保持不变，通过调节阀门开度来调节供水流量，也就是通过改变管路中阻力大小来改变供水流量。此时，管阻特性将随着阀门的开度变化而变化，而扬程特性则不变。

图 8.2 中，减小阀门的开度，使供水流量由 Q_B 减小到 Q_A，管阻特性将由曲线 2 变化为曲线 1，而扬程特性则不变，仍为曲线 3。供水工作点由 B 点移至 A 点。此时，供水流量减小了，而扬程由 H_{TB}增大到 H_{TA}。

2. 水泵转速调节

在保持阀门开度不变的前提下，改变水泵转速调节供水流量的方法，称为转速控制法。

其实质是在阀门开度最大且保持不变的情况下，通过改变水泵转速调节供水流量，也就是通过改变水泵扬程改变供水流量，以适应用户用水需求量。此时，扬程特性将随着水泵转速变化而变化，而管阻特性则不变。

图 8.2 中，降低水泵的转速，使供水流量由 Q_B 减小到 Q_A，扬程特性将由曲线 3 变化为曲线 4，而管阻特性则不变，仍为曲线 2。供水工作点由 B 点移至 C 点。此时，供水流量减小了，而扬程由 H_{TB} 下降到 H_{TC}。

比较管道阀门调节与水泵转速调节两种方法可知，采用水泵转速调节的方法调节供水流量，降低了电动机使用功率，从而达到了节能目的。

8.1.5 恒压供水变频调速系统的控制原理

1. 恒压供水变频调速系统的构成

图 8.3 为恒压供水变频调速系统示意图。由图可见，变频器有两个控制信号：

（1）目标信号 X_T　目标信号 X_T 是变频器模拟电压输入端子“FV（O）”得到的信号。该信号是一个与压力的控制目标相对应的值，通常用百分数来表示。如用户要求的供水压力为 0.5MPa，压力变送器 SP 的量程为 0~1MPa，则目标信号应设置为 50%。

（2）反馈信号 X_F　反馈信号 X_F 为由压力变送器 SP 反馈到变频器模拟电流输入端子“FI（OI）”的信号，该信号反映了实际压力值的大小。

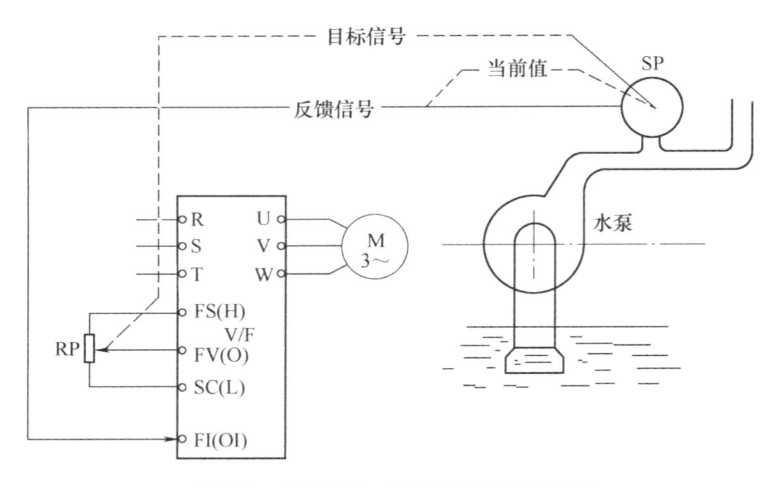

图 8.3　恒压供水变频调速系统示意图

2. 压力传感器

压力传感器用来检测供水总管路的出水压力，为系统提供反馈信号。压力传感器的种类有很多，这里只介绍常用的两种压力传感器。图 8.4 为这两种压力传感器的接法。

（1）压力变送器 SP　如图 8.4a 所示，它是将流体压力变换成电压或电流信号输出的器件。所以，其输出信号是随流体压力变化的电压或电流信号。当距离较远时，应取 4~20mA 电流信号。

（2）远传压力表 P　如图 8.4b 所示，远传压力表的基本结构是在压力表的指针轴上附加一个能够带动电位器触点滑动的装置，实质上就是一个电阻值随压力变化的电位器。

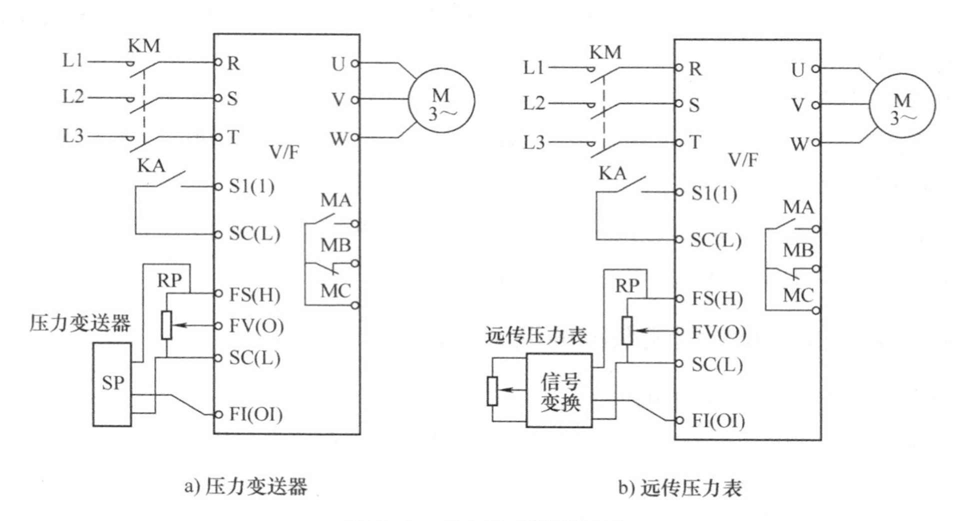

a) 压力变送器　　b) 远传压力表

图 8.4　压力传感器及接法

3. 恒压供水变频调速系统的工作原理

图 8.5 所示为变频器内部 PID 控制框图。由图可见，给定信号 X_T 和反馈信号 X_F 两者是相减的关系，其相减结果为偏差信号 $\Delta X = X_T - X_F$。经过 PID 调节器处理后得到频率给定信号 X_G，它决定了变频器的输出频率 f_X。

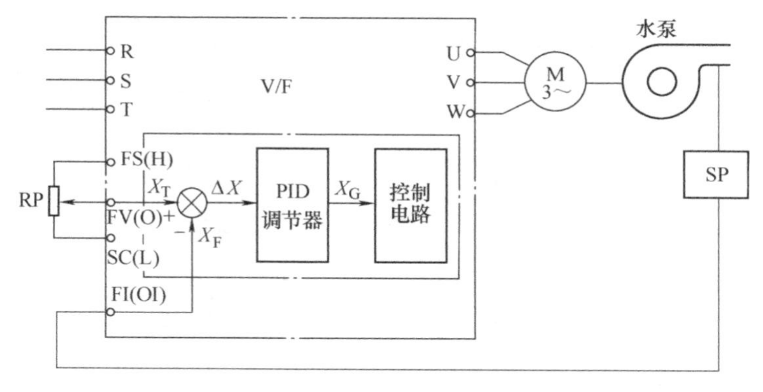

图 8.5　变频器内部 PID 控制框图

（1）用水需求量减小时的平衡过程　当用水需求量减小时，供水能力 Q_g 大于用水需求量 Q_n，则水压 p 上升，反馈信号 X_F 也上升，偏差信号 ΔX 减小，变频器输出频率 f_X 降低，使电动机及水泵转速降低，供水能力 Q_g 下降，直到水压 p 回复到目标值。当供水能力 Q_g 等于用水需求量 Q_n 时，恢复供需平衡。

（2）用水需求量增加时的平衡过程　当用水需求量增加时，供水能力 Q_g 小于用水需求量 Q_n，则水压 p 下降，反馈信号 X_F 也下降，偏差信号 ΔX 增大，变频器输出频率 f_X 上升，电动机及水泵转速上升，供水能力增加，直到水压上升到目标值。当供水能力 Q_g 等于用水需求量 Q_n 时，恢复供需平衡。

8.1.6 变频器的选型及功能设置

1. 变频器的选型

目前，大多数制造厂商都专门生产了“风机、水泵专用变频器”系列，功能设置与普通变频器有一定区别。一般情况下，直接选用即可。但对于用在特殊场合的水泵，应该根据其对过载能力的要求选择变频器。

2. 控制方式设置

供水系统对供水量精度要求不是很高，故采用 U/f 控制方式已经能够满足。供水系统根据供水压力反馈信号构成恒压供水的闭环控制系统，采用 PID 控制调节，使系统反应快速、运行稳定。

3. 频率参数设置

（1）最高频率　由于水泵的负载特性，其工作转速不允许超过额定转速。这是因为水泵如果超过额定转速，会造成转矩超出额定转矩很多，导致电动机严重过载。因此，变频器工作频率不允许超过水泵电动机额定频率，其最高频率只能和额定频率相等。

（2）上限频率　一般情况下，上限频率也可以等于额定频率，但有时也可以设置略低一些。这是因为变频器内部具有转差补偿功能。同是在 50Hz 情况下，水泵在变频运行时的实际转速超过工频运行时的额定转速，也会造成转矩超过额定转矩，使电动机过载。因此，将上限频率设置为 49Hz 为宜。

（3）下限频率　在供水过程中，转速过低有时会导致水泵的扬程过低，且低于实际扬程时会出现“空转”现象。一般情况下，下限频率设置在 30~35Hz。依据具体情况，在有些场合，下限频率还可再略低一些。

（4）起动频率　水泵在起动前，叶轮都浸在水中，起动时会存在一定阻力。在从 0Hz 开始起动的一段频率内，实质上电动机是转不起来的。因此，应该适当设置起动频率，使其在起动瞬间有适当的机械冲击力。起动频率一般设置在 5~10Hz。

（5）升降速时间　通常，水泵不是频繁起动与制动的机械，升速时间与降速时间长短并不影响生产效率。因此，升速时间与降速时间可以设定得稍长一些，要求电动机起动时的最大电流接近或略大于额定电流，降速时间与升速时间相等即可。

4. 暂停运行功能

在生活用水系统中，夜间用水量往往很少。即使水泵在下限频率运行，供水压力仍有可能超过目标值。此时，可使水泵暂停运行，也称为“睡眠”功能。当用水需求量增大，供水压力低于压力下限值时，水泵结束暂停运行，也称为“唤醒”功能，系统又重新进入正常恒压供水工作状态。

8.1.7 恒压供水变频调速系统实例分析

对于传统供水系统，电动机工作在额定功率，出水压力和流量只能靠阀门控制。采用变频器控制后，控制电动机转速即可达到调节压力和流量的目的，彻底取消了水塔、高位水箱以及增压气罐等设备，消除了水质二次污染，提高了供水质量，节约能源，操作方便，自动化程度高。如果与计算机通信，还可以做到无人值守，节省了人员开支。有关资料表明，对传统供水系统进行技术改造后，一年就可以收回技术改造所用的投资。

1. 多台水泵的切换

为保证用水需求，系统通常采用多台水泵联合供水。用一台变频器控制多台水泵协调工作，这种方法称为“1控*X*”，*X*为水泵台数。在不同季节和不同时间，用水需求量变化很大。为节约能源，本着“多用多开、少用少开”的原则，通常需要对电动机进行切换控制。

2. 主电路说明

图8.6所示为1控3恒压供水变频调速系统主电路。图中接触器1KM2、2KM2、3KM2分别用于将各台水泵电动机接至变频器。接触器1KM3、2KM3、3KM3分别用于将各台水泵电动机接至工频电源。

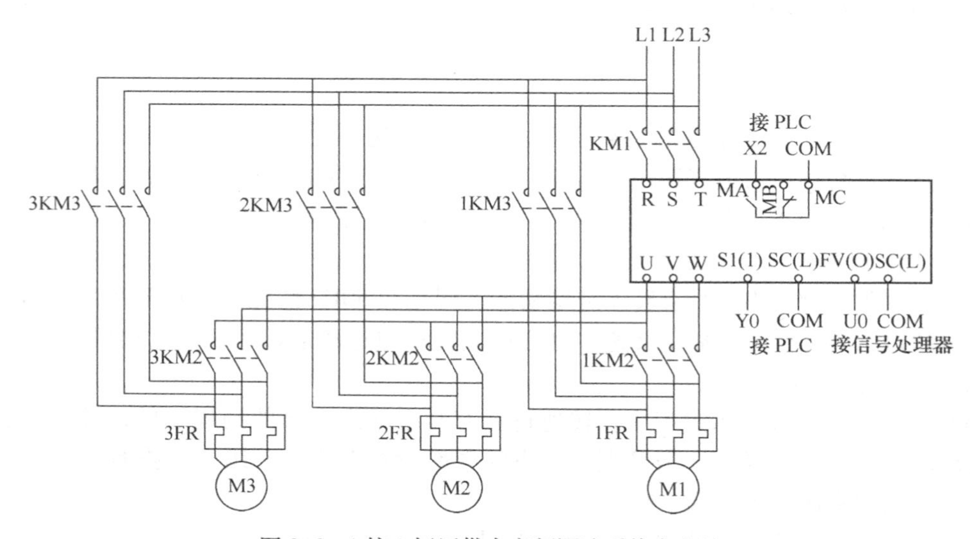

图8.6 1控3恒压供水变频调速系统主电路

系统采用PLC控制变频器。变频器的S1（1）由PLC的Y0点控制，SC（L）端子与PLC的COM点相连接。在PLC的COM点设置了复位按钮，用于变频器的复位操作。信号处理器的U0点和COM点分别接变频器的FV（O）和SC（L）端子，用于变频器频率给定。变频器的异常输出信号MA端子接PLC的X2点，MC端子与COM点相连接。

图8.7为恒压供水变频调速系统流程图。系统启动后，如果接收到频率上限信号，则执行增泵程序，增加水泵工作数量。如果接收到频率下限信号，则执行减泵程序，减少水泵工作数量。如果某台水泵运行时间较长，则执行轮换程序，避免这台水泵长时间工作。现就用水需求量非常大，需要3台水泵全部投入运行的情况进行举例分析。首先由1号泵变频运行，当用水需求量增大时，1号泵已经达到50Hz的额定频率，但水压仍然不足。经过短暂的延时后，将1号泵切换为工频运行。同时，将2号泵切换到变频运行，变频器输出频率降至0Hz，然后逐渐提高变频器输出频率，当2号泵也达到50Hz的额定频率时，若水压仍然不足，则应将2号泵切换到工频运行，再将3号泵投入变频运行。同样，停止运行时，假设3台水泵都在运行，当3号泵变频运行降到0Hz时水压仍处于上限值，则延时一段时间后使2号泵停止，变频器频率从0Hz迅速上升，若此时水压仍处于上限值，则延时一段时间后使1号泵停止。这样的切泵过程，有效地减少了泵的频繁起停，同时在实际管网对水压波动做出反应之前，由于变频器迅速调节，使水压平稳过渡，从而有效地避免了高楼用户短时间停

水的情况发生。

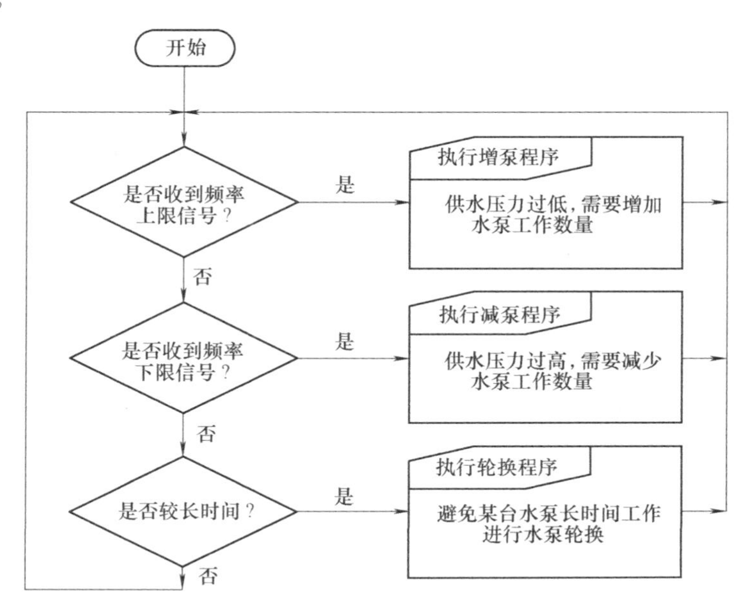

图 8.7　恒压供水变频调速系统流程图

近年来，由于变频器在恒压供水领域的广泛应用，变频器制造厂商推出了内置“1 控 *X*”的专用变频器。现有的供水专用变频器基本上是将普通变频器与 PLC 组装在一起，具有“1 控 *X*”的切换功能，使控制系统简化，提高了系统的可靠性。

3. 系统调节原理

通过安装在出水管网上的压力传感器，把出口的压力信号变成 4~20mA 的标准信号送入 PLC 模拟量输入端子进行 PID 调节。经运算并与给定压力参数进行比较，得出调节参数，送给变频器，由变频器控制水泵的转速，调节系统供水量，使供水系统管网中的压力保持在给定压力上；当用水量超过一台泵的供水量时，根据用水量的大小由 PLC 控制工作泵数量的增减及变频器对水泵的调速，实现恒压供水。当供水负载变化时，输入电动机的电压和频率也随之变化，这样就形成了以设定压力为基准的闭环控制系统，控制框图如图 8.8 所示。此外，系统还设有多种保护功能，充分保证了水泵的维修和系统的正常供水。

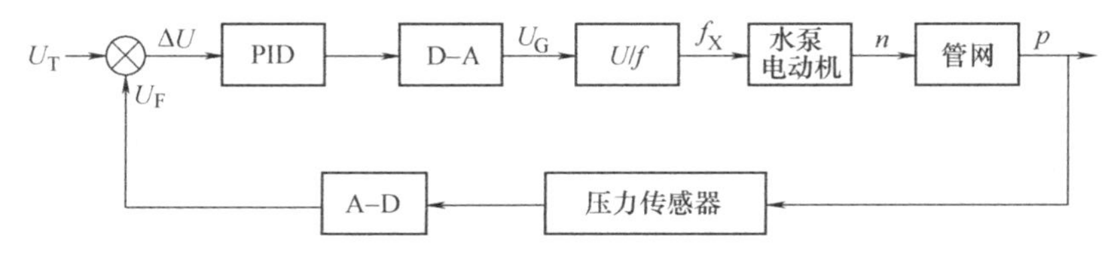

图 8.8　恒压供水变频调速系统控制框图

其调节过程是：当供水压力上升时

$$p\uparrow \rightarrow U_F\uparrow \rightarrow \Delta U\downarrow \rightarrow U_G\downarrow \rightarrow f_X\downarrow \rightarrow n\downarrow \rightarrow p\downarrow$$

供水压力下降时的情况请自行分析。

8.1.8 恒压供水变频调速的优点

（1）提高供水质量　用户用水的多少是经常变动的，因此供水不足或供水过剩的情况时有发生。而用水和供水之间的不平衡集中反映在供水压力上，即用水多而供水少则压力低；用水少而供水多则压力高。保持供水的压力恒定可使供水和用水之间保持平衡，即用水多时供水也多，用水少时供水也少，从而提高了供水质量。

（2）节约能源　与用阀门调节控制水泵出口压力的方式实现恒压供水相比，通过变频调速实现恒压供水降低了管道的阻力及截流损失的能效；另一方面由于通过用水量的大小决定供水压力，供水压力的大小又决定了变频器控制电动机的转速，这样系统在运行过程中能够节约可观的电能，产生明显的经济效益。

（3）起动平稳　水泵电动机采用软起动方式，起动电流可以限制在额定电流以内，从而避免了电动机起动时电流对电网的冲击。同时设定了加速时的加速时间，避免了由于电动机突然加速而引起水泵系统的喘振，对于容量较大的电动机还可省去减压起动装置。

（4）可以消除起动和停机时的水锤效应　所谓水锤效应，是由于电动机在全压下起动时，在很短的起动时间里，管道内的流量从零增大到额定流量，液体流量急剧地变化将在管道内产生压强过高或过低的冲击力，压力冲击管壁将产生噪声，犹如锤子敲击管子一般，故称为水锤效应。采用变频调速后，可以根据需要设定升速时间和降速时间，使管道系统内的流量变化率减小到允许范围内，从而达到彻底地消除水锤效应的目的。

8.2 变频器在风机控制中的应用

风机是工矿企业中应用比较广泛的机械，如锅炉的燃烧系统、矿山通风系统以及造纸烘干系统等，都会使用风机。传统的风机控制是全速运行，风机提供固定的风压和风量。但生产工艺往往需要对风压、风量以及温度等技术指标进行调节控制，若全速运行必然导致电能的大量浪费。因此，采用变频器实现对风机的控制具有重要的节能意义。

8.2.1 风机变频调速系统的设计

1. 二次方律负载

风机具有二次方律负载的机械特性，即转矩与转速的二次方成正比变化。具有这类机械特性的风机有离心式风机、混流式风机及轴流式风机等。其中以离心式风机最为典型，应用也最为广泛。

2. 风量调节方法

如果电动机的转速是恒定不变的，只能用调节风门或挡板的开度来调节风压和风量。这样的调节使得风门和挡板消耗了一部分功率。如果风门或挡板的开度不变，调节电动机转速，则风量随转速而改变。在所需风量相同的情况下，调节转速的方法所消耗的功率要比调节风门或挡板开度小得多，这就是变频调速节能原因所在。

3. 风机容量选择

风机容量是根据生产工艺要求选择的。如果对现有风机进行技术改造，风机容量就不用再选择了。

4. 变频器容量选择

风机在运行过程中，如果稳定在某一速度工作，其转矩不会发生变化，只要转速不超过额定值，就不会发生过载现象。通常情况下，变频器说明书所给出的容量具有一定裕度和安全系数。因此，变频器容量比所要驱动的电动机稍大即可。

8.2.2 风机变频调速系统的电路组成及原理

以某学校锅炉房引风机为例，电动机容量为 30kW，采用变频调速。一般情况下，风机采用正转控制，电路比较简单，风速大小由操作工人调节。控制柜、变频器以及操作台均安装在电控室，进行远距离操作。风机变频调速系统的电路组成如图 8.9 所示。

按钮 SB1、SB2 用于控制接触器 KM，KM 用来控制变频器电源的通断。按下 SB2，KM 线圈得电并自锁，主触点闭合，接通变频器电源。

按钮 SB3、SB4 用于控制继电器 KA，KA 用来控制变频器的运行与停止。按下 SB4，KA 线圈得电并自锁，接通变频器正转起动端子 S1（1），风机起动运行。

KM 与 KA 之间具有联锁关系，在 KM 未接通电源之前，KA 不能得电。在 KA 未断电时，KM 也不能断电。电位器 RP 用于变频器的频率给定，用来调节风机转速。

当变频器发生异常故障时，其异常输出端子 MB—MC 分断，切断控制电路电源，使系统迅速停机，同时 MA—MC 间接通，接通声光报警电路，对变频器起到了保护作用。

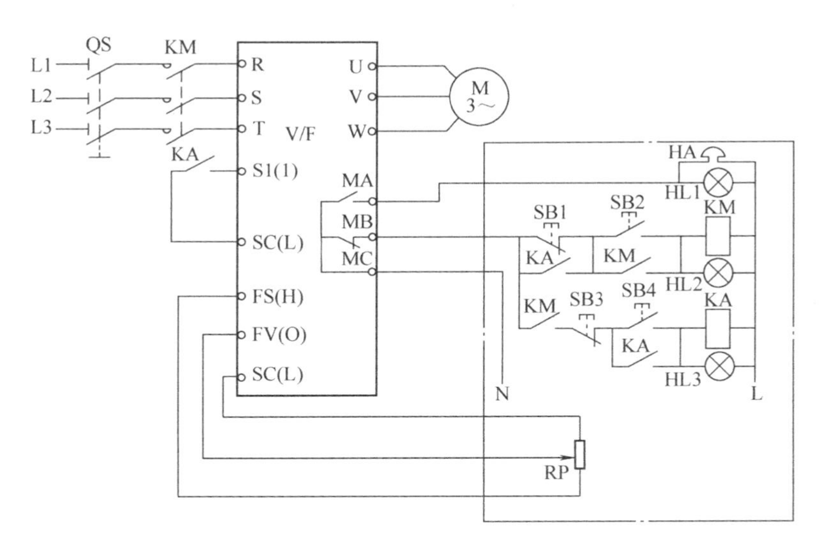

图 8.9 风机变频调速系统的电路组成

8.2.3 变频器的设置

1. 变频器功能选择

（1）操作模式设置　为了操作方便，可将变频器的操作模式设置为“面板与外部操作组合模式”或“外部操作模式”。操作人员可以通过安装在工作台上的按钮或电位器控制和调节风机的转速。

（2）变频器控制方式设置　变频器控制方式可根据风机的负载特性进行设置。如果风机在额定转速以下工作，负载转矩较低，不存在电动机带不动负载问题，采用 *U/f* 控制方式即可满足工艺要求。

（3）*U/f* 曲线的选择　风机的机械特性及有效转矩曲线如图 8.10 所示。图中曲线 0 是风机的二次方律负载机械特性曲线。曲线 1 是电动机在 *U/f* 控制方式下转矩补偿为零时的有效转矩曲线。当转速为 n_X 时，曲线 0 对应的负载转矩为 T_{LX}，曲线 1 对应的电动机有效转矩为 T_{MX}。由此可见，在低频运行时，即使转矩补偿为 0，电动机的有效转矩与负载转矩相比，也具有相当大的裕量。这也说明拖动系统仍有较大的节能裕量。为了节能，变频器设置了若干 *U/f* 曲线，其有效转矩曲线如图 8.10 的曲线 2 和曲线 3 所示。

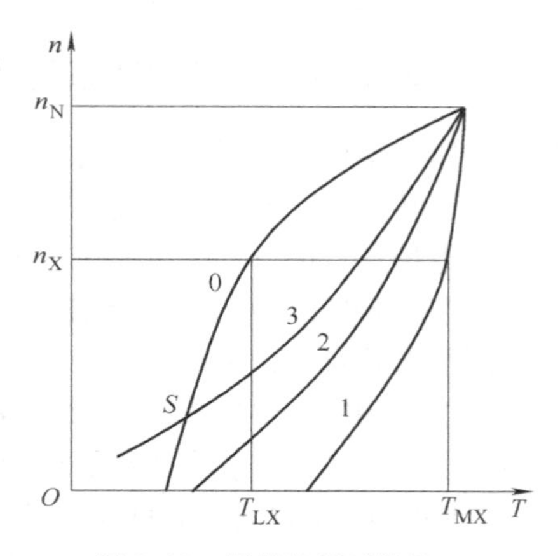

图 8.10　风机的机械特性及有效转矩曲线

在选择 *U/f* 曲线时，要考虑电动机的起动问题。图中曲线 0 与电动机有效转矩曲线 3 的交点 *S*，是电动机的起动转矩与负载转矩相等的点，也就是系统的工作点。显然，在 *S* 点以下是不能起动的。解决起动难的办法是选择 *U/f* 曲线 2，适当加大起动频率。

在选择 *U/f* 曲线时，要仔细阅读变频器操作手册中 *U/f* 曲线的出厂设定值。通常变频器出厂时都把 *U/f* 曲线设置为具有一定补偿量的状态，以适应低速时需要较大转矩的负载。但风机低速时转矩很小，即便没有补偿，电动机的输出转矩也足以带动负载。如果用户不进行 *U/f* 曲线设置，而直接接上风机使用，则节能效果就不明显了，甚至会出现过电流跳闸现象。

2. 变频器参数设置

（1）上限频率　如果风机转速超过额定转速，其负载转矩按二次方规律会增大很多，容易使电动机和变频器处于过载状态。因此，上限频率不能超过电动机的额定频率。

（2）下限频率　风机对下限频率没有要求，因为风机转速很低时，风量较小，并无实际意义。一般下限频率可设置大于 20Hz。

（3）升降速时间　因为风机属于大惯性负载，升速时间过短容易产生过电流，而降速时间过短又会产生能量回馈。因此，升降速时间可以适当设置长些，具体时间可视风机容量和工艺要求而定。一般情况下，风机容量越大其升降速时间越应设置长些。

（4）升降速方式　风机在低速时转矩很小，随着转速不断升高，转矩也随之越来越大；反之，开始停机后，由于惯性作用，转速下降缓慢。所以选择 S 型升降速方式较为适宜。

（5）回避频率　由于风机存在固有频率，在运行中为防止发生机械共振，必须考虑设置回避频率，跳跃出发生机械共振的频率区域。设置回避频率可采用反复试验的方法，反复地观察产生共振的频率区域，然后进行设置。

（6）起动前的直流制动　为保证电动机在零速状态下起动，许多变频器具有“起动前的直流制动”功能设置。这是因为风机在停机后，其风叶常常因自然风处于反转状态，这时让风机起动，则电动机处于反接制动状态，会产生很大的冲击电流。为避免此类情况出现，要进行“起动前的直流制动”功能设置。

8.3 变频器在空调控制系统中的应用

8.3.1 中央空调

中央空调是现代公共建筑不可缺少的设施，为宾馆、商场和写字楼等公共设施提供制冷服务，保持室内温度恒定。但因季节和昼夜变化，还有些公共设施因开放时间变化，需冷量具有明显的不同。而传统中央空调并不能监测环境温度的变化而调节自身的能耗，加之工艺设计，电动机功率设计都有相当的裕量。因此，对中央空调进行变频节能技术改造是降本增效的一条有效途径。

1. 中央空调系统的构成

中央空调系统的构成如图 8.11 所示。

（1）冷冻主机与冷却水塔

1）冷冻主机。冷冻主机也称制冷装置，是中央空调的制冷源，通往各房间的循环水由冷冻主机进行内部热交换，降温为冷冻水。

2）冷却水塔。冷冻主机在制冷过程中，必然会释放热量，使机组发热。冷却水塔为冷冻主机提供冷却水，冷却水在盘旋流过冷冻主机后，带走冷冻主机所产生的热量，使冷冻主机降温。

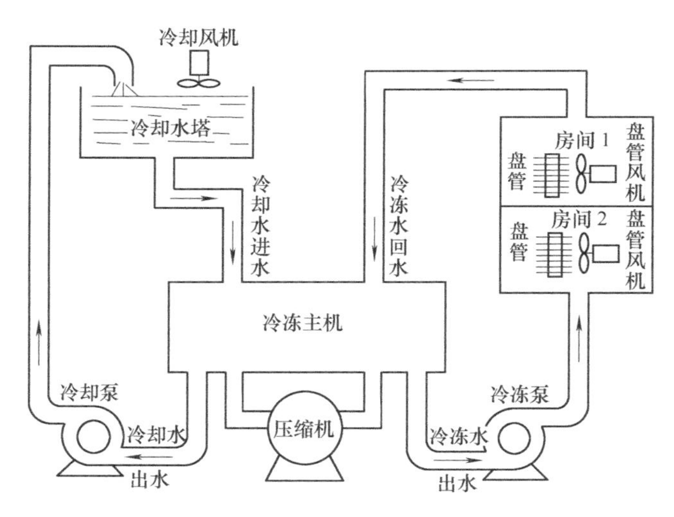

图 8.11　中央空调系统的构成

（2）外部热交换系统　外部热交换系统由以下两个子系统构成：

1）冷冻水循环系统。冷冻水循环系统由冷冻泵及冷冻水管路组成。从冷冻主机流出的冷冻水由冷冻泵加压送入冷冻水管路，通过各房间的盘管和风机，带走热量，使房间降温。房间的热量被冷冻水所吸收，使冷冻水温度升高。升温后的循环水再经冷冻主机制冷后又成为冷冻水，这样循环不止。从冷冻主机出来的称为“出水”，流经房间后回流到冷冻主机的称为“回水”，显然回水温度高于出水温度。

2）冷却水循环系统。冷却水循环系统由冷却泵、冷却水管路及冷却水塔组成。冷冻主机在进行热交换时，释放出大量的热量。该热量被冷却水吸收，使冷却水温度升高，冷却泵将升温的冷却水压入冷却水塔，使之在冷却水塔中散热。然后再将降温的冷却水送回到冷冻主机，如此循环不止。流进冷冻主机的冷却水称为“进水”，流出冷冻主机的冷却水称为“出水”，而且出水温度要高于进水温度。

（3）冷却风机　安装在冷却水塔上，用于降低冷却水塔中水温、加速出水及散热的风机，称为冷却塔风机。

（4）盘管风机　安装在房间内，用于将冷冻水盘管的冷气吹入房间的风机，称为盘管风机。

2. 冷却水系统变频调速控制

（1）系统控制依据

1）温度控制。当冷却水出水温度过高，超过规定限值37℃时，为有效地保护冷冻主机，整个系统应进行保护性跳闸。在出水与进水温度都很低时，为使冷却水不断流，应在变频调速时设置一个下限频率，使冷却泵在下限转速运行。当冷却水出水温度在最低值与最高值之间时，冷却泵的转速随冷却水的出水温度变化而变化。当冷却水的出水温度升高时，冷却泵转速提高；当冷却水的出水温度降低时，冷却泵的转速降低。可见，根据从冷冻主机出来的出水温度控制冷却水的流量，是冷却水系统变频调速控制的依据。

2）温差控制。冷却水从冷冻主机出来的出水温度与进水温度之间的温差 Δt，最能反映冷冻主机发热情况和体现冷却效果。温差 Δt 的大小反映了冷却水从冷冻主机带走热量的多少。因此，根据温差信号 Δt 控制冷却水流量，也可以作为冷却水系统变频调速的控制依据。

温差大，表明冷冻主机产生热量多，应提高冷却泵的转速，加快冷却水循环速度。

温差小，表明冷冻主机产生热量少，应降低冷却泵转速，减缓冷却水循环速度。通常，将温差值定为一个理想范围，称为温差目标值。

经验表明，把温差目标值控制在3~5℃范围内是较为理想的情况，图8.12所示为目标信号值的取值范围。Δt 表示温差值，t_A 表示进水温度。当进水温度低于24℃时，温差的目标值定为5℃；当进水温度高于32℃时，温差的目标值定为3℃；当进水温度在24~32℃变化时，温差的目标值按图中曲线自选整定。

（2）冷却水系统闭环控制　在冷却水系统中，冷却水温度是随环境温度改变的，它并不能准确地反映出冷冻主机产生热量的多少。那么，温差 Δt 显然不可能恒定准确。

工程实践表明，根据进水温度随时调整温差大小的方法是非常可行的。这是采用了温度与温差控制相结合的控制方法。图8.13所示为冷却水系统控制方案。

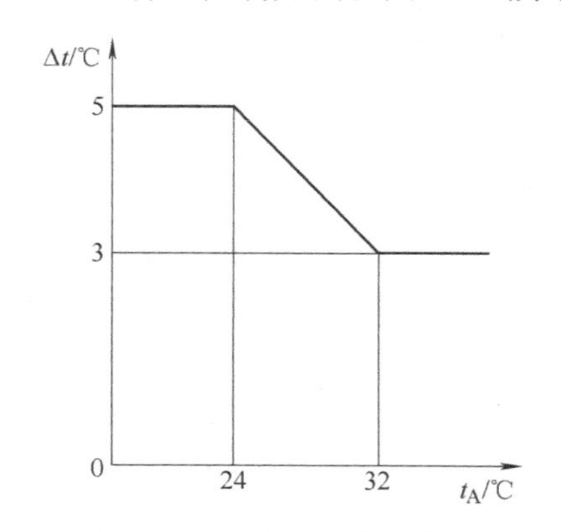

图8.12　目标信号值的范围

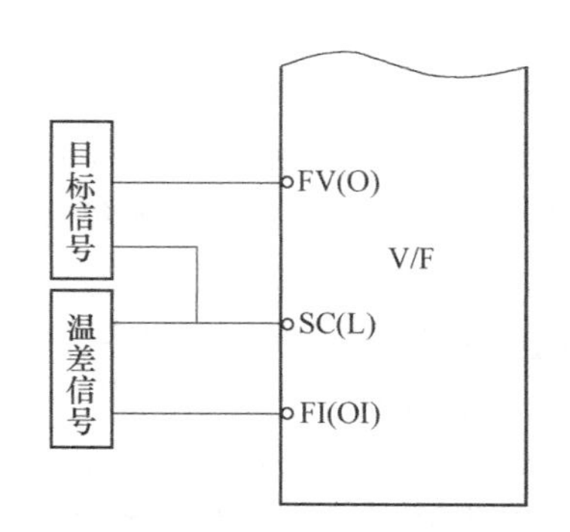

图8.13　冷却水系统控制方案

当进水温度低时，应主要考虑节能效果，温差的目标值可适当高一些。而当进水温度高时，则必须保证冷却效果，温差目标值可以放低些。图 8.14 所示为冷却水系统温差与温度控制原理图。

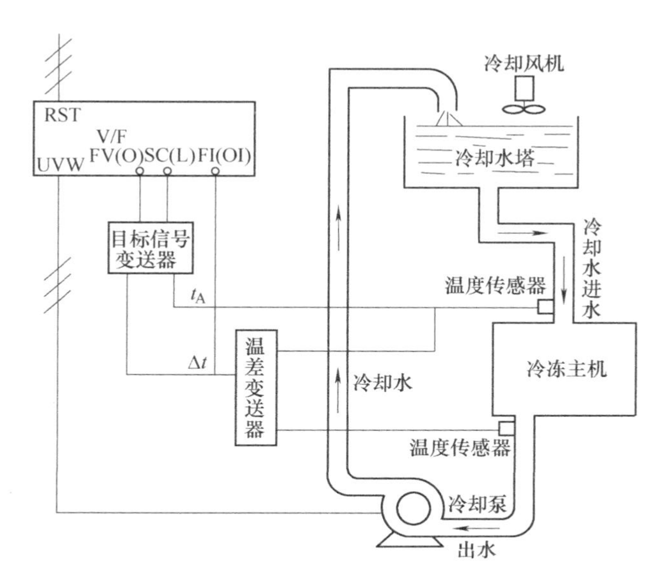

图 8.14　冷却水系统的温差与温度控制原理图

1）反馈信号。在冷却水管路进水口和出水口各安装一个温度传感器，用以检测冷却水系统进水和出水温度。并通过温差变送器将其温差信号反馈到变频器，与目标信号相比较。

2）目标信号。目标信号是与进水温度 t_A 有关的与目标温差值成正比的数值。

3）调节过程。将目标信号与温差信号送入变频器，进行 PID 调节。若温差大，说明冷冻主机产生的热量大，变频器输出频率应上升，提高冷却泵的转速，以增大冷却水循环速度；若温差小，说明冷冻主机产生的热量小，变频器输出频率应下降，降低冷却泵的转速，减缓冷却水循环速度，从而满足了节约电能的需要。

3. 冷冻水系统变频调速控制

（1）系统控制依据

1）压差控制。所谓压差控制，就是以出水压力和回水压力之差作为控制依据。这是为了使最高楼层的冷冻水能够保持一定压力，但这种控制方案存在一定弊端。方案中没有把环境温度变化考虑进去，也就是没有考虑冷冻水温度和房间温度等因素，也没有考虑温度、流量与转速等节能问题。

2）温度控制。冷冻水出水温度通常是比较稳定的，因此，单是回水温度就足以反映房间的温度。在冷冻水系统变频调速系统中，可以根据回水温度进行控制，也就是以回水温度作为反馈信号。采用安装在冷冻水系统回水主管道的温度传感器检测回水温度，当回水温度高于给定温度时，说明房间里温度较高。经 PID 调节，变频器输出频率上升，冷冻泵转速提高，加快冷冻水循环速度，使室温降低。反之，当回水温度低于给定温度时，说明房间里温度较低，经 PID 调节，变频器输出频率下降，冷冻泵转速下降，从而减缓冷冻水循环速度，实现了闭环控制。

（2）系统控制方案　冷冻水循环系统控制方案如图 8.15 所示。

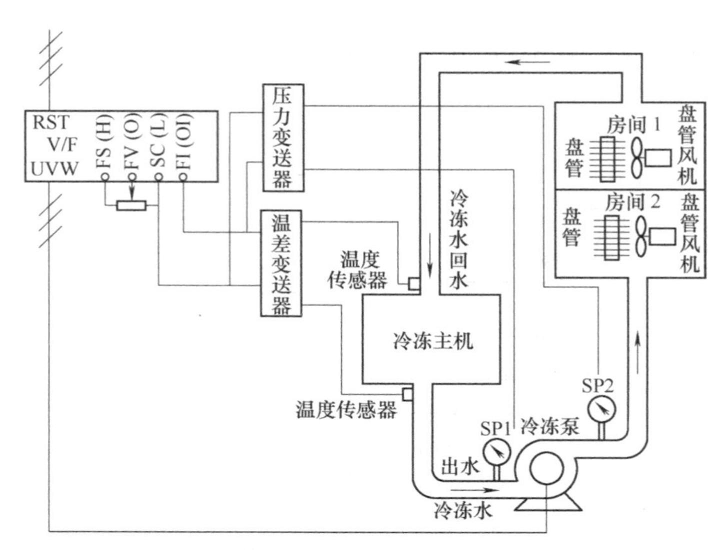

图 8.15 冷冻水循环系统控制方案

1）压差为主温度为辅的控制。以压差信号为反馈信号进行恒压差控制，而压差的目标值可以在一定范围内根据回水温度进行适当调整。当房间温度较低时，使压差目标值下降，减小冷冻泵转速，提高节能效果。这种控制方案，既考虑了环境温度因素，又提高了节能效率。

2）温度为主压差为辅的控制。以温度信号为反馈信号进行恒温控制，而目标信号可以根据压差信号大小进行适当调整。当压差较高时，说明负荷较重，此时应该适当提高目标信号值，增加冷冻泵转速，以保持最高楼层有足够的冷冻水压力。

4. 中央空调变频调速的优点

（1）节能　变频空调在控制过程中使用永磁同步电动机作为压缩机，根据房间当前温度与预期设定值的差距情况，通过智能化控制，自动提供所需的冷热量。当室内温度达到预期设定值后，空调主机则能够准确保持这一温度的恒定转速，实现不停机运转，避免了频繁的开/停压缩机而产生的瞬间大电流，减少了间歇性运行，降低了热量损失，从而达到了节能目的。

（2）舒适　当空调开始运行时，室温与设定温度相差很大，压缩机便以较高的转速运转，使室温快速达到设定温度。到达设定温度后，压缩机工作在低速状态，并保持在设定温度±1℃范围内变化，减少开关时间，增强了人体的舒适感。

（3）起动电流减小　一般定频式空调以固定频率起动压缩机，起动电流为额定电流的4~7倍，容易造成对电源电网的干扰。由变频器控制的空调在起动压缩机时，选择较低电压及频率起动，并获得所需起动转矩，这样既不会对电网产生影响，也不会对其他用电设备产生电磁干扰。

（4）环境的适应性强　变频空调对环境温度的适应性强，一般空调当电压低于 180V 时，压缩机就无法起动，而变频空调如果电压降低，可以采取降频起动，最低起动电压可以达到 150V，运行电压范围可在 160~250V。普通空调压缩机转速恒定，当温度低于 0℃时，制热效果明显变差，变频空调在室外温度为-15~-10℃时仍可以起动，且制热量是一般空调的3~4 倍，与一般空调在制热效果方面相比，变频系统在高转速下运转，制热能力显著提高。

8.3.2 家用空调

家用空调有移动式、窗台式和分体式。分体式空调有壁挂式、立柜式、吊顶式、嵌入式和落地式。现在将分体式空调采用变频器调节控制的情况进行详细介绍。

过去家用空调采用 ON/OFF 控制方式，用笼型异步电动机带动压缩机来调节冷暖气，但它存在着下述问题：

1）根据地区气候、房屋的朝向等估计一年中最大负载来选择恰当的空调机比较困难。

2）由于采用 ON/OFF 控制方式运行，室内温度和湿度会发生波动，引起不舒适感。

3）在 50Hz 还是 60Hz 地区转速会产生较大差别。

4）压缩机电动机在起动时有很大的冲击电流，因此需要比连续运行时更大的电源容量。

5）由于压缩机转速恒定，外面温度变化会引起冷暖空调能力的变化（特别在暖气运行时，外面气温下降会导致暖气效果下降，这是很大的弱点）。

应用变频器可连续地控制笼型异步电动机的转速，以解决上述问题。家用空调变频控制框图如图 8.16 所示。

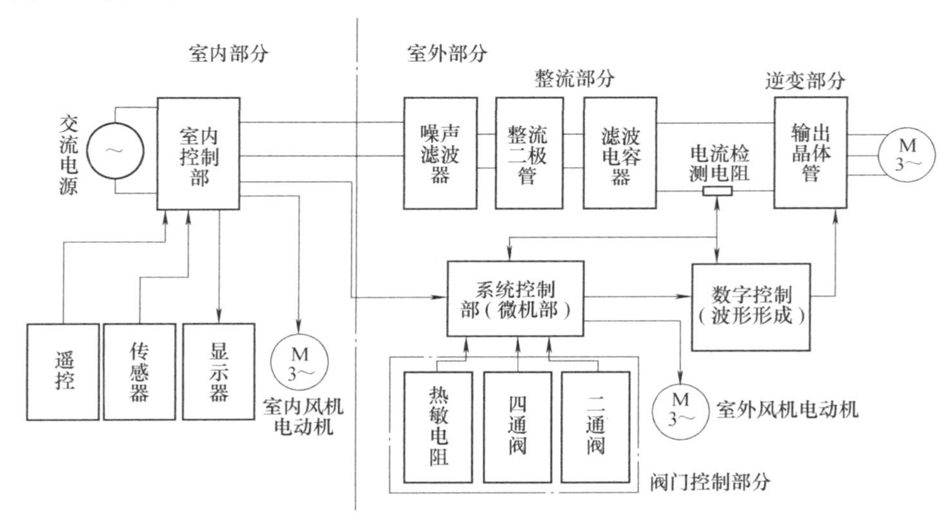

图 8.16　家用空调变频控制框图

室内部分以室内控制部为中心，由遥控、传感器、显示器和室内风机电动机组成。温度和湿度数据及运行模式等设定条件以序列信号的形式送往室外部分。

室外部分以系统控制部为中心，由整流部分、逆变部分、电流传感器、室外风机电动机及阀门控制部分组成。

家用空调的室内部分备有室温传感器，并将设定温度和运行情况等信息传送给室外部分。室外部分则分析这些信息，了解温差与室温变化的时间等，然后计算并指定压缩机电动机的频率。开始运行时，如果室温与设定温度差别很大，采用高频运行，随着温度差的减小采用低频运行。另外，在室温急剧变化时使频率也大幅度变化，缓慢变化时使频率小范围变化，并在平衡冷暖气负载与压缩机输出的同时，以最短时间使室温达到给定值。使用变频器控制空调可以达到以下效果：

（1）节能　家用空调一年中基本上是在轻负载下运行。采用变频调速控制后，负载下降时使压缩机能力也下降，从而保持与负载的平衡，使运行效率提高，节约了能源。

（2）压缩机 ON/OFF 损耗减少　由于采用变频调速控制的空调可采用变频来对应轻负载，所以可减少压缩机开停次数，使制冷回路的制冷剂压力变化引起的损耗减少。

（3）舒适性改善　与通常的热泵空调相比，采用变频调速控制后，在室外气温下降、负载增加时压缩机转速上升，能提高暖气效果。

（4）消除50/60Hz地区的能力差　由于变频调速控制的空调在原理上是先将交流变为直流再产生交流，即把工频电源（50Hz或60Hz）变换成各种频率，以实现电动机的变速运行，与工频电源是50Hz还是60Hz的地区差异无关。

（5）起动电流减小　由变频器控制的空调在起动压缩机时，选择较低电压及频率来抑制起动电流，并获得所需起动转矩，可防止预定导通电流的增加。

8.4 变频器在工业锅炉控制系统中的应用

锅炉是人民生产和生活中重要的供热设备，为机械、化工、电力、造纸、纺织等多个行业以及工业和民用取暖提供了大量的热能。目前我国已有中、小锅炉30余万台，每年耗煤量约3亿吨，是我国当今的耗能大户，锅炉在燃煤过程中将产生大量烟雾，也对生态环境造成了严重的破坏。因此，如何降低能耗，提高热效率，达到节能减排的目的，是锅炉控制系统亟待解决的问题。

8.4.1 锅炉控制系统的基本要求

1. 锅炉控制系统的基本结构

锅炉控制系统是保证锅炉安全、稳定、经济运行及减轻工作人员劳动强度的主要设备，一般由锅炉本体、PLC、一次仪表、电动机、上位机、自动与手动切换操作机构、执行机构和阀等几部分组成，锅炉的温度、流量、压力及转速等通过一次仪表测量转换成变频器可以接受的电压、电流等信号送入锅炉控制系统。锅炉控制系统可以采用自动控制或手动操作，手动操作时工作人员手动控制变频器、滑差电动机和阀等多个设备，自动控制时只需对微机发出控制信号就可以对整个锅炉的运行进行监测、控制，以保证锅炉正常、可靠地运行。

2. 锅炉控制系统的设计原则

为了满足负荷设备要求，保证锅炉运行的经济性与安全性，在设计锅炉控制系统时，应遵循以下设计原则：

（1）保持汽包水位范围　锅炉能否正常运行，其中的一个主要指标是汽包水位，汽包水位的高低影响着产生蒸汽的质量和汽水分离的速度，也是能否安全生产的重要参数。水位过高有可能引起汽水分离，蒸汽滞液；水位过低会阻碍汽水循环，甚至会使某些上水管里的水停滞流动，导致金属管壁一些地方过热甚至爆管，引发重大事故。因此，选用给水阀对汽包水位进行调节，将水位严格控制在合适范围内。

（2）维持蒸汽压力范围　衡量负荷设备的蒸汽消耗量与蒸汽生产量是否平衡主要是通过蒸汽压力，蒸汽压力的高低不同，对金属导管和负荷设备会产生不同的影响。在锅炉运行过程中，蒸汽压力降低，表明锅炉的蒸汽生产量小于负荷的蒸汽消耗量。若蒸汽压力过低，就不能提供负荷设备符合质量的蒸汽；蒸汽压力升高，表明锅炉的蒸汽生产量大于负荷蒸汽的消耗量，若蒸汽压力过高，金属的蠕变加速，会使锅炉损坏。因此，将蒸汽压力控制在一定范围内，既保证了安全生产，又保证了燃烧的经济性。

（3）维持炉膛负压范围　引风量与送风量的适应性主要通过炉膛负压来衡量。炉膛负压过大，表明炉膛吸入冷风量多，引风机的电耗增大且大量热量被烟气带走；炉膛负压过小，炉膛容易向外喷火，既危及设备及操作人员安全，又影响环境卫生。为了避免以上情况的发生，必须将炉膛负压控制在一定范围内。

（4）保证燃烧过程的经济性　锅炉的热效率主要取决于燃空比，必须使燃料量和空气量达到最佳配比，才能使锅炉热效率最高，达到节能降耗的目的。当空气不足时，燃料燃烧不充分，浪费了大量的能源；当空气过剩时，大量的热量又会被空气带走，降低了燃烧效率。只有当燃料与空气量达到最佳配比，才能保证燃烧过程的经济性。

8.4.2 燃煤蒸汽锅炉变频调速系统的设计

工业锅炉按燃料的不同分为燃气、燃煤和燃油三种。这三种锅炉尽管燃料不同，燃烧量的调节手段有所区别，但燃烧过程的控制系统基本相同。对工业锅炉燃烧过程实现变频调速主要是通过变频器调节燃料进给量、送风机的送风量和引风机的引风量。下面主要介绍燃煤蒸汽锅炉变频调速控制系统的设计。

图 8.17 为燃煤蒸汽锅炉控制系统原理图。图中，FIC 为流量控制器，FT 为流量传感器，PIC 为压力控制器，PT 为压力传感器。送风机控制回路由 FIC1、FT1 和变频器 1 组成。由于煤的燃烧需要一定的空气，所以要使锅炉达到最佳燃烧过程，就必须使煤量和风量保持一定的比例，这主要靠变频器 1 调节送风机转速来实现。引风机控制回路由 PIC2、PT2 和变频器 2 组成，主要控制炉膛负压，在锅炉运行时要保持炉膛负压在 -40 ~ -20Pa 的范围内。给煤机控制回路由 PIC、PT、PIC3、PT3、FIC3、FT3 及变频器 3 组成。锅炉在运行时，锅炉燃烧的发热量直接由蒸汽压力和蒸汽生产量反映出来，在保持最佳燃烧的情况下，当煤的进给量发生变化时，蒸汽生产量也会随之改变。因此，通过变频器 3 调节送煤炉排的转速，就可以调节给煤量，进而达到控制蒸汽生产量的目的。

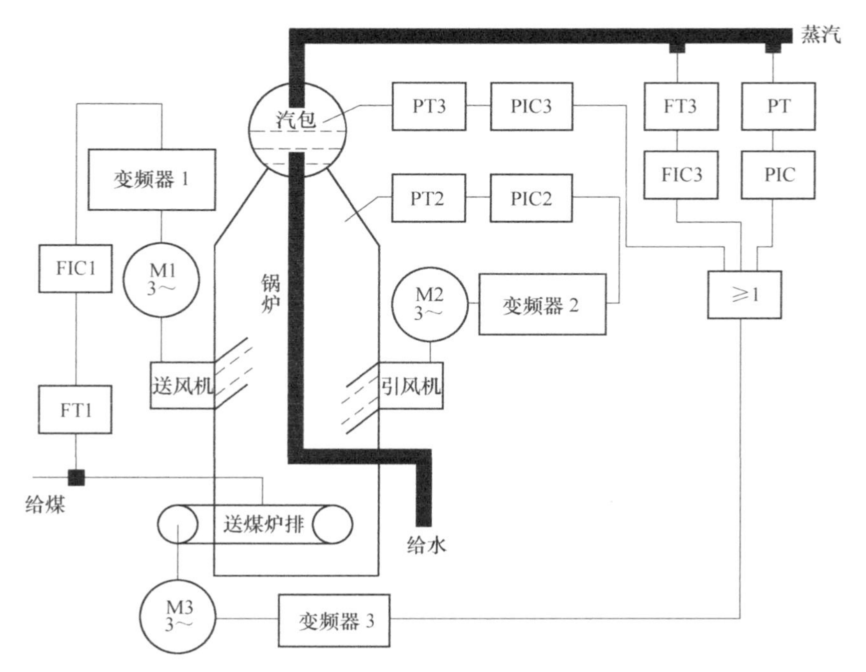

图 8.17　燃煤蒸汽锅炉控制系统原理图

8.4.3 变频调速节能原理及燃烧过程工作原理

1. 变频调速节能原理

根据流体力学原理可以得到风机风量、风压、电动机轴功率与转速之间的关系式为

$$\frac{Q_1}{Q_2}=\frac{n_1}{n_2} \qquad \frac{H_1}{H_2}=\left(\frac{n_1}{n_2}\right)^2 \qquad \frac{P_1}{P_2}=\left(\frac{n_1}{n_2}\right)^3 \tag{8.1}$$

式中，n_1、n_2 为转速（r/min）；Q_1、Q_2 为风量（m^3/h）；H_1、H_2 为风压（Pa）；P_1、P_2 为电动机轴功率（kW）；1 和 2 分别对应两种工况。

从式（8.1）可以看出，当转速下降时风量与转速成正比下降，风压与转速成二次方关系下降，功率与转速成三次方关系下降，这也表明转速降低一点，功率会降低很多，节能效果非常明显。

2. 燃烧过程工作原理

考虑到煤在燃烧过程中需要一定的氧气量，且要使煤充分燃烧则必须使煤和氧气保持一定的比例，这就要求送风量和给煤量保持一定比例。同时，考虑到减少烟气带走的热量，这就要求炉膛负压保持在一定范围内，既不形成较大的漏风，又不向外喷火。图 8.18 为燃煤蒸汽锅炉变频控制系统框图。

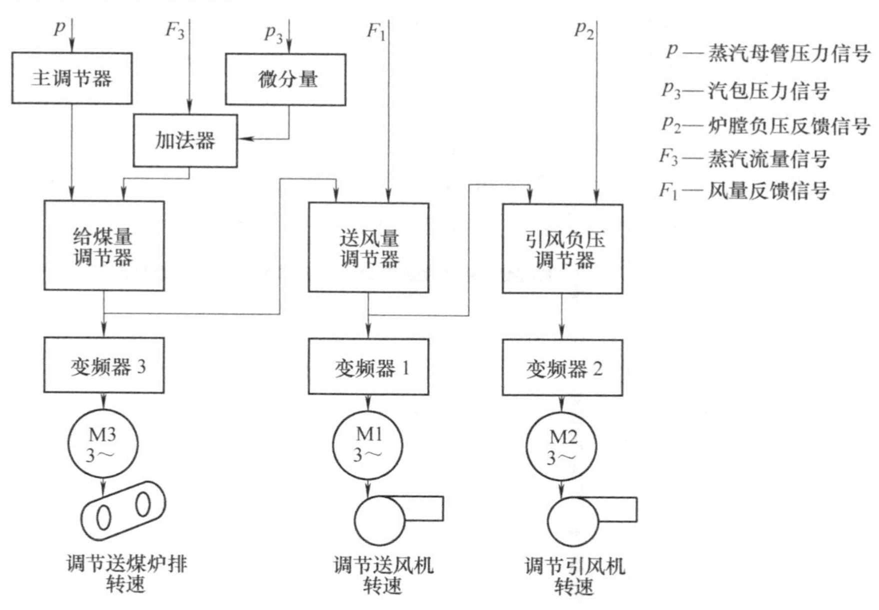

图 8.18 燃煤蒸汽锅炉变频控制系统框图

系统工作原理：当负载蒸汽量变化时，主调节器接受蒸汽母管压力信号 p，输入给煤量调节器，及时调节给煤量，以适应负载的变化。同时，给煤量调节器将负载变化的信号输入送风量调节器，以保持适当的煤风比例。由于送风量调节器与引风负压调节器之间有动态补偿信号，此时引风负压调节器也同时动作，这样就保证了燃烧控制系统的协调动作，以保证正确的煤风比例和适当的炉膛负压。送风量调节器接收到风量反馈信号 F_1，快速反映送风量的变化，以提高调节的稳定性。引风负压调节器接收炉膛负压反馈信号 p_2，快速做出调节，以起到静态时对炉膛负压的校正作用。

8.4.4 工业锅炉变频调速系统的功能特点

从锅炉使用的安全性、节能性及操作维护便捷性等几个方面考虑，变频调速系统应用于工业锅炉燃烧控制系统，就是将以前系统用的阀门开度控制信号转接到变频器上。这样，由于变频器输出的是频率，即转速信号，从式（8.1）可以看出，风机的风量与转速成正比，而转速反应时间要比阀门快，且转速控制精度和可靠性都高于阀门控制，同时从式（8.1）还可知转速与功率成三次方关系，当转速下降时，功率将成三次方下降，大大节约了能量。变频调速系统应用于工业锅炉的功能特点如下：

1）采用变频器控制电动机，在起动时不会产生瞬间大电流，避免了电流对电网的冲击，延长了设备的使用寿命。

2）采用变频器控制电动机，替代传统的挡板调节，避免挡板在调节过程中失灵或调节不当，不仅降低了设备的故障率，而且节约能源。

3）采用变频器控制电动机，电动机在低于额定转速的状态下运行，减少了噪声对环境的影响。

总之，采用变频调速控制后，操作和控制更加方便，甚至可改变原有的工艺规范，从而提高整个设备的性能。

8.5 变频器在电梯控制中的应用

电梯是一种垂直运输机械，目前广泛用于住宅、商场等高层建筑中。电梯大致可分为绳索式电梯和液压式电梯两大类。无论是哪一类电梯，普遍采用变频器进行调速控制。为了达到节电和改善系统控制品质及运行效率的目的，均采用了 PLC 与变频器结合的最佳控制方法。

8.5.1 电梯传动系统介绍

1. 电梯基本构成

电梯驱动机构示意图如图 8.19 所示。它是由轿厢、配重物体、导轮和曳引机等组成，其动力由三相异步电动机提供。为了平衡载重量，钢丝绳一端是轿厢，另一端是配重物体。

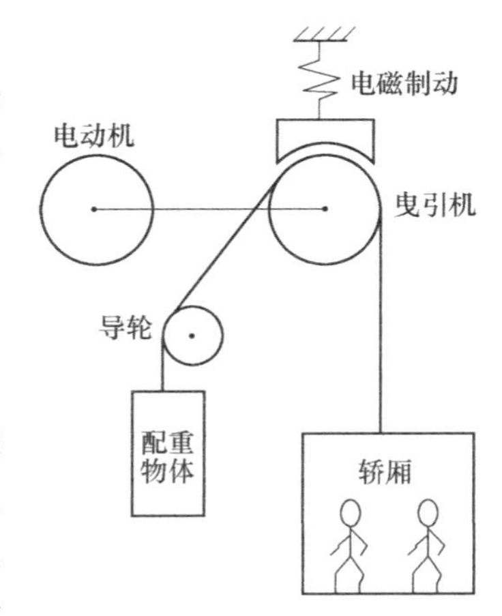

图 8.19　电梯驱动机构示意图

配重物体的重量随电梯载重量大小而定。计算方法是：

配重物体的重量=（载重量/2+轿厢自重）×45%

式中，45%是平衡系数，平衡系数一般取 45%~50%。

电梯曳引机是电梯的动力设备，又称为电梯主机。其功能是输送与传递动力使电梯运行，由电动机、制动器、联轴器、减速箱、曳引轮、机架、导向轮和附属盘车手轮等组成。在电梯重载上下行以及轻载上下行时，为了满足乘客的舒适感和平层精度，要求电动机在各种负载下都有良好的调速性能和准确停车性能。

2. 电梯工作过程

1）假定电梯位于某层且处于关门待行状态，门外呼叫电梯，人进入轿厢。经延时或接到手动关门指令，电梯关门。

2）接受厢内选层指令，判断“上行”与“下行”。假定为上行方向，接通电磁制动器线圈，使其释放。电梯按给定升速曲线上行。

3）在上行过程中，不断地将速度给定信号与反馈信号相比较，且不断地进行调整，使速度曲线尽量符合理想的运行曲线，而达到平稳运行。

4）在上行过程中，轿厢位置传感器每经过一个楼层就检测到一个楼层信号，并且核对位置，更换一次楼层显示数字。

5）在上行过程中，不断地搜索呼叫信号。若搜索到呼叫信号且即将到达时，经延时，轿厢开始减速运行，隔磁板插入平层传感器，当检测到平层信号后，电梯进一步减速，达到平层位置时，电梯停止运行。

6）电磁制动器断电抱闸，电梯停稳并发出开门信号，电梯开门。

3. 对升降速的要求

乘客乘坐电梯的舒适度主要取决于加速度的大小，为减小加速度，需采取以下几点措施：

1）起动、制动必须平稳，加速度一般控制在 $0.9m/s^2$ 以下，并采用 S 形升降速方式。

2）上下行的速度通常要求在 30~105m/min 范围内。

3）将要起动或停车时，在开始升速或减速时，有一种冲击感，这是由于起动或制动转矩过大造成的。为了消除这种感觉，在有些电梯专用变频器中，增加“S 形转矩控制模式”，在起动与停车时逐渐增加或减小转矩，使乘客无冲击感。

4. 电动机工作状态

（1）轿厢满载　轿厢满载时，轿厢重量大于配重物体重量。当轿厢上升时，电动机正转，为电动状态。当轿厢下降时，电动机反转，为再生发电状态。

（2）轿厢轻载　轿厢轻载时，轿厢重量小于配重物体重量。当轿厢上升时，由于配重物体重力作用，它将拉着轿厢上升，电动机正转。这时实际转速超过同步转速，处于再生发电状态。当轿厢下降时，电动机处于反转电动状态。

8.5.2 电梯变频调速系统的控制原理

1. 电梯变频调速系统主电路

电梯变频调速系统主电路如图 8.20 所示。

（1）变频器输入侧　变频器输入侧安装交流电抗器 LA1 和直流电抗器 LD，用于减小高次谐波电流并提高功率因数。同时，也相应减小了电源电压不平衡所带来的影响。为抑制高频噪声，输入侧加装了噪声滤波器 Z1。

（2）变频器输出侧　当变频器与电动机距离较长（超过 20m）时，输出侧应该加装交流电抗器 LA2，以防止因线路过长导致分布电容增大而引起过电流。同时也加装噪声滤波器 Z2。

（3）制动　由于电梯重载下降时，处于再生发电状态，因此，有必要外接制动电阻 R 和制动单元 BV。同时，为了安全有必要安装电磁制动器 YB。

2. 电梯变频调速系统控制电路

控制电路特点：

1）电梯运行过程中，不断将给定信号与速度比较，并且不断地进行速度校正，使之尽量接近理想的电梯运行曲线。图 8.21 所示为理想的电梯运行曲线。

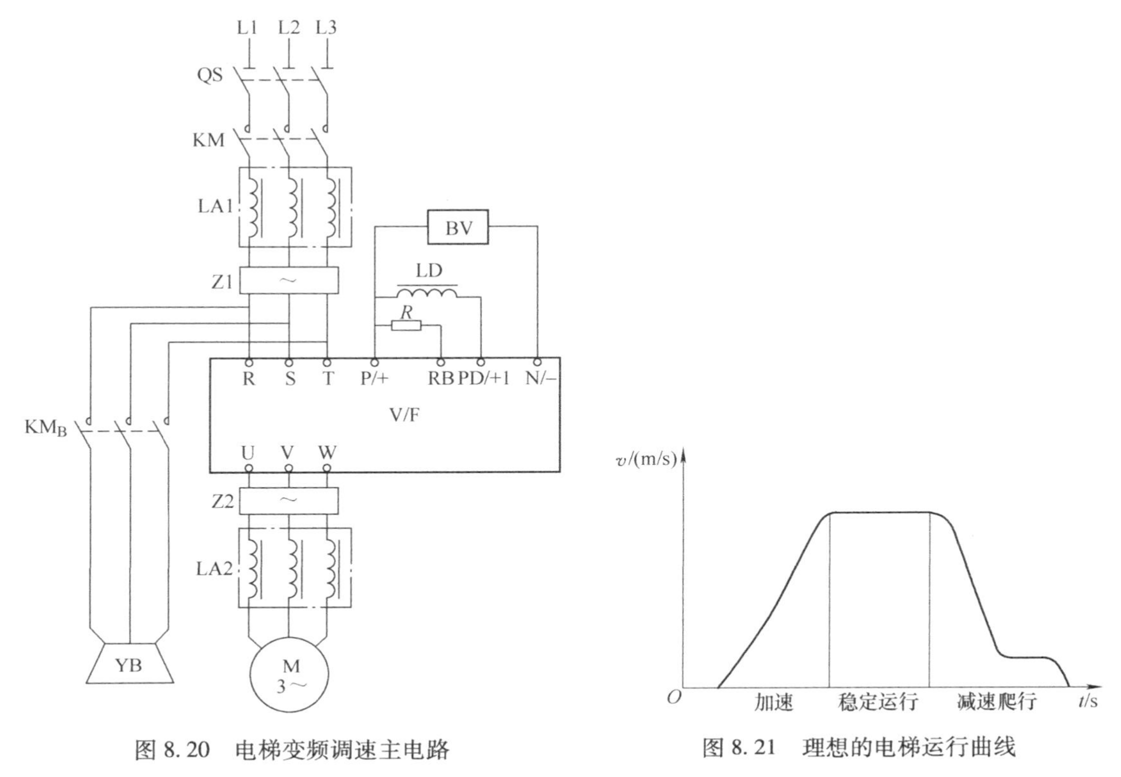

图 8.20 电梯变频调速主电路

图 8.21 理想的电梯运行曲线

2）设置位置检测信号，随时判断轿厢当前位置，并根据轿厢当前位置、运行状态、运行方向以及接收到的呼梯指令来判断下一站要停的楼层，算出与当前位置的距离，并根据当前的速度来决定加速还是减速。

3）控制电路必须随时搜索电梯当前位置信息、速度信息、手动或自动信息、呼梯信息以及平层信息等。

8.5.3 电梯变频调速系统实例分析

变频器不仅具有良好的调速性能，而且可节约大量电能。图 8.22 为某电梯变频调速专用设备组成示意图，下面简单介绍其电路组成。

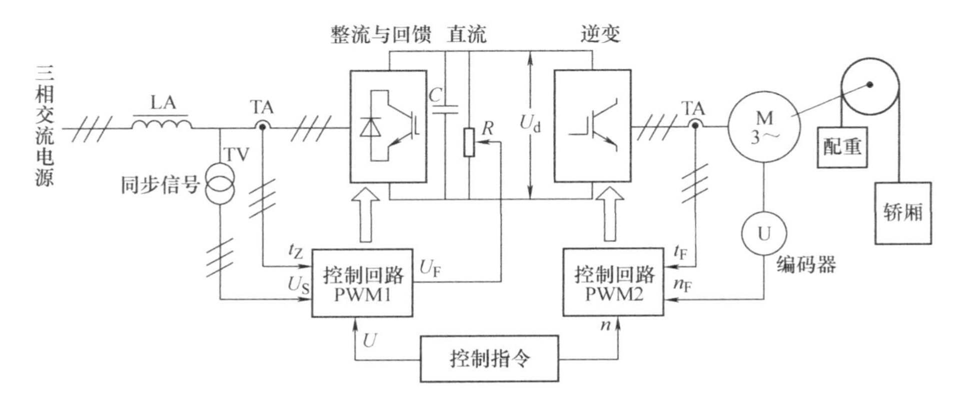

图 8.22 某电梯变频调速专用设备组成示意图

1. 整流与回馈电路

整流与回馈电路具有两个功能，一是将电网三相交流电整流为直流电，向逆变器提供直流电源；二是在减速或制动时，将电动机再生电能回馈电网。因为主电路所用器件是 IGBT 或 IPM，根据系统运行状态，既可作为整流器使用，又可作为有源逆变器使用。

2. 逆变电路

逆变电路由 IGBT 或 IPM 组成，向交流电动机提供三相交流电。

3. 检测电路

TA 为电流互感器，检测变频输出电流；TV 用于检测电网同步信号，电阻 R 用于检测直流回路电压。

为满足电梯的控制要求，变频调速系统通过与电动机同轴连接的旋转编码器，来完成对速度的检测及反馈，形成闭环系统。

4. 控制电路

控制电路由计算机或 PLC 组成，控制电路主要用于发出电气传动系统所需的各项指令，包括速度、电流以及位置控制等，同时产生 PWM 控制信号，并具有自诊断功能。

若采用 PLC 控制，PLC 将完成系统逻辑控制部分，负责处理各种信号的逻辑关系，从而向变频器发出起、停等指令。同时，变频器也将工作状态信号送给 PLC，形成双向联络关系。PLC 是系统的核心。

8.6 变频器在起重设备中的应用

8.6.1 起重设备介绍

1. 起升机构的基本结构组成

起升机构是起重设备最主要、最基本的工作机构，由卷筒、钢丝绳、减速机、电动机和吊钩等组成，如图 8.23 所示。

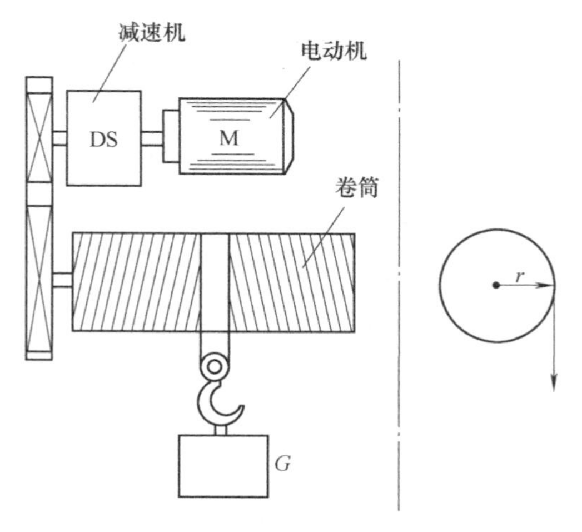

图 8.23 起升机构的基本结构组成

G—重物重量 r—卷筒半径

2. 起升机构的转矩分析

在起升机构中存在三种转矩：

（1）电动机转矩 T_M　电动机转矩 T_M 即电动机电磁转矩，它是主动转矩，其方向可正可负。

（2）重力转矩 T_G　重力转矩 T_G 是重物及吊钩作用在卷筒上的力矩，其大小等于重物加吊钩的重量与卷筒半径的乘积，即

$$T_G = Gr \tag{8.2}$$

T_G 的方向永远向下。

（3）摩擦转矩 T_0　减速机是靠摩擦转矩传动的，其传动比很大，最大可达50 :1。方向永远与运动方向相反。

3. 升降过程中电动机工作状态

（1）重物上升　重物上升完全是电动机正向转矩作用的结果。此时电动机的旋转方向与电磁转矩方向相同，电动机处于电动状态。当重物接近吊装高度降低频率减速时，在频率下降的瞬间，电动机处于再生制动状态，其转矩变为反方向的制动转矩，使转速迅速下降，并以低速重新进入电动状态稳定运行。

（2）轻载或空钩下降　轻载或空钩下降时，必须由电动机反转运行来实现，电动机的转速和转矩都是负值。当通过降低频率而减速时，在频率下降的瞬间，电动机处于反向再生制动状态，其转矩是正方向的，以阻止重物下降，使得降速减慢，并重新进入稳定运行状态。

（3）重载下降　重载下降时，重物因自身的重力下降，电动机反转（下降），但其转矩方向却与旋转方向相反，是正向的。此时，电动机的作用是防止重物因重力加速度而不断加速下降，而使得重物匀速下降。在这种情况下，摩擦转矩也阻碍重物下降。所以，相同的重物在下降时的负载转矩比上升时要小。

8.6.2 起重设备变频调速系统的特点

在变频器被应用到起重设备上之前，起重设备主吊电动机以绕线转子交流异步电动机为主，电动机调速采用转子回路串多段电阻调速方式，电气控制采用接触器切换相序的方式来控制设备的运动方向，这种控制方式有明显缺点：

1）串电阻调速属于能耗型转差调速，低速发热严重，且机械特性偏软，调速范围十分有限。

2）接触器在实际应用中频繁地开合切换，电动机的冲击电流大，接触器等电气元件使用寿命较短，增加了维护成本。

3）起重设备工作环境恶劣，使用频率高，电刷容易磨损，电动机转子所串电阻过热烧损和故障概率较高。

4）主吊系统抱闸是在较高运行速度状态下进行的，制动器刹车片磨损很大，更换频繁，事故隐患大。

5）转子串电阻调速平滑性差，减速机、联轴器及钢丝绳等传动部件的机械冲击大，直接影响零件使用寿命，设备故障率高，影响生产效率。

6）分级调速，定位精度差，不适用精密大件安装时的高精度调整吊装。

7）停止时惯性大，导致吊装件摆动幅度大，影响安全生产。

变频调速控制方式能从根本上解决起重设备控制问题，系统控制电路简单，易于维护；可使起重设备操作平稳，提高运行效率，消除起动和制动时所产生的机械冲击；电气设备故障率低，降低电能消耗，提高功率因数；同时，系统可以实现过电流、欠电压及输入断相等保护，还可以实现变频器超温、超载和制动单元过热等自身保护。起重设备变频调速系统由变频器、PLC 及外围电气设备组成，由 PLC 根据系统设置和检测参数控制起重设备的起动、制动、停止、可逆运行及调速运行。

起重设备与其他传动机械相比，在安全和性能上对变频器有着更为苛刻的要求。近 10 年来，随着电力电子技术飞速发展，特别是直接转矩控制技术日臻成熟，很多变频器厂商相继推出了专门针对起重设备的专用变频器，使得起重设备变频调速更加方便可靠。

8.6.3 起重设备变频调速系统的技术要求

起重设备的主要起升机构是吊钩，吨位较大的起重设备通常配有主钩与副钩，下面以主钩为例说明起升机构对拖动系统的技术要求。

1. 调速范围

一般要求调速比（最高转速与最低转速之比）为

$$a_n = 3 \tag{8.3}$$

如果要求调速范围较大，可以使

$$a_n \geqslant 10 \tag{8.4}$$

本着“轻载快速，重载慢速”的原则，升降速度可随负载重量变化而自动切换。

2. 上升时的传动间隙

吊钩从地面或某一放置物体的平面提取重物上升时，必须先消除传动间隙，将钢丝绳拉紧。在拖动系统中，其第一档速度为预备级，预备级速度不宜过高，以免机械冲击过大。

3. 制动方法

吊钩吊着重物在空中停留时，如果没有专门的制动装置，重物很难在空中长时间停留。因此，在电动机轴上应加装机械制动装置，通常采用电磁抱闸和液压电磁制动器等。为确保制动器安全可靠，制动装置均采用动断式电器，在线圈断电时制动器依靠弹簧力将轴抱死，在线圈通电时释放。

4. 溜钩问题

在重物升降和停止瞬间，要求制动器必须和电动机紧密配合。由于制动器从抱紧到释放以及从释放到抱紧的动作过程需要大约 0.6s，而电动机转矩的产生与消失是在通电和断电瞬间立即反应的。因此，应该重视两者之间的配合，如电动机已经断电，而制动又没有抱死，则重物必将下降，即出现溜钩现象。这种现象不但会使起重设备所吊重物在空中定位不准，而且会导致安全事故。

5. 点动功能

起重设备通常需要在空中调整重物的位置。为此，必须设置点动功能。

6. 电动机的选择

在对原有起重设备进行技术改造时，对于原有的且较新的三相笼型异步电动机，可以直接选配变频器。如果原有电动机年久失修，则可以考虑选用变频专用电动机。

7. 变频器的选择

在起重设备中，多数是带载起动或停车，在升降速过程中电动机电流较大。所以，应计算出对应最大起动转矩及升降速转矩的电流。通常变频器的额定电流 I_N 由下式决定：

$$I_N > I_{MN}\frac{K_1K_3}{K_2} \tag{8.5}$$

式中，I_{MN}为电动机额定电流；K_1 为所需最大转矩与电动机额定转矩之比；K_2 为变频器的过载能力，通常取 1.5；K_3 为系统裕度，通常取 1.1。

值得注意的是，对于桥式起重机，主钩与副钩电动机不能共用变频器。

8. 制动电阻估算

在用变频器控制起重设备时，应该在直流制动单元中外接制动电阻。但制动电阻的精确计算是比较复杂的，下面介绍一种估算方法，基本能够满足实际工程需要。

1）势能负载的最大释放功率等于以最高转速匀速下降时的电动机功率，其实质就是电动机额定功率 P_{MN}。

2）由于电动机处于再生制动状态下，回馈的电能完全消耗在电阻上。因此，电阻的功率 P_{RB}应与电动机额定功率 P_{MN}相等，即

$$P_{RB} = P_{MN} \tag{8.6}$$

3）制动电阻接在变频器的直流回路中，两端电压为 U_D。阻值可按下式计算：

$$R_B \geqslant \frac{U_D^2}{P_{MN}} \tag{8.7}$$

4）直流制动单元允许通过电流可按工作电流的两倍计算：

$$I_{VB} \geqslant \frac{2U_D}{R_B} \tag{8.8}$$

9. 再生电能的处理

在重物下降时，电动机处于再生制动状态，此时再生电能回馈到变频器。如果处理不当，则会造成变频器损坏。再生电能处理的基本方式有两种；

（1）有源逆变器　有源逆变器也称回馈单元，如图 8.24 所示。图中 RG 为有源逆变器，P、N 端子接变频器的直流输出母线端子 P、N。当直流电压超过限值时，有源逆变器将直流电压逆变成三相交流电，回馈到电网中去。

（2）直流反馈　具有直流反馈功能的变频器可直接将多余的直流电能回馈到三相交流电网中，如图 8.25 所示。图中，二极管 $VD_1 \sim VD_6$ 组成三相全波桥式整流电路，与普通变频器的整流电路相同。$VF_1 \sim VF_6$ 组成三相逆变桥式电路，将过高的直流电压逆变成三相交流电压，并回馈给电网。

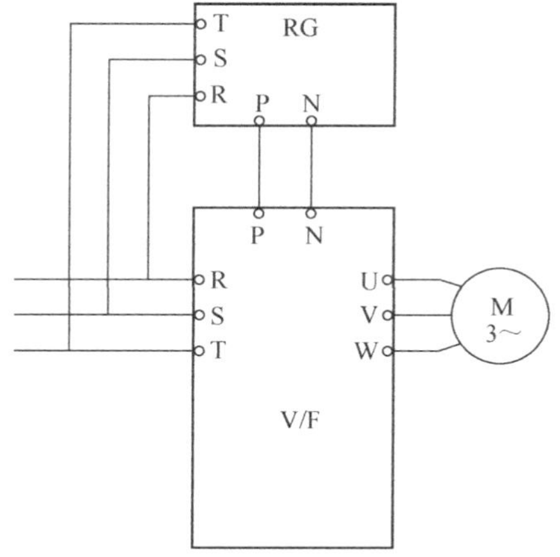

图 8.24　有源逆变器的接法

10. 公用直流母线

在起重设备中，由于变频器数量多，将所有变频器的整流部分作为公用，称为公用直流母线方式，如图 8.26 所

示。采用公用直流母线方式驱动多台变频器，可使系统电路形式更加简洁、紧凑。

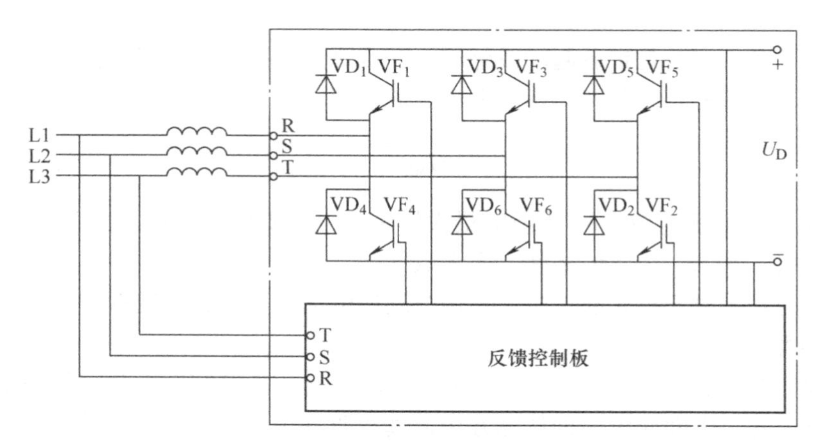

图 8.25　具有直流反馈功能的变频器

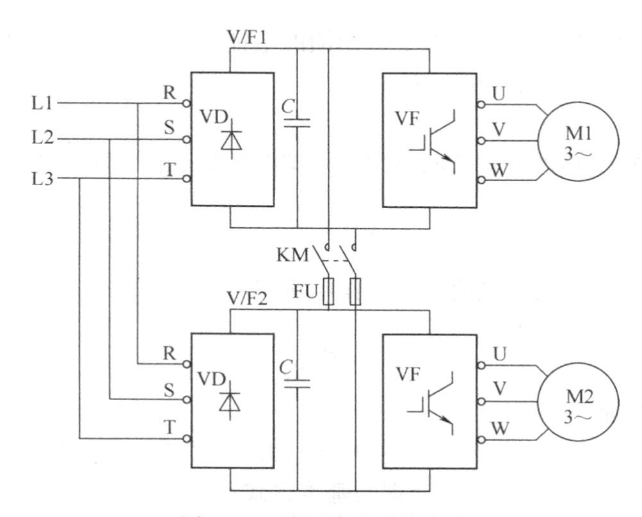

图 8.26　公用直流母线方式

重载下降过程中，其再生电能可采用制动电阻来吸收，或将其回馈到电网。在图 8.26 中，当两个以上的机构同时运行时，若 M1 处于再生制动状态，其再生制动能量可经直流母线直接供给处于电动状态的 M2，在很大程度上提高了能量的再生利用率。

公用直流母线系统通常由一个整流/有源逆变器加多个变频器组成，整流/有源逆变器为各个变频器提供公用直流母线。当电动机处于减速或重载下降并使直流母线电压升高时，其逆变桥开始工作并将再生制动能量回馈至电网，从而使系统实现可逆运行。

8.6.4 起重设备变频调速系统的控制方案及控制原理

1. 控制方案

(1) 控制方式　为了确保起重设备在低速时有足够的转矩，应采用带转速反馈的矢量控制方式。在定位要求不高的场合也可采用无反馈的矢量控制方式。

（2）起动方式　吊钩及重物从地面或某平台上提升时，需要先消除上升中的传动间隙，将钢丝绳拉紧，故采用 S 形起动方式为宜。

（3）制动方式　应采用再生制动、直流制动以及电磁机械制动相结合的制动方式。

（4）点动方式　调整重物在空间位置，应采用点动方式。点动方式需要单独控制，但点动频率不宜过高。

（5）调速要求　变频器调速是无级的，完全可以采用外接电位器来调节转速。但为了便于操作人员掌握，采用左右各若干档转速控制方式为宜。

2. 控制原理

（1）抱闸控制　起升电动机自身带机械抱闸机构，机械抱闸机构与电动机动作的时序配合十分重要，以往不采用变频器控制时，往往起动时电流和机械冲击很大，在时序配合不好时还会产生溜钩现象，起升和下放的速度也无法控制。将变频器用在起重设备上，考虑到其特殊性，通过变频器参数设定可控制机械抱闸逻辑顺序，可以很方便地通过调整这些参数满足起重现场要求。

根据吊装重物的重量情况和抱闸机械时间常数，可以通过频率侦测功能，在吊装起动时，使变频器处于适合的频率区间解除机械抱闸，保证释放时电动机有足够的力矩以使货物在提升过程不会溜钩；同样，在停机时变频器需要处于适合的频率区间才可以起动机械抱闸，使变频器输出频率还没到零时抱闸已动作，确保停机时重物不会下坠，动作时序如图 8. 27 所示。

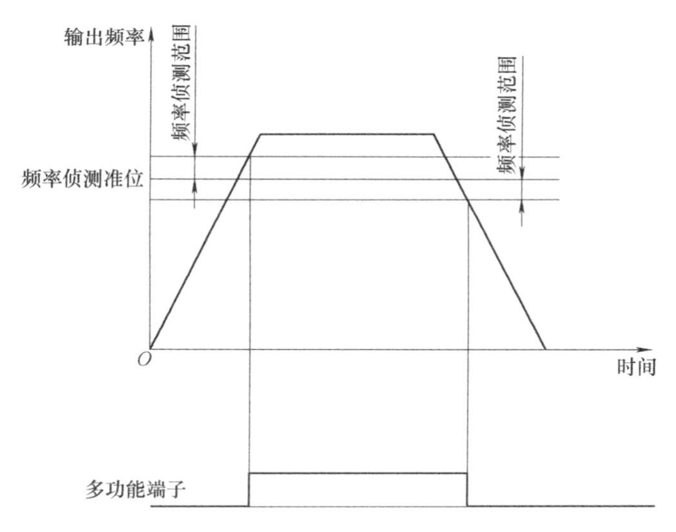

图 8. 27　频率侦测动作时序

为进一步提升重负载下的输出力矩，还需要提高自动转矩以提升增益范围，提高动态电压补偿以防止重负载下的电压不足，同时使整体电流消耗最小（功率因子最高）为最佳。

（2）起动时的平稳性控制　重负载提升的起动瞬间，需要保证起动平滑、起动力矩大，防止过冲惰走现象的发生。提高低速力矩可以采用转矩提升功能，动作原理如图 8. 28 所示。变频器在起停低速阶段需要缓和加减速时的冲击，防止升降冲击。低速时变频器采用平滑曲线加减速，动作原理如图 8. 29 所示。

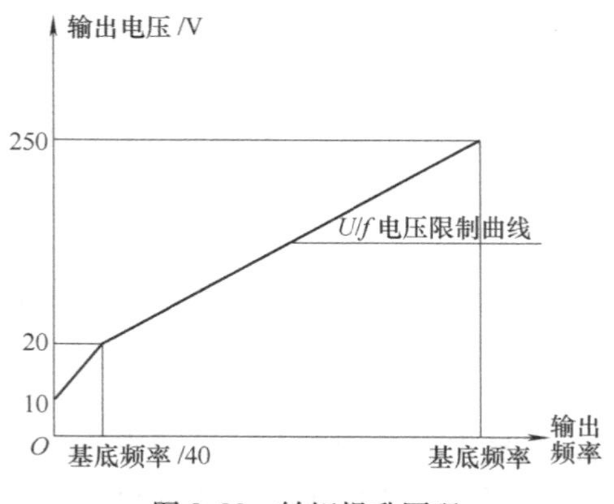

图 8.28　转矩提升原理

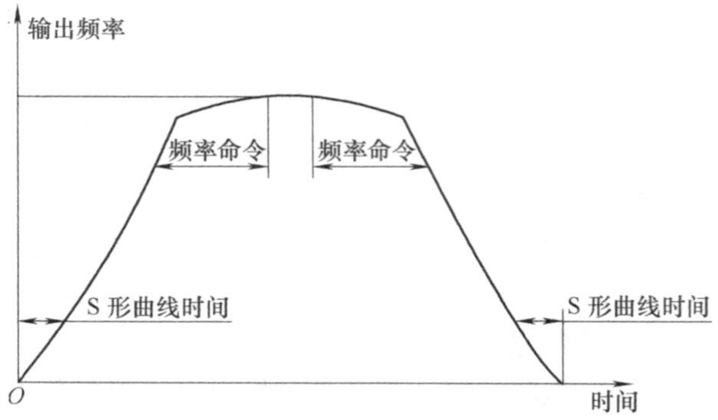

图 8.29　平滑加减速动作原理

（3）主吊下降过程的制动控制　起重设备在工作过程中频繁正反向、加减速、起停运行，尤其在重载下降过程中，电动机在重物拖动下使其转速与旋转磁场转向一致并超过同步转速，电动机由电动状态快速进入发电状态即回馈制动状态，过大的再生能量经电动机定子反馈进入变频器将导致变频器的直流母线电压上升。目前对再生能量的处理方法是采用制动单元和制动电阻将再生能量消耗掉。

（4）大小车的控制　大小车的控制相较于主吊要简单，大车采用两个电动机驱动，做到同步起动即可，一般采用变频器一拖二方案。而小车采用单电动机控制。大小车均属于水平位置移动，主要防止惰走情况，所用变频器也必须加装制动电阻，功率采用标配即可。在防惰走方面，可以引入停止时直流制动功能，其动作原理如图 8.30 所示。

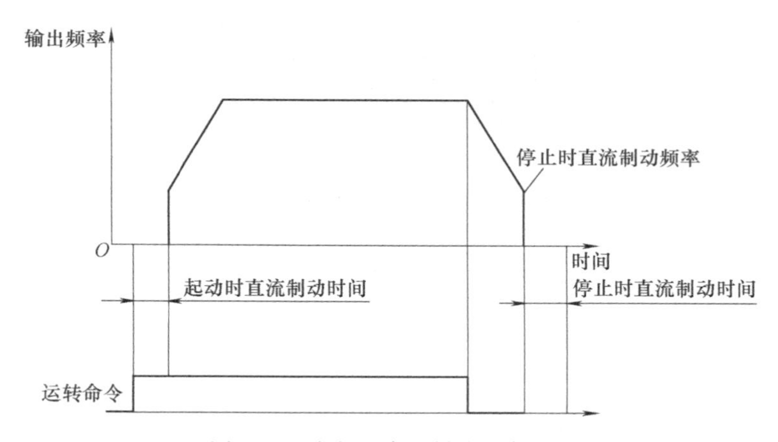

图 8.30　变频器直流制动动作原理

8.7 变频器在空气压缩机中的应用

8.7.1 空气压缩机介绍

空气压缩机在工矿企业生产中有着广泛的应用，它担负着为各种气动元件和气动设备提供气源的重任。因此空气压缩机运行的好坏直接影响生产工艺和产品质量。

空气压缩机是一种把空气压入储气罐中，使之保持一定压力的机械设备，属于恒转矩负载，其运行功率与转速成正比，即

$$P_L = \frac{T_L n_L}{9550} \tag{8.9}$$

式中，P_L 为空气压缩机的运行功率（kW）；T_L 为空气压缩机的转矩（N·m）；n_L 为空气压缩机的转速（r/min）。

所以就运行功率而言，采用变频调速控制的节能效果远不如风机泵类二次方律负载显著。但空气压缩机大都处于长时间连续运行状态，传统的工作方式为加载/卸载供气控制方式，即压力达到上限时关阀，使压缩机进入轻载运行；压力达到下限时开阀，使压缩机进入满载运行。这种频繁加减负荷的过程，不仅使供气压力波动，而且还会使空气压缩机的负荷状态频繁地变换。又由于设计时空气压缩机不能排除在满负荷状态下长时间运行的可能性，所以只能按最大需求来选择电动机的容量，故选择的电动机容量一般都较大，而在实际运行中，轻载运行的时间所占的比例却非常高，这就造成巨大的能源浪费。

值得指出的是，供气压力的稳定性对产品质量的影响很大，通常生产工艺对供气压力有一定要求，若供气压力偏低，就不能满足工艺要求，而且可能出现废品，所以为了避免供气压力不足，一般供气压力较要求值要高些，从而造成供气成本高，能耗大，同时也存在着一定的不安全因素。

普通电动机采用变频调速后，在其拖动负载无需任何改动的情况下，便可按照生产工艺要求来调整转速输出以满足工况要求。因此完全可以用变频器驱动的方案取代加载/卸载供气控制方式的方案，从而电动机可根据用气量的大小来自动调整转速以保证供气压力恒定，使电动机转速低于额定转速连续运转，可有效地克服电动机频繁改变运行状态所带来的诸多弊端，达到系统高效节能运行的目的。

8.7.2 空气压缩机加载/卸载供气控制方式存在的问题

1. 浪费能量

空气压缩机加载/卸载控制方式使得压缩气体的压力在 p_{min}~p_{max}之间来回变化。p_{min}是能够保证用户正常工作的最低压力值，p_{max}是设定的最高压力值。一般情况下，p_{max}和 p_{min}之间关系可用下式表示：

$$p_{max} = (1+\delta)\,p_{min}$$

式中，δ 取值为 10%~25%。

若采用变频调速技术连续调节供气量，则可将管网压力始终维持在能满足供气的工作压力上，即等于 p_{min}的数值。由此可见，加载/卸载供气控制方式浪费的能量主要有三部分：

（1）压缩空气压力超过 p_{min}所消耗的能量　当储气罐中空气压力达到 p_{min}后，加载/卸载供气控制方式还要使其压力继续上升，直到 p_{max}。这一过程需要电源提供给空气压缩机能量，这是一种能量损失。

（2）减压阀减压消耗的能量　气动元件的额定气压在 p_{min}左右，高于 p_{min}的气体在进入气动元件前，其压力需要用减压阀减至接近 p_{min}。这同样是一种能量损失。

（3）卸载时调节方法不合理所消耗的能量　通常情况下，当压力达到p_{max}时，空气压缩机通过如下方法来降压卸载：关闭进气阀使空气压缩机不需要再压缩气体做功，但空气压缩机的电动机还是要带动螺杆做回转运动，据测算，空气压缩机卸载时的能耗约占空气压缩机满载运行时的10%～15%。在卸载期间，空气压缩机做无用功，无谓地消耗能量。同时将分离罐中多余的压缩空气通过放空阀放空，这又是一种能量浪费。

2. 其他损失

1）靠机械方式调节进气阀，使供气量无法连续调节，当用气量不断变化时，供气压力难免要产生较大幅度的波动，从而使供气压力精度达不到工艺要求，这就会影响产品质量甚至造成废品。再加上频繁调节进气阀，还会加速进气阀的磨损，增加维修量和维修成本。

2）频繁地开关放气阀，使放气阀寿命大大缩短。

8.7.3 空气压缩机变频调速系统的设计

1. 空气压缩机变频调速系统的工作原理

变频器基于交-直-交电源变换原理，可根据控制对象的需要输出频率连续可调的交流电压。电动机转速与电源频率成正比，因此，用输出频率可调的交流电压作为空气压缩机电动机的电源电压，可方便地改变空气压缩机的转速。

空气压缩机采用变频调速技术进行恒压供气控制时，系统原理框图如图8.31所示。

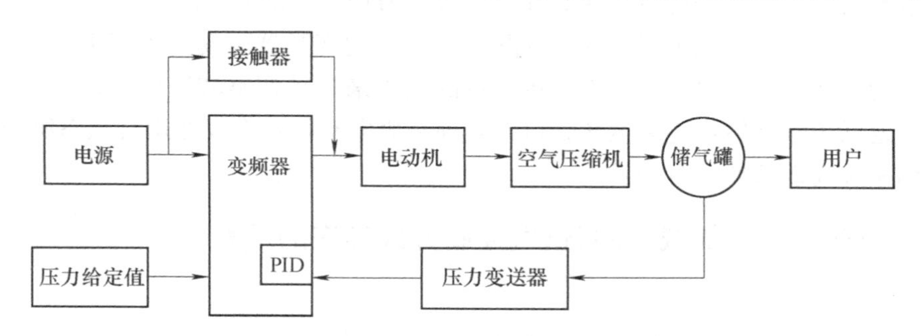

图8.31　空气压缩机变频调速系统原理框图

变频调速系统将管网压力作为控制对象，压力变送器将储气罐的压力转变为电信号送给变频器内部的PID调节器，与压力给定值进行比较，并根据差值的大小按预先设定好的PID控制模式进行运算，产生控制信号控制变频器的输出电压和频率，调整电动机的转速，从而使实际压力始终维持在给定压力上。另外，采用该方案后，空气压缩机电动机从静止到稳定转速可由变频器实现软起动，避免了起动时大电流对电网的冲击和起动给空气压缩机带来的机械冲击。

正常情况下，空气压缩机在变频调速控制方式下工作。考虑到一旦变频控制系统出现故障时，生产工艺过程又不允许空气压缩机停机，因此系统设置了工频与变频系统的切换功能。这样当变频控制系统出现故障时，可由工频电源通过接触器直接供电，使空气压缩机仍能正常工作。

2. 变频器的选择

由于空气压缩机是恒转矩负载，故可选用通用型变频器。又因为空气压缩机的转速也不允许超过额定值，电动机不会过载，一般变频器出厂标注的额定容量都具有一定的裕量安全系数，所以选择变频器容量与所驱动的电动机容量相同即可。若考虑更大的裕量，也可以选择比电动机容量大一个级别的变频器，但价格要高出不少。

3. 变频器的运行控制方式选择

由于空气压缩机的运转速度不宜太低，对机械特性的硬度无任何要求，故可采用 U/f 控制方式。

8.7.4 空气压缩机变频改造后的效益

1. 节约能源使运行成本降低

空气压缩机的运行成本由三项组成：初始采购成本、维护成本和能源成本。其中能源成本大约占压缩机运行成本的 80%。通过变频技术改造后能源成本降低 20%，再加上变频起动后对设备的冲击减少，维护和维修量也跟随降低，所以运行成本将大大降低。通过测算，一般运行一年节约的成本费用就可以收回改造的投资。

2. 提高压力控制精度

变频控制系统具有精确的压力控制能力，使空气压缩机的空气压力输出与用户空气系统所需的气量相匹配。变频控制空气压缩机的输出气量随着电动机转速的改变而改变。由于变频控制电动机速度的精度提高，所以它可以使管网的系统压力保持恒定，有效地提高了产品的质量。

3. 全面改善压缩机的运行性能

变频器从 0Hz 起动空气压缩机，起动加速时间可以调整，从而可减少起动时对空气压缩机的电气部件和机械部件所造成的冲击，增强系统的可靠性，使压缩机的使用寿命延长。此外，变频控制能够减少机组起动时的电流波动，这一波动电流会影响电网和其他设备的用电，变频器能够有效地将起动电流的峰值减小到最低程度。根据空气压缩机的工况要求，变频调速改造后，电动机运转速度明显减慢，从而有效地降低了空气压缩机运行时的噪声。现场测定表明，噪声与原系统比较下降 3~7dB。

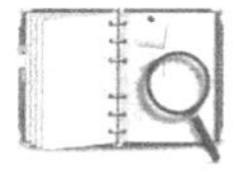

本章小结

本章列举了恒压供水、风机、空调、工业锅炉、电梯、起重设备和空气压缩机等多种应用实例，每个例子都对系统的结构、原理、设计方案及功能特点进行了详细说明。变频调速能够降低起动电流，防止起动电流过大损坏电动机；在电动机减速制动时，变频调速可以降低回馈电压，减小对电网的冲击，实现电动机的软起动和软停止。

采用变频调速能在满足生产生活要求的情况下，实现对电动机速度的实时有效调节，提高了产品质量和生产效率，并且降低了系统损耗。同时变频器控制精度高、便于操作、维护简单，无论是用于节能还是提高产品质量，其应用潜力都是非常巨大的。

思考与练习

1. 变频恒压供水与传统的水塔供水相比，具有什么优点？
2. 画出变频器1控3的电路图，说明供水量变化时的工作过程。
3. 画出风机变频调速系统的电路原理图，说明电路工作过程。
4. 简述中央空调系统的组成，说明变频调速在中央空调改造中的意义。
5. 简述锅炉燃烧过程中变频调速的节能原理及工作原理。
6. 简述电梯变频调速控制电路的特点。
7. 简述起重设备变频调速系统的技术要求。
8. 画出空气压缩机变频调速系统原理框图，并说明其工作原理。

第 9 章　西门子 MM440 变频器实训

变频器 MM440 系列（MICRO MASTER440）是德国西门子股份公司广泛应用于工业场合的多功能标准变频器。它采用高性能的矢量控制技术，提供低速高转矩输出和良好的动态特性，同时具备超强的过载能力，以满足广泛的应用场合。对于变频器的应用，必须首先熟练掌握变频器的参数设置，熟悉变频器的面板操作，并根据实际应用对变频器的各种功能参数进行设置。

实训 1　基本操作面板（BOP）的认识与使用

1. 实训目的

1）认识西门子 MM440 变频器，能够熟练使用基本操作面板。

2）掌握变频器基本操作面板的基本操作步骤。

3）学会变频器的功能参数设置方法。

2. 实训所需设备

实训屏、电动机及连接线等。

3. 实训内容

MICRO MASTER 440（MM440）变频器在标准供货方式时装有状态显示板（SDP），基本操作面板（BOP）和高级操作板（AOP）是作为可选件供货的。MICRO MASTER 传动装置可选用 BOP 或 AOP，如图 9.1 所示。

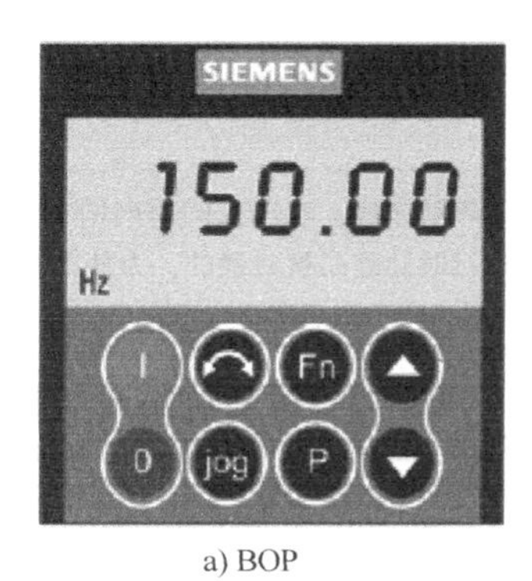

a) BOP

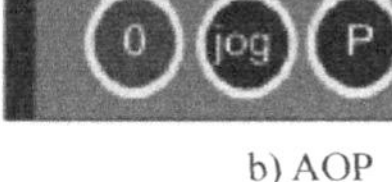

b) AOP

图 9.1　MM440 操作面板

AOP 的特点是采用明文显示，可以简化操作控制、诊断和调试（起动）。

BOP 具有五位数字的七段显示，用于显示参数的序号和数值、报警和故障信息以及该参数的设定值和实际值，BOP 不能存储参数的信息。

下面介绍基本操作面板（BOP）的按键功能。

（1）BOP 按键功能介绍　BOP（Basic Operator Panel，基本操作面板）按键如图 9.2 所示，BOP 按键功能介绍见表 9.1。

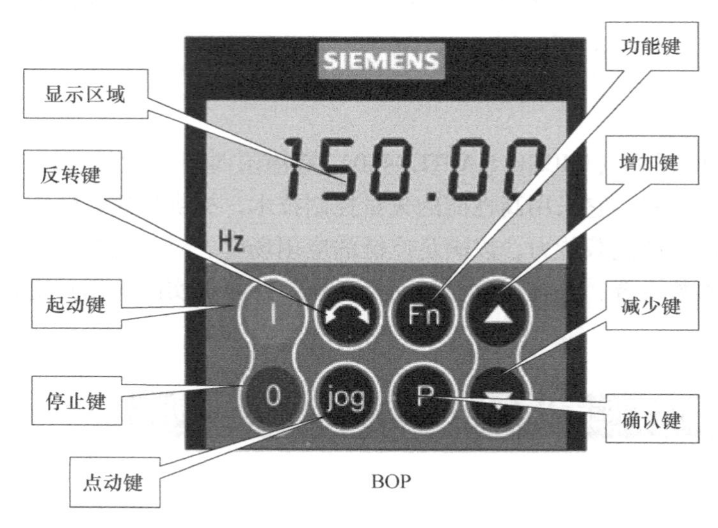

图 9.2　BOP 按键

表 9.1　BOP 按键功能介绍

操作面板/按键	功　能	功　能　说　明
r0000	状态显示	LCD 显示变频器当前的设定值
I	起动电动机	按此键起动变频器。默认值运行时此键被封锁。为使此键的操作有效，设定 P0700 = 1 或 P0719 = 10 ~ 16
0	停止电动机	OFF1：按压此键，电动机按所选定的斜坡下降时间减速至停车。在默认值设定时此键被封锁。为使此键操作有效，见“起动电动机”键 OFF2：按此键两次（或长时间按 1 次），电动机自由停车 此功能总是有效
	改变电动机的转动方向	按此键可以改变电动机的转动方向。电动机的反向用负号（-）表示或用闪烁的小数点表示。在默认值运行时此键是被封锁的，为使此键操作有效，见“起动电动机”键
jog	电动机点动	在“准备合闸”状态下按压此键，则电动机起动并运行在预先设定的点动频率。当释放此键，电动机停车。当电动机正在旋转时，此键无功能
Fn	功　能	此键用于显示附加信息。 当在运行时按压此键 2s，同实际参数无关，显示下列数据： 1. 直流母线电压（用 d 表示，单位：V） 2. 输出电流（A） 3. 输出频率（Hz） 4. 输出电压（用 o 表示，单位 V） 5. 由 P0005 选定的数值（如果已配置了 P0005，那么，显示上面数据的 1 ~ 4 项，然后相应的值不再显示）

（续）

操作面板/按键	功　能	功　能　说　明
Fn	功　能	连续多次按下此键，将轮流显示以上参数 跳转功能：在显示任何一个参数（r××××或P××××）时短时间按下此键，将立即跳转到r0000，如果需要的话，可以接着改变附加参数。跳转到r0000后，按此键将返回原来的显示点
P	访问参数	按此键即可访问参数
▲	增加数值	按此键即可增加面板上显示的参数数值
▼	减少数值	按此键即可减少面板上显示的参数数值

（2）BOP修改参数　下面通过将参数P0003设置为3的过程为例，介绍一下通过操作BOP修改一个参数的流程，见表9.2。

表9.2　BOP参数修改流程

操　作　步　骤		BOP显示结果
1	按 P 键，访问参数	r0000
2	按 ▲ 键，直到显示P0003	P0003
3	按 P 键，显示为1	1
4	按 ▲ 键，达到所要求的数值3	3
5	按 P 键，存储当前设置	P0004

4. 变频器的快速调试

通常一台新的MM440变频器需要经过以下三个步骤进行调试：

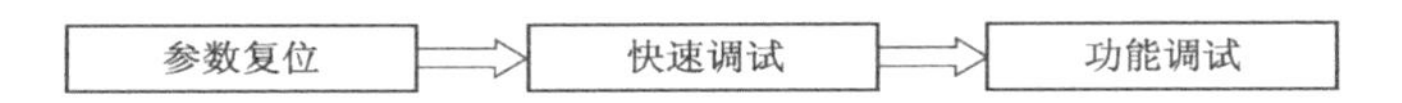

（1）参数复位　参数复位是将变频器参数恢复到出厂状态下的默认值的操作。一般在变频器出厂和参数出现混乱的时候进行此操作。

（2）快速调试　此操作需要用户输入电动机相关参数和一些基本驱动控制参数，使变频器可以良好地驱动电动机运转。一般在复位操作后，或者更换电动机后需要进行此操作。

（3）功能调试　功能调试指用户按照具体生产工艺的需要进行的设置操作。这一部分的调试工作比较复杂，常常需要在现场多次调试。

实训 2 BOP 点动控制

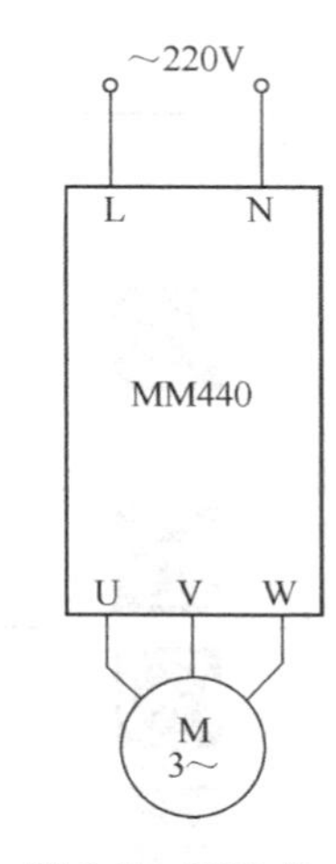

图 9.3 BOP 点动控制接线图

1. 实训目的

1）掌握变频器 BOP 点动控制技术。

2）熟悉点动控制的参数设置方法。

2. 实训所需设备

实训屏、电动机及连接线等。

3. 实训内容

操作步骤如下：

1）按图 9.3 所示电路接线。

2）变频器恢复出厂设置，对变频器进行快速调试（参考上节实训）。

3）设置 BOP 点动控制参数，见表 9.3。

表 9.3 BOP 点动控制参数

参数号	出厂值	设置值	说明
P0003	1	1	用户访问级：标准级
P0700	0	1	选择命令源：BOP
P0004	0	10	参数过滤：设为 10，即设定值通道和斜坡函数发生器
P0003	1	2	用户访问级：扩展级
P1058	5	5	正向点动频率（Hz）
P1060	10	5	点动斜坡上升时间（s）
P1061	10	3	点动斜坡下降时间（s）

4）操作控制：在变频器的基本操作面板上按下（10s）点动键“jog”，变频器驱动电动机点动运行。

实训 3 外部端子点动控制

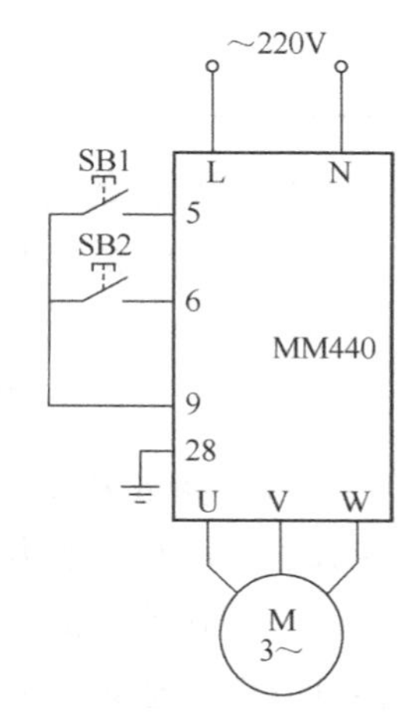

图 9.4 外部端子点动控制接线图

1. 实训目的

1）了解变频器外部端子的功能。

2）掌握外部端子操作运行的基本步骤。

3）掌握外部端子点动控制的方法。

2. 实训所需设备

实训屏、电动机及连接线等。

3. 实训内容

操作步骤如下：

1）按图 9.4 所示电路接线。

2）设置外部端子点动控制参数，见表 9.4。

表 9.4 外部端子点动控制参数

参数号	出厂值	设置值	说　　明
P0003	1	1	用户访问级：标准级
P0004	0	7	参数过滤：设为 7，即命令和数字 I/O
P0700	0	2	选择命令源：端子排
P0003	1	2	用户访问级：扩展级
P0004	0	7	参数过滤：设为 7，即命令和数字 I/O
P0701	1	10	正向点动
P0702	1	11	反向点动
P0003	1	2	用户访问级：扩展级
P0004	0	10	参数过滤：设为 10，即设定值通道和斜坡函数发生器
P1058	5	5	正向点动频率（Hz）
P1059	5	5	反向点动频率（Hz）
P1060	10	5	点动斜坡上升时间（s）
P1061	10	3	点动斜坡下降时间（s）

3）操作控制：

①电动机正向点动运行。按下按钮 SB1，变频器数字量输入端子 DIN1（端子 5）为“ON”，电动机按照 P1058 所设的正向点动频率和 P1060、P1061 所设的点动斜坡上升及下降时间正向点动运行。

②电动机反向点动运行。按下按钮 SB2，变频器数字量输入端子 DIN2（端子 6）为“ON”，电动机按照 P1059 所设的反向点动频率和 P1060、P1061 所设的点动斜坡上升及下降时间反向点动运行。

实训 4 BOP 正反转控制

1. 实训目的

1）掌握变频器 BOP 正反转控制方法。

2）熟悉正反转控制的参数设置方法。

2. 实训所需设备

实训屏、电动机及连接线等。

3. 实训内容

操作步骤如下：

1）按图 9.5 所示电路接线。

2）设置 BOP 正反转控制参数，见表 9.5。

~220V　L　N　MM440　U　V　W　M 3~

图 9.5 BOP 正反转控制接线图

表 9.5 BOP 正反转控制参数

参数号	出厂值	设置值	说　　明
P0003	1	1	用户访问级：标准级
P0004	0	7	参数过滤：设为 7，即命令和数字 I/O

（续）

参数号	出厂值	设置值	说　　明
P0700	0	1	选择命令源：BOP
P0003	1	1	用户访问级：标准级
P0004	0	10	参数过滤：设为 10，即设定值通道和斜坡函数发生器
P1000	2	1	由键盘（电动电位计）输入设定值
P1080	0	0	电动机运行的最低频率（Hz）
P1082	50	50	电动机运行的最高频率（Hz）
P0003	1	2	用户访问级：扩展级
P0004	0	10	参数过滤：设为 10，即设定值通道和斜坡函数发生器
P1040	5	50	设定键盘控制的频率值（Hz）

3）操作控制：在变频器的基本操作面板上按下运行键“I”，变频器驱动电动机升速，并按照由 P1040 所设定的频率（50Hz）对应的 1400r/min 的转速运行。

如果需要，则电动机的转速（运行频率）及转向可直接通过基本操作面板上的增加键及减少键来改变。

如果需要，用户可根据情况改变由 P1082 设置的最高运行频率。

在变频器的基本操作面板上按停止键“O”，变频器将驱动电动机降速至零。

实训 5 外部端子正反转控制

1. 实训目的

1）了解变频器外部端子的功能。

2）掌握外部端子操作运行的基本步骤。

3）掌握外部端子正反转控制的方法。

2. 实训所需设备

实训屏、电动机及连接线等。

3. 实训内容

操作步骤如下：

1）按图 9.6 所示电路接线。

2）设置外部端子正反转控制参数，见表 9.6。

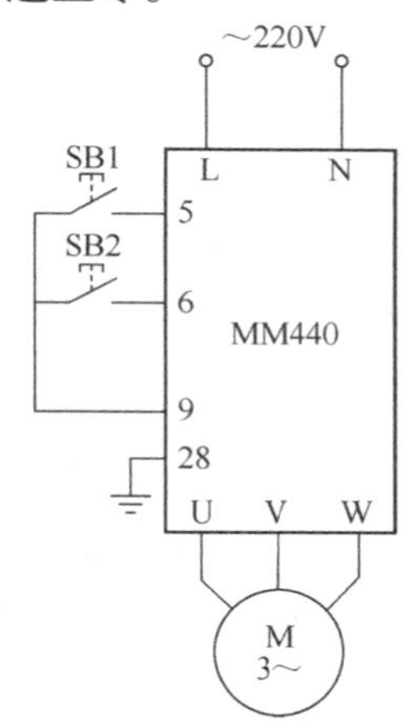

图 9.6　外部端子正反转控制接线图

表 9.6　外部端子正反转控制参数

参数号	出厂值	设置值	说　　明
P0003	1	2	用户访问等级：扩展级
P0004	0	10	参数过滤：设为 10，即设定值通道和斜坡函数发生器
P1040	5	40	设定键盘控制的频率值（Hz）
P0003	1	1	用户访问级：标准级
P0004	0	7	参数过滤：设为 7，即命令和数字 I/O

（续）

参数号	出厂值	设置值	说　　明
P0700	0	2	选择命令源：端子排
P0003	1	2	用户访问级：扩展级
P0004	0	7	参数过滤：设为7，即命令和数字I/O
P0701	1	1	ON接通正转，OFF停止
P0702	1	2	ON接通反转，OFF停止
P0003	1	1	用户访问级：标准级
P0004	0	10	参数过滤：设为10，即设定值通道和斜坡函数发生器
P1000	2	1	由键盘（电动电位计）输入设定值
P1080	0	0	电动机运行的最低频率（Hz）
P1082	50	50	电动机运行的最高频率（Hz）
P1120	10	15	斜坡上升时间（s）
P1121	10	15	斜坡下降时间（s）

3）操作控制：

①电动机正转运行。按下自锁按钮SB1时，变频器数字量输入端子DIN1为ON，电动机按P1120所设置的斜坡上升时间（15s）正向起动，经15s后稳定运行在1200r/min，此转速与P1040所设置的频率（40Hz）相对应。

放开自锁按钮SB1，数字量输入端子DIN1为OFF，电动机按P1121所设置的斜坡下降时间（15s）停车，经15s后电动机停止运行。

②电动机反转运行。要使电动机反转，则按下自锁按钮SB2，变频器数字量输入端子DIN2为ON，电动机按P1120所设置的斜坡上升时间（15s）反向起动，经15s后稳定运行在1200r/min，此转速与P1040所设置的频率（40Hz）相对应。

放开自锁按钮SB2，数字量输入端子DIN2为OFF，电动机按P1121所设置的斜坡下降时间（15s）停车，经15s后电动机停止运行。

实训6 自动再起动和捕捉再起动控制

1. 实训目的

1）熟悉变频器自动再起动和捕捉再起动控制功能。

2）掌握变频器自动再起动和捕捉再起动控制的参数设置。

2. 实训所需设备

实训屏、电动机及连接线等。

3. 实训内容

（1）功能介绍

①自动再起动：变频器在主电源跳闸或故障后重新起动的功能。需要启动相应的命令且在数字量输入保持常ON时才能进行自动再起动。

②捕捉再起动：该功能的作用是在发生瞬时停电又复电时，变频器能够根据原定的工作

条件自动进入运行状态，从而避免进行复位、再起动等繁琐操作，保证整个系统的连续运行。

该功能的具体实现是在发生瞬时停电又复电时，利用变频器的自动跟踪功能，使变频器的输出频率能够自动跟踪与电动机实际转速相对应的频率，然后再升速，返回至预先给定的速度。通常当瞬时停电时间在 2s 以内时，可使用该功能。

（2）P1200 参数说明

①P1200=0：禁止捕捉再起动功能。

②P1200=1：捕捉再起动功能总是有效，从频率设定值的方向开始搜索电动机的实际速度。

③P1200=2：捕捉再起动功能在电源合闸和故障时激活，从频率设定值的方向开始搜索电动机的实际速度。

④P1200=3：捕捉再起动功能在故障和 OFF2 命令时激活，从频率设定值的方向开始搜索电动机的实际速度。

⑤P1200=4：捕捉再起动功能总是有效，只在频率设定值的方向搜索电动机的实际速度。

⑥P1200=5：捕捉再起动功能在电源合闸、故障和 OFF2 命令时激活，只在频率设定值的方向搜索电动机的实际速度。

⑦P1200=6：捕捉再起动功能在故障和 OFF2 命令时激活，只在频率设定值的方向搜索电动机的实际速度。

说明：捕捉再起动功能对于驱动带大惯量负载的电动机来说特别有用。P1200 参数设定为 1~3，则在两个方向上搜寻电动机的实际速度；设定为 4~6，则只在设定值的方向上搜索电动机的实际速度。

（3）P1203 参数说明

1）搜索速率是每毫秒改变的频率。设定一个搜索速率，变频器在捕捉再起动期间按照这一速率改变其输出频率，使它与正在自转的电动机同步。搜索速率数值的大小将影响搜索电动机实际速度所需的时间。

2）搜索时间指对最大频率加上两倍的滑差频率到 0Hz 的全部频率进行搜索所要经过的时间。P1203 设为 100%时，搜索速率等于额定滑差频率的 2%。P1203 设为 200%时，搜索速率等于额定滑差频率的 1%。

（4）P1210 参数说明

①P1210=0：禁止自动再起动。

②P1210=1：变频器对故障进行确认（复位），即在变频器重新上电时将故障复位。这就是说，变频器必须完全断电，仅仅“电源消隐”是不够的。在重新触发 ON 命令之前，变频器是不会运行的。

③P1210=2：在“电源中断”以后重新上电时，变频器确认故障 F0003（欠电压），并重新起动。这种情况下需要有 ON 命令一直加在数字输入端子（DIN）。

④P1210=3：这种设置的出发点是，只有发生故障（F0003 等）时变频器已经处于“运行（RUN）”状态下它才能再起动。变频器将确认（复位）故障，并在“电源中断”或“电源消隐”之后重新起动。这种情况下需要有 ON 命令一直加在数字量输入端子（DIN）。

⑤P1210=4：这种设置的出发点是，只有当发生故障（F0003等）时变频器已经处于“运行（RUN）”状态下，它才能再起动。变频器将确认故障，并在“电源中断”或“电源消隐”之后重新起动。这种情况下需要有ON命令一直加在数字量输入端子（DIN）。

⑥P1210=5：在“电源中断”后重新上电时，变频器确认F0003等故障，并重新起动。这种情况下需要有ON命令一直加在数字量输入端子（DIN）。

⑦P1210=6：在“电源中断”或“电源消隐”后重新上电时，变频器确认F0003等故障，并重新起动。这种情况下需要有ON命令一直加在数字量输入端子（DIN）。P1210设置为6时，电动机立即重新起动。

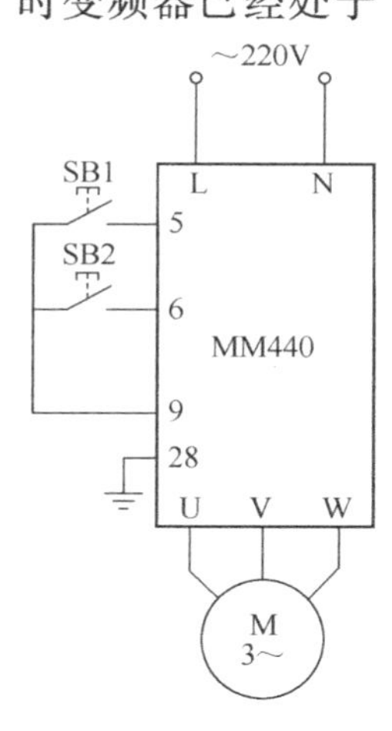

图9.7　瞬停再起动运行控制接线图

操作步骤如下：

1）按图9.7所示电路接线。

2）设置瞬停再起动运行控制参数，见表9.7。

表9.7　瞬停再起动运行控制参数

参数号	出厂值	设置值	说　明
P0003	1	1	用户访问级：标准级
P0004	0	7	参数过滤：设为7，即命令和数字I/O
P0700	0	2	选择命令源；端子排
P0003	1	2	用户访问级：扩展级
P0004	0	7	参数过滤，设为7，即命令和数字I/O
P0701	1	1	ON接通正转，OFF停止
P0702	1	2	ON接通反转，OFF停止
P0003	1	1	用户访问级：标准级
P0004	0	10	参数过滤：设为10，即设定值通道和斜坡函数发生器
P1000	2	1	由键盘（电动电位计）输入设定值
P1080	0	0	电动机运行的最低频率（Hz）
P1082	50	50	电动机运行的最高频率（Hz）
P1120	10	15	斜坡上升时间（s）
P1121	10	15	斜坡下降时间（s）
P0003	1	2	用户访问级：扩展级
P0004	0	10	参数过滤：设为10，即设定值通道和斜坡函数发生器
P1040	5	40	设定键盘控制的频率值（Hz）
P1200	0	1	捕捉再起动功能总是有效，从频率设定值的方向开始搜索电动机的实际速度
P0003	1	3	用户访问级：专家级
P0004	0	12	参数过滤：设为12，即传动变频器功能
P1203	100	15	设定搜索速率
P1210	0	2	在主电源中断后再起动

3）正反转起动按钮为自锁按钮，按下其中任意一个，电动机起动运转，达到最高转速后，断掉变频器电源，2s 内再次给变频器上电，此时按钮仍为闭合状态，电动机将由惯性运行速度按照斜坡函数发生器的设定提升至最高转速。

实训 7 多段速运行控制

1. 实训目的

1）掌握变频器多段速运行控制方式。

2）掌握外部端子控制的变频器多段速运行。

2. 实训所需设备

实训屏、电动机及连接线等。

3. 实训内容

MM440 变频器的 6 个数字量输入端子（DIN1～DIN6）可以通过设置 P0701～P0706 等参数实现多段速运行控制。每一段的频率可分别由 P1001～P1015 参数设置，最多可实现 15 段速控制。在多段速运行控制中，电动机的转动方向由 P1001～P1015 参数的正负决定。6 个数字量输入端子，哪个作为电动机运行/停止控制端子，哪个作为多段速运行控制端子，则可以由用户任意确定。一旦确定数字量输入端子的控制功能，其内部参数的设置值必须与端子的控制功能相对应。MM440 变频器控制电动机 3 段速运行时，DIN3 端子设为电动机起/停控制端子，DIN1 和 DIN2 端子设为 3 段速频率输入选择，3 段速设置为：第 1 段，输出频率为 15Hz，电动机转速为 500r/min；第 2 段，输出频率为 25Hz，电动机转速为 700r/min；第 3 段，输出频率为 35Hz，电动机转速为 900r/min。

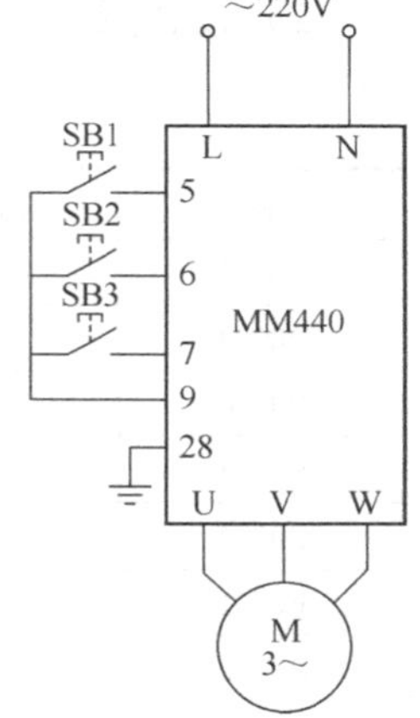

图 9.8　3 段速运行控制接线图

操作步骤如下：

1）按图 9.8 所示电路接线。

2）参数设置：恢复变频器工厂默认值，设定 P0010＝30 和P0970＝1，按下 P 键，开始复位，复位过程大约为 3min，以保证变频器的参数恢复到工厂默认值。设置 3 段速运行控制参数，见表 9.8。

表 9.8　3 段速运行控制参数

参数号	出厂值	设置值	说　明
P0003	1	1	用户访问级：标准级
P0004	0	7	参数过滤：设为 7，即命令和数字 I/O
P0700	0	2	选择命令源：端子排
P0003	1	2	用户访问级：扩展级
P0004	0	7	参数过滤：设为 7，即命令和数字 I/O
P0701	1	17	选择固定频率
P0702	1	17	选择固定频率
P0703	1	1	ON 接通正转，OFF 停止

（续）

参数号	出厂值	设置值	说　明
P0003	1	1	用户访问级：标准级
P0004	0	10	参数过滤：设为10，即设定值通道和斜坡函数发生器
P1000	2	3	选择固定频率设定值
P0003	1	2	用户访问级：扩展级
P0004	0	10	参数过滤：设为10，即设定值通道和斜坡函数发生器
P1001	0	15	设置固定频率1（Hz）
P1002	0	25	设置固定频率2（Hz）
P1003	0	35	设置固定频率3（Hz）

3）操作控制：按下自锁按钮SB3时，数字量输入端子DIN3为ON，允许电动机运行。

第1段控制：当SB1接通、SB2断开时，变频器数字量输入端子DIN1为ON，端子DIN2为OFF，变频器工作在由P1001参数所设定的频率为15Hz的第1段上。

第2段控制：当SB1断开、SB2接通时，变频器数字量输入端子DIN1为OFF，端子DIN2为ON，变频器工作在由P1002参数所设定的频率为35Hz的第2段上。

第3段控制。当SB1接通、SB2接通时，变频器数字量输入端子DIN1为ON，端子DIN2为ON，变频器工作在由P1003参数所设定的频率为50Hz的第3段上。

电动机停车：当SB1、SB2都断开时，变频器数字量输入端子DIN1、DIN2均为OFF，电动机停止运行。或在电动机正常运行的任何频段，将SB3断开使数字输入端子DIN3为OFF，电动机也能停止运行。

实训8 外部模拟量（电压/电流）变频调速控制

1. 实训目的

1）熟悉用外部模拟量控制变频器频率的方法。

2）掌握相应的参数设置。

2. 实训所需设备

实训屏、电动机及连接线等。

3. 实训内容

操作步骤如下：

1）按图9.9所示电路接线。

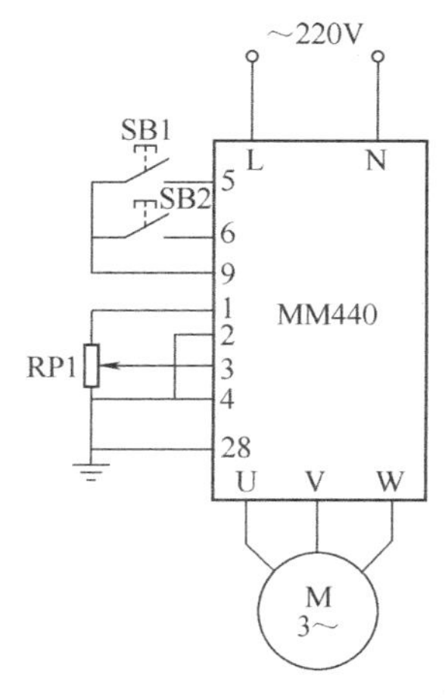

图9.9 外部模拟量（电压/电流）变频调速接线图

由自锁按钮SB1和SB2控制MM440变频器，实现电动机的正转和反转功能，由模拟量输入端子控制电动机转速的大小。DIN1端子设为正转控制，DIN2端子设为反转控制。模拟信号操作控制电路如图9.9所示，MM440变频器的“1”“2”端子输出用户的给定单元提供的高精度+10V直流稳压电压。转速调节电位器RP1串接在电路中，调节RP1时，输入端子ADC+（端子3）给定模拟输入电压改变，变频器的输出量紧紧跟踪给定量的变化，平滑无级地调节电动机转速。

2）参数设置：检查电路接线正确后，合上电源开关。

恢复变频器工厂默认值。设定 P0010=30 和 P0970=1，按下 P 键，开始复位，复位过程大约为 3min，以保证变频器参数恢复到工厂默认值。

设置外部模拟量（电压/电流）变频调速参数，见表 9.9。

表 9.9 外部模拟量（电压/电流）变频调速参数

参数号	出厂值	设置值	说　明
P0003	1	1	用户访问级：标准级
P0004	0	7	参数过滤：设为 7，即命令和数字 I/O
P0700	0	2	选择命令源：端子排
P0003	1	2	用户访问级：扩展级
P0004	0	7	参数过滤：设为 7，即命令和数字 I/O
P0701	1	1	ON 接通正转，OFF 停止
P0702	1	2	ON 接通反转，OFF 停止
P0003	1	1	用户访问级：标准级
P0004	0	10	参数过滤：设为 10，即设定值通道和斜坡函数发生器
P1000	2	2	频率设定值选择为“模拟输入”
P1080	0	0	电动机运行的最低频率（Hz）
P1082	50	50	电动机运行的最高频率（Hz）

3）操作控制：

①电动机正转。按下电动机正转自锁按钮 SB1，数字量输入端子 DIN1 为 ON，电动机正转运行，转速由外接电位器 RP1 来控制，模拟电压信号在 0～15V 范围内变化，对应变频器的频率在 0～50Hz 范围内变化，对应电动机的转速在 0～1400r/min 范围内变化。

放开自锁按钮 SB1，电动机停止。

②电动机反转。按下电动机反转自锁按钮 SB2，数字量输入端子 DIN2 为 ON，电动机反转运行，与电动机正转原理相同，反转转速的大小仍由外接电位器 RP1 来调节。

实训 9 电压/电流监视器信号输出及显示

1. 实训目的

1）熟悉变频器的输出监视模式。

2）掌握变频器电压/电流监视器信号输出及显示技术。

2. 实训所需设备

实训屏、电动机及连接线等。

3. 实训内容

MM440 变频器有两路模拟量输出：P0771［0］（模拟量输出 1，DAC1）和 P0771［1］（模拟量输出 2，DAC2），出厂值为 0～20mA 输出，可以标定为 4～20mA 输出（P0778＝0），如果需要电压信号可以在相应端子并联一只 500Ω 电阻。需要输出的物理量可以通过 P0771 设定。

表 9.10　P0771 参数设定

参数号	设定值	参数功能	说明
P0771	21	实际频率	模拟量输出信号与所设置的物理量呈线性关系
	25	输出电压	
	26	直流母线电压	
	27	输出电流	

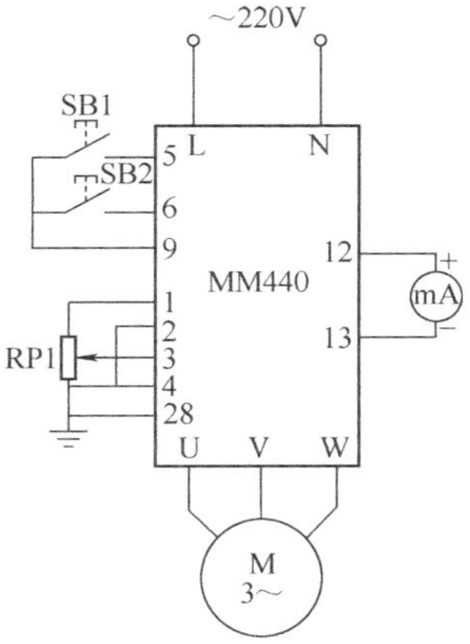

图 9.10　电压/电流监视器信号输出接线图

现以监视电流信号为例，操作步骤如下：

1）按图 9.10 所示电路接线。

2）参数设置：见表 9.11。

表 9.11　电压/电流监视器信号输出参数

参数号	出厂值	设置值	说　明
P0003	1	1	用户访问级：标准级
P0004	0	7	参数过滤：设为 7，即命令和数字 I/O
P0700	0	2	选择命令源：端子排
P0003	1	2	用户访问级：扩展级
P0004	0	7	参数过滤：设为 7，即命令和数字 I/O
P0701	1	1	ON 接通正转，OFF 停止
P0702	1	2	ON 接通反转，OFF 停止
P0003	1	1	用户访问级：标准级
P0004	0	10	参数过滤：设为 10，即设定值通道和斜坡函数发生器
P1000	2	2	频率设定值选择为“模拟输入”
P1080	0	0	电动机运行的最低频率（Hz）
P1082	50	50	电动机运行的最高频率（Hz）
P0003	1	2	用户访问级：扩展级
P0004	0	0	参数过滤：全部参数
P0771	21	21	实际频率
P0777	0%	0%	DAC 标定的 x1 值
P0778	0	4	DAC 标定的 y1 值
P0779	100%	100%	DAC 标定的 x2 值
P0780	20	20	DAC 标定的 y2 值

3）缓慢调节 RP1，读取毫安表的读数（频率 0～50Hz 对应 4～20mA）。

实训10 频率跳转运行控制

1. 实训目的

1）掌握跳跃频率的意义。

2）掌握电动机在跳转频率下运行的特点。

2. 实训所需设备

实训屏、电动机及连接线等。

3. 参数说明

P1091：本参数确定第一个跳转频率，用于避开机械共振的影响，被抑制（跳越过去）的频带范围为本设定值±P1101（跳转频率的频带宽度）。

在被抑制的频率范围内，变频器不可能稳定运行，运行时变频器将越过这一频率范围（在斜坡函数曲线上）。

例如，如果 P1091 = 10Hz，P1101 = 2Hz，变频器在 10Hz±2Hz（即 8~12Hz）范围内不可能连续稳定运行，而是跳越过去。

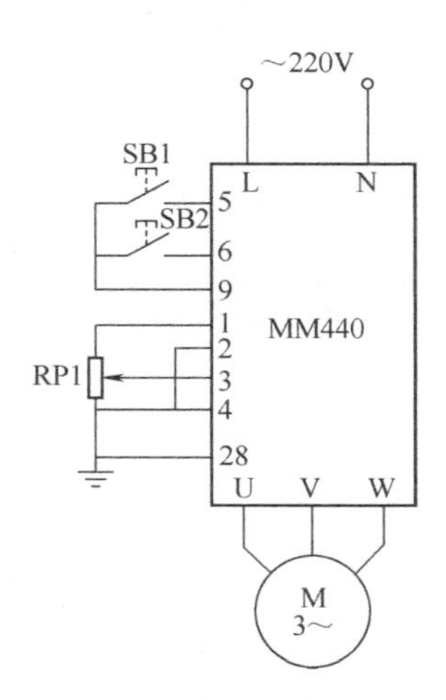

图 9.11 频率跳转运行控制接线图

操作步骤如下：

1）按图 9.11 所示电路接线。

2）参数设置：见表 9.12。

表 9.12 频率跳转运行控制参数

参数号	出厂值	设置值	说明
P0003	1	1	用户访问级：标准级
P0004	0	7	参数过滤：设为 7，即命令和数字 I/O
P0700	0	2	选择命令源：端子排
P0003	1	2	用户访问级：扩展级
P0004	0	7	参数过滤：设为 7，即命令和数字 I/O
P0701	1	1	ON 接通正转，OFF 停止
P0702	1	2	ON 接通反转，OFF 停止
P0003	1	1	用户访问级：标准级
P0004	0	10	参数过滤：设为 10，即设定值通道和斜坡函数发生器
P1000	2	2	频率设定值选择为“模拟输入”
P1080	0	0	电动机运行的最低频率（Hz）
P1082	50	50	电动机运行的最高频率（Hz）
P0003	1	3	用户访问级：专家级
P1091	0	25	跳转频率 1
P1092	0	33	跳转频率 2
P1101	2	3	跳转频率的频带宽度

3）调节电位器，观察频率在 22~28Hz 与 30~36Hz 之间变化时，电动机的运行情况。

本章小结

本章列举了西门子 MM440 变频器常用的功能及实训练习，这些都是变频器的基本功能。这些基本功能的参数设置都一一进行了讲解，相关参数的详细说明可以参阅附录 A。通过本章的学习，学生应该熟悉西门子变频器的基本操作，为后续工作打好基础。

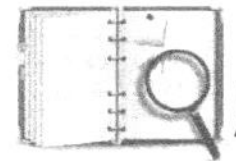

思考与练习

1. 如何进行变频器参数调试？

2. MM440 变频器的模拟量输入端子有几个？

3. MM440 变频器的数字量输入端子有几个？数字量输入能否外加电源？

4. 如何通过操作面板连续改变变频器的输出频率？

5. 设计实现：通过模拟量输入端子 10、11，利用外部接入的电位器，控制电动机正/反转。要求能够设置变频器的参数，画出接线图并实际接线调试、运行。

6. 变频器的 15 段速运行如何实现？需要设置哪些参数？

7. 跳跃频率的含义是什么？有什么实际意义？

附　　录

附录 A　MM 440 变频器的系统参数简介

MM 440 变频器的系统参数号是指该参数的编号。参数号用 0000 到 9999 的 4 位数字表示。在参数号的前面冠以一个小写字母“r”时，表示该参数是“只读”的参数，它显示的是特定的参数数值，而且不能用与该参数不同的值来更改它的数值。可以写入和读出的参数前面都冠以一个大写字母“P”。这些参数的设定值可以直接在标题栏的“最小值”至“最大值”的范围内进行修改。下面对系统参数分组进行介绍，见表 A. 1～表 A. 15。

本附录表格中的信息说明：

默认值：工厂设置值；Level：用户访问级；DS：变频器的状态（传动装置的状态），表示参数的数值可以在变频器的这种状态下修改，变频器的状态有 C（调试）、U（运行）和 T（运行准备就绪）；QC：快速调试，其中 Q 表示可以在快速调试状态下修改参数，N 表示快速调试状态下不能修改参数。

1. 常用参数

表 A. 1　常用参数

参数号	参数名称	默认值	Level	DS	QC
r0000	驱动装置只读参数的显示值	—	1	—	—
P0003	用户的参数访问级	1	1	CUT	N
P0004	参数过滤器	0	1	CUT	N
P0010	调试用的参数过滤器	0	1	CT	N
P0014 [3]	存储方式	0	3	UT	N
P0199	设备的系统序号	0	2	UT	N

2. 快速调试参数

表 A. 2　快速调试参数

参数号	参数名称	默认值	Level	DS	QC
P0100	适用于欧洲/北美地区	0	1	C	Q
P3900	“快速调试”结束	0	1	C	Q

3. 参数复位

表 A. 3　参数复位

参数号	参数名称	默认值	Level	DS	QC
P0970	复位为工厂设置值	0	1	C	N

4. 技术应用功能

表 A.4　技术应用功能

参数号	参数名称	默认值	Level	DS	QC
P0500 [3]	技术应用	0	3	CT	Q

5. 变频器参数（P0004=2）

表 A.5　变频器参数

参数号	参数名称	默认值	Level	DS	QC
r0018	硬件的版本	—	1	—	—
r0026 [1]	CO：直流回路电压实际值	—	2	—	—
r0037 [5]	CO：变频器温度（℃）	—	3	—	—
r0039	CO：能量消耗计量表（kW·h）	—	2	—	—
P0040	能量消耗计量表清零	0	2	CT	N
r0070	CO：直流回路电压实际值	—	3	—	—
r0200	功率组合件的实际标号	—	3	—	—
P0201	功率组合件的标号	0	3	C	N
r0203	变频器的实际型号	—	3	—	—
r0204	功率组合件的特征	—	3	—	—
P0205	变频器的应用领域	0	3	C	Q
r0206	变频器的额定功率	—	2	—	—
r0207	变频器的额定电流	—	2	—	—
r0208	变频器的额定电压	—	2	—	—
r0209	变频器的最大电流	—	2	—	—
P0210	电源电压	230	3	CT	N
r0231 [2]	电缆的最大长度	—	3	—	—
P0290	变频器的过载保护	2	3	CT	N
P0292	变频器的过载报警信号	15	3	CUT	N
P1800	脉宽调制频率	4	2	CUT	N
r1801	CO：脉宽调制的开关频率实际值	—	3	—	—
P1802	调制方式	0	3	CUT	N
P1820 [3]	输出相序反向	0	2	CT	N
P1911	自动测定（识别）的相数	3	2	CT	N
r1925	自动测定的 IGBT 通态电压	—	2	—	—
r1926	自动测定的门控单元死时	—	2	—	—

6. 电动机参数（P0004=3）

表 A.6 电动机参数

参数号	参数名称	默认值	Level	DS	QC
r0035 [3]	CO：电动机温度实际值	—	2	—	—
P0300 [3]	选择电动机类型	1	2	C	Q
P0304 [3]	电动机的额定电压	230	1	C	Q
P0305 [3]	电动机的额定电流	3.25	1	C	Q
P0307 [3]	电动机的额定功率	0.75	1	C	Q
P0308 [3]	电动机的额定功率因数	0.000	2	C	Q
P0309 [3]	电动机的额定效率	0.0	2	C	Q
P0310 [3]	电动机的额定频率	50.00	1	C	Q
P0311 [3]	电动机的额定速度	0	1	C	Q
r0313 [3]	电动机的极对数	—	3	—	—
P0320 [3]	电动机的磁化电流	0.0	3	CT	Q
r0330 [3]	电动机的额定滑差	—	3	—	—
r0331 [3]	电动机的额定磁化电流	—	3	—	—
r0332 [3]	电动机的额定功率因数	—	3	—	—
r0333 [3]	电动机的额定转矩	—	3	—	—
P0335 [3]	电动机的冷却方式	0	2	CT	Q
P0340 [3]	电动机参数的计算	0	2	CT	N
P0341 [3]	电动机的转动惯量（$kg \cdot m^2$）	0.00180	3	CUT	N
P0342 [3]	总惯量/电动机惯量的比值	1.000	3	CUT	N
P0344 [3]	电动机的重量	9.4	3	CUT	N
r0345 [3]	电动机的起动时间	—	3	—	—
P0346 [3]	磁化时间	1.000	3	CUT	N
P0347 [3]	去磁时间	1.000	3	CUT	N
P0350 [3]	定子电阻（线间）	4.0	2	CUT	N
P0352 [3]	电缆电阻	0.0	3	CUT	N
r0384 [3]	转子时间常数	—	3	—	—
r0395	CO：定子总电阻（%）	—	3	—	—
r0396	CO：转子电阻实际值	—	3	—	—
P0601 [3]	电动机的温度传感器	0	2	CUT	N
P0604 [3]	电动机温度保护动作的门限值	130.0	2	CUT	N
P0610 [3]	电动机 I^2t 温度保护	2	3	CT	N
P0625 [3]	电动机运行的环境温度	20.0	3	CUT	N
P0640 [3]	电动机的过载因子（%）	150.0	2	CUT	Q
P1910	选择电动机数据是否自动测定	0	2	CT	Q
r1912 [3]	自动测定的定子电阻	—	2	—	—

（续）

参数号	参数名称	默认值	Level	DS	QC
r1913 [3]	自动测定的转子时间常数	—	2	—	—
r1914 [3]	自动测定的总泄漏电感	—	2	—	—
r1915 [3]	自动测定的额定定子电感	—	2	—	—
r1916 [3]	自动测定的定子电感 1	—	2	—	—
r1917 [3]	自动测定的定子电感 2	—	2	—	—
r1918 [3]	自动测定的定子电感 3	—	2	—	—
r1919 [3]	自动测定的定子电感 4	—	2	—	—
r1920 [3]	自动测定的动态泄漏电感	—	2	—	—
P1960	速度控制的优化	0	3	CT	Q

7. 命令和数字 I/O 参数（P0004=7）

表 A.7 命令和数字 I/O 参数

参数号	参数名称	默认值	Level	DS	QC
r0002	驱动装置的状态	—	2	—	—
r0019	CO/BO：BOP 控制字	—	3	—	—
r0050	CO：激活的命令数据组	—	2	—	—
r0051 [2]	CO：激活的驱动数据组	—	2	—	—
r0052	CO/BO：激活的状态字 1	—	2	—	—
r0053	CO/BO：激活的状态字 2	—	2	—	—
r0054	CO/BO：激活的控制字 1	—	3	—	—
r0055	CO/BO：激活的辅助控制字	—	3	—	—
r0403	CO/BO：编码器的状态字	—	2	—	—
P0700 [3]	选择命令源	2	1	CT	Q
P0701 [3]	选择数字输入 1 的功能	1	2	CT	N
P0702 [3]	选择数字输入 2 的功能	12	2	CT	N
P0703 [3]	选择数字输入 3 的功能	9	2	CT	N
P0704 [3]	选择数字输入 4 的功能	15	2	CT	N
P0705 [3]	选择数字输入 5 的功能	15	2	CT	N
P0706 [3]	选择数字输入 6 的功能	15	2	CT	N
P0707 [3]	选择数字输入 7 的功能	0	2	CT	N
P0708 [3]	选择数字输入 8 的功能	0	2	CT	N
P0719 [3]	选择命令和频率设定值	0	3	CT	N
r0720	数字输入的数目	—	3	—	—
r0722	CO/BO：各个数字输入的状态	—	2	—	—
P0724	开关量输入的防颤动时间	3	3	CT	N
P0725	选择数字输入的 PNP/NPN 接线方式	1	3	CT	N

（续）

参数号	参数名称	默认值	Level	DS	QC
r0730	数字输出的数目	—	3	—	—
P0731 [3]	BI：选择数字输出1的功能	52：3	2	CUT	N
P0732 [3]	BI：选择数字输出2的功能	52：7	2	CUT	N
P0733 [3]	BI：选择数字输出3的功能	0：0	2	CUT	N
r0747	CO/BO：各个数字输出的状态	—	3	—	—
P0748	数字输出反相	0	3	CUT	N
P0800 [3]	BI：下载参数组0	0：0	3	CT	N
P0801 [3]	BI：下载参数组1	0：0	3	CT	N
P0809 [3]	复制命令数据组	0	2	CT	N
P0810	BI：CDS的位0（本机/远程）	0：0	2	CUT	N
P0811	BI：CDS的位1	0：0	2	CUT	N
P0819 [3]	复制驱动装置数据组	0	2	CT	N
P0820	BI：DDS位0	0：0	3	CT	N
P0821	BI：DDS位1	0：0	3	CT	N
P0840 [3]	BI：ON/OFF1	722：0	3	CT	N
P0842 [3]	BI：ON/OFF1，反转方向	0：0	3	CT	N
P0844 [3]	BI：1. OFF2	1：0	3	CT	N
P0845 [3]	BI：2. OFF2	19：1	3	CT	N
P0848 [3]	BI：1. OFF3	1：0	3	CT	N
P0849 [3]	BI：2. OFF3	1：0	3	CT	N
P0852 [3]	BI：脉冲使能	1：0	3	CT	N
P1020 [3]	BI：固定频率选择，位0	0：0	3	CT	N
P1021 [3]	BI：固定频率选择，位1	0：0	3	CT	N
P1022 [3]	BI：固定频率选择，位2	0：0	3	CT	N
P1023 [3]	BI：固定频率选择，位3	722：3	3	CT	N
P1026 [3]	BI：固定频率选择，位4	722：4	3	CT	N
P1028 [3]	BI：固定频率选择，位5	722：5	3	CT	N
P1035 [3]	BI：使能MOP（升速命令）	19：13	3	CT	N
P1036 [3]	BI：使能MOP（减速命令）	19：14	3	CT	N
P1055 [3]	BI：使能正向点动	0：0	3	CT	N
P1056 [3]	BI：使能反向点动	0：0	3	CT	N
P1074 [3]	BI：禁止辅助设定值	0：0	3	CUT	N
P1110 [3]	BI：禁止负向的频率设定值	0：0	3	CT	N
P1113 [3]	BI：反向	722：1	3	CT	N
P1124 [3]	BI：使能斜坡时间	0：0	3	CT	N
P1140 [3]	BI：RFG使能	1.0	3	CT	N

（续）

参数号	参数名称	默认值	Level	DS	QC
P1141 [3]	BI：RFG 开始	1.0	3	CT	N
P1142 [3]	BI：RFG 使能设定值	1.0	3	CT	N
P1230 [3]	BI：使能直流注入制动	0：0	3	CUT	N
P2103 [3]	BI：1. 故障确认	722：2	3	CT	N
P2104 [3]	BI：2. 故障确认	0：0	3	CT	N
P2106 [3]	BI：外部故障	1：0	3	CT	N
P2220 [3]	BI：固定 PID 设定值选择，位 0	0：0	3	CT	N
P2221 [3]	BI：固定 PID 设定值选择，位 1	0：0	3	CT	N
P2222 [3]	BI：固定 PID 设定值选择，位 2	0：0	3	CT	N
P2223 [3]	BI：固定 PID 设定值选择，位 3	722：3	3	CT	N
P2226 [3]	BI：固定 PID 设定值选择，位 4	722：4	3	CT	N
P2228 [3]	BI：固定 PID 设定值选择，位 5	722：5	3	CT	N
P2235 [3]	BI：使能 PID-MOP（升速命令）	19：13	3	CT	N
P2236 [3]	BI：使能 PID-MOP（减速命令）	19：14	3	CT	N

8. 模拟 I/O 参数（P0004=8）

表 A.8　模拟 I/O 参数

参数号	参数名称	默认值	Level	DS	QC
P0295	变频器风机停机断电的延时时间	0	3	CUT	N
r0750	ADC（模-数转换输入）的数目	—	3	—	—
r0752 [2]	ADC 的实际输入（V 或 mA）	—	2	—	—
P0753 [2]	ADC 的平滑时间	3	3	CUT	N
r0754 [2]	标定后的 ADC 实际值（%）	—	2	—	—
r0755 [2]	CO：标定后的 ADC 实际值（4000h）	—	2	—	—
P0756 [2]	ADC 的类型	0	2	CT	N
P0757 [2]	ADC 输入特性标定的 x_1 值（V 或 mA）	0	2	CUT	N
P0758 [2]	ADC 输入特性标定的 y_1 值	0.0	2	CUT	N
P0759 [2]	ADC 输入特性标定的 x_2 值（V 或 mA）	10	2	CUT	N
P0760 [2]	ADC 输入特性标定的 y_2 值	100.0	2	CUT	N
P0761 [2]	ADC 死区的宽度（V 或 mA）	0	2	CUT	N
P0762 [2]	信号消失的延迟时间	10	3	CUT	N
r0770	DAC（数-模转换输出）的数目	—	3	—	—
P0771 [2]	CI：DAC 输出功能选择	21：0	2	CUT	N
P0773 [2]	DAC 的平滑时间	2	2	CUT	N
r0774 [2]	实际的 DAC 输出值（V 或 mA）	—	2	—	—
P0776 [2]	DAC 的型号	0	2	CT	N

（续）

参数号	参数名称	默认值	Level	DS	QC
P0777 [2]	DAC 输出特性标定的 x_1 值	0.0	2	CUT	N
P0778 [2]	DAC 输出特性标定的 y_1 值	0	2	CUT	N
P0779 [2]	DAC 输出特性标定的 x_2 值	100.0	2	CUT	N
P0780 [2]	DAC 输出特性标定的 y_2 值	20	2	CUT	N
P0781 [2]	DAC 死区的宽度	0	2	CUT	N

9. 设定值通道和斜坡函数发生器参数（P0004=10）

表 A.9 设定值通道和斜坡函数发生器参数

参数号	参数名称	默认值	Level	DS	QC
P1000 [3]	选择频率设定值	2	1	CT	Q
P1001 [3]	固定频率 1	0.00	2	CUT	N
P1002 [3]	固定频率 2	5.00	2	CUT	N
P1003 [3]	固定频率 3	10.00	2	CUT	N
P1004 [3]	固定频率 4	15.00	2	CUT	N
P1005 [3]	固定频率 5	20.00	2	CUT	N
P1006 [3]	固定频率 6	25.00	2	CUT	N
P1007 [3]	固定频率 7	30.00	2	CUT	N
P1008 [3]	固定频率 8	35.00	2	CUT	N
P1009 [3]	固定频率 9	40.00	2	CUT	N
P1010 [3]	固定频率 10	45.00	2	CUT	N
P1011 [3]	固定频率 11	50.00	2	CUT	N
P1012 [3]	固定频率 12	55.00	2	CUT	N
P1013 [3]	固定频率 13	60.00	2	CUT	N
P1014 [3]	固定频率 14	65.00	2	CUT	N
P1015 [3]	固定频率 15	65.00	2	CUT	N
P1016	固定频率方式，位 0	1	2	CT	N
P1017	固定频率方式，位 1	1	3	CT	N
P1018	固定频率方式，位 2	1	3	CT	N
P1019	固定频率方式，位 3	1	3	CT	N
r1024	CO：固定频率的实际值	—	3	—	—
P1025	固定频率方式，位 4	1	3	CT	N
P1027	固定频率方式，位 5	1	3	CT	N
P1031 [3]	存储 MOP 的设定值	0	2	CUT	N
P1032	禁止反转的 MOP 设定值	1	2	CT	N
P1040 [3]	MOP 的设定值	5.00	2	CUT	N
r1050	CO：MOP 的实际输出频率	—	3	—	—

（续）

参数号	参数名称	默认值	Level	DS	QC
P1058 [3]	正向点动频率	5.00	2	CUT	N
P1059 [3]	反向点动频率	5.00	2	CUT	N
P1060 [3]	点动的斜坡上升时间	10.00	2	CUT	N
P1061 [3]	点动的斜坡下降时间	10.00	2	CUT	N
P1070 [3]	CI：主设定值	755：0	3	CT	N
P1071 [3]	CI：标定的主设定值	1：0	3	CT	N
P1075 [3]	CI：辅助设定值	0：0	3	CT	N
P1076 [3]	CI：标定的辅助设定值	1：0	3	CT	N
r1078	CO：总的频率设定值	—	3	—	—
r1079	CO：选定的频率设定值	—	3	—	—
P1080 [3]	最小频率	0.00	1	CUT	Q
P1082 [3]	最大频率	50.00	1	CT	Q
P1091 [3]	跳转频率 1	0.00	3	CUT	N
P1092 [3]	跳转频率 2	0.00	3	CUT	N
P1093 [3]	跳转频率 3	0.00	3	CUT	N
P1094 [3]	跳转频率 4	0.00	3	CUT	N
P1101 [3]	跳转频率的带宽	2.00	3	CUT	N
r1114	CO：方向控制后的频率设定值	—	3	—	—
r1119	CO：未经斜坡函数发生器的频率设定值	—	3	—	—
P1120 [3]	斜坡上升时间	10.00	1	CUT	Q
P1121 [3]	斜坡下降时间	10.00	1	CUT	Q
P1130 [3]	斜坡上升起始段圆弧时间	0.00	2	CUT	N
P1131 [3]	斜坡上升结束段圆弧时间	0.00	2	CUT	N
P1132 [3]	斜坡下降起始段圆弧时间	0.00	2	CUT	N
P1133 [3]	斜坡下降结束段圆弧时间	0.00	2	CUT	N
P1134 [3]	平滑圆弧的类型	0	2	CUT	N
P1135 [3]	OFF3 斜坡下降时间	5.00	2	CUT	Q
r1170	CO：通过斜坡函数发生器后的频率设定值	—	3	—	—
P1257 [3]	动态缓冲的频率限制	2.5	3	CUT	N

10. 驱动装置的特点参数（P0004=12）

表 A.10 驱动装置的特点参数

参数号	参数名称	默认值	Level	DS	QC
P0005 [3]	选择需要显示的参量	21	2	CUT	N
P0006	显示方式	2	3	CUT	N
P0007	背板亮光延迟时间	0	3	CUT	N

（续）

参数号	参数名称	默认值	Level	DS	QC
P0011	锁定用户定义的参数	0	3	CUT	N
P0012	用户定义的参数解锁	0	3	CUT	N
P0013 [20]	用户定义的参数	0	3	CUT	N
P1200	捕捉再起动	0	2	CUT	N
P1202 [3]	电动机电流：捕捉再起动	100	3	CUT	N
P1203 [3]	搜寻速率：捕捉再起动	100	3	CUT	N
r1205	观察器显示的捕捉再起动状态	—	3	—	—
P1210	自动再起动	1	2	CUT	N
P1211	自动再起动的重试次数	3	3	CUT	N
P1215	使能抱闸制动	0	2	T	N
P1216	释放抱闸制动的延迟时间	1.0	2	T	N
P1217	斜坡下降后的抱闸时间	1.0	2	T	N
P1232 [3]	直流注入制动的电流	100	2	CUT	N
P1233 [3]	直流注入制动的持续时间	0	2	CUT	N
P1234 [3]	投入直流注入制动的起始频率	650.00	2	CUT	N
P1236 [3]	复合制动电流	0	2	CUT	N
P1237	动力制动	0	2	CUT	N
P1240 [3]	直流电压控制器的组态	1	3	CT	N
r1242	CO：最大直流电压的接通电平	—	3	—	—
P1243 [3]	最大直流电压的动态因子	100	3	CUT	N
P1245 [3]	动态缓冲器的接通电平	76	3	CUT	N
r1246 [3]	CO：动态缓冲的接通电平	—	3	—	—
P1247 [3]	动态缓冲器的动态因子	100	3	CUT	N
P1253 [3]	直流电压控制器的输出限幅	10	3	CUT	N
P1254	直流电压接通电平的自动检测	1	3	CT	N
P1256 [3]	动态缓冲的反应	0	3	CT	N

11. 电动机的控制参数（P0004=13）

表 A.11 电动机的控制参数

参数号	参数名称	默认值	Level	DS	QC
r0020	CO：实际的频率设定值	—	3	—	—
r0021	CO：实际频率	—	2	—	—
r0022	转子实际速度	—	3	—	—
r0024	CO：实际输出频率	—	3	—	—
r0025	CO：实际输出电压	—	2	—	—
r0027	CO：实际输出电流	—	2	—	—

（续）

参数号	参数名称	默认值	Level	DS	QC
r0029	CO：磁通电流	—	3	—	—
r0030	CO：转矩电流	—	3	—	—
r0031	CO：实际转矩	—	2	—	—
r0032	CO：实际功率	—	2	—	—
r0038	CO：实际功率因数	—	3	—	—
r0056	CO/BO：电动机的控制状态	—	3	—	—
r0061	CO：转子实际速度	—	2	—	—
r0062	CO：频率设定值	—	3	—	—
r0063	CO：实际频率	—	3	—	—
r0064	CO：频率控制器的输入偏差	—	3	—	—
r0065	CO：滑差频率	—	3	—	—
r0066	CO：实际输出频率	—	3	—	—
r0067	CO：实际的输出电流限值	—	3	—	—
r0068	CO：输出电流	—	3	—	—
r0071	CO：最大输出电压	—	3	—	—
r0072	CO：实际输出电压	—	3	—	—
r0075	CO：I_{sd}电流设定值	—	3	—	—
r0076	CO：I_{sd}电流实际值	—	3	—	—
r0077	CO：I_{sq}电流设定值	—	3	—	—
r0078	CO：I_{sq}电流实际值	—	3	—	—
r0079	CO：转矩设定值（总值）	—	3	—	—
r0086	CO：实际的有效电流	—	3	—	—
r0090	CO：转子实际角度	—	2	—	—
P0095 [10]	CI：PZD 信号的显示	0：0	3	CT	N
r0096 [10]	PZD 信号	—	3	—	—
r1084	最大频率设定值	—	3	—	—
P1300 [3]	控制方式	0	2	CT	Q
P1310 [3]	连续提升	50.0	2	CUT	N
P1311 [3]	加速度提升	0.0	2	CUT	N
P1312 [3]	起动提升	0.0	2	CUT	N
P1316 [3]	提升结束的频率	20.0	3	CUT	N
P1320 [3]	可编程 U/f 特性的频率坐标 1	0.00	3	CT	N
P1321 [3]	可编程 U/f 特性的电压坐标 1	0.0	3	CUT	N
P1322 [3]	可编程 U/f 特性的频率坐标 2	0.00	3	CT	N
P1323 [3]	可编程 U/f 特性的电压坐标 2	0.0	3	CUT	N
P1324 [3]	可编程 U/f 特性的频率坐标 3	0.00	3	CT	N

（续）

参数号	参数名称	默认值	Level	DS	QC
P1325 [3]	可编程 U/f 特性的电压坐标 3	0.0	3	CUT	N
P1330 [3]	CI：电压设定值	0：0	3	T	N
P1333 [3]	FCC 的起动频率	10.0	3	CUT	N
P1335 [3]	滑差补偿	0.0	2	CUT	N
P1336 [3]	滑差限值	250	2	CUT	N
r1337	CO：U/f 特性的滑差频率	—	3	—	—
P1338 [3]	U/f 特性谐振阻尼的增益系数	0.00	3	CUT	N
P1340 [3]	最大电流（I_{max}）控制器的比例增益系数	0.000	3	CUT	N
P1341 [3]	最大电流（I_{max}）控制器的积分时间	0.300	3	CUT	N
r1343	CO：最大电流（I_{max}）控制器的输出频率	—	3	—	—
r1344	CO：最大电流（I_{max}）控制器的输出电压	—	3	—	—
P1345 [3]	最大电流（I_{max}）控制器的比例增益系数	0.250	3	CUT	N
P1346 [3]	最大电流（I_{max}）控制器的积分时间	0.300	3	CUT	N
P1350 [3]	电压软起动	0	3	CUT	N
P1400 [3]	速度控制的组态	1	3	CUT	N
r1407	CO/BO：电动机控制的状态 2	—	3	—	—
r1438	CO：控制器的频率设定值	—	3	—	—
P1452 [3]	速度实际值（SLVC）的滤波时间	4	3	CUT	N
P1460 [3]	速度控制器的增益系数	3.0	2	CUT	N
P1462 [3]	速度控制器的积分时间	400	2	CUT	N
P1470 [3]	速度控制器（SLVC）的增益系数	3.0	2	CUT	N
P1472 [3]	速度控制器（SLVC）的积分时间	400	2	CUT	N
P1477 [3]	BI：设定速度控制器的积分器	0：0	3	CUT	N
P1478 [3]	CI：设定速度控制器的积分器	0：0	3	UT	N
r1482	CO：速度控制器的积分输出	—	3	—	—
P1488 [3]	垂度的输入源	0	3	CUT	N
P1489 [3]	垂度的标定	0.05	3	CUT	N
r1490	CO：下垂的频率	—	3	—	—
P1492 [3]	使能垂度功能	0	3	CUT	N
P1496 [3]	标定加速度预控	0.0	3	CUT	N
P1499 [3]	标定加速度转矩控制	100.0	3	CUT	N
P1500 [3]	选择转矩设定值	0	2	CT	Q
P1501 [3]	BI：切换到转矩控制	0：0	3	CT	N
P1503 [3]	CI：转矩总设定值	0：0	3	T	N
r1508	CO：转矩总设定值	—	2	—	—
P1511 [3]	CI：转矩附加设定值	0：0	3	T	N

（续）

参数号	参数名称	默认值	Level	DS	QC
r1515	CI：转矩附加设定值	—	2	—	—
r1518	CO：加速转矩	—	3	—	—
P1520 [3]	CO：转矩上限	5.13	2	CUT	N
P1521 [3]	CO：转矩下限	-5.13	2	CUT	N
P1522 [3]	CI：转矩上限	1520：0	3	T	N
P1523 [3]	CI：转矩下限	1521：0	3	T	N
P1525 [3]	标定的转矩下限	100.0	3	CUT	N
r1526	CO：转矩上限值	—	3	—	—
r1527	CO：转矩下限值	—	3	—	—
P1530 [3]	电动状态功率限值	0.75	2	CUT	N
P1531 [3]	再生状态功率限值	-0.75	2	CUT	N
r1538	CO：转矩上限（总值）	—	2	—	—
r1539	CO：转矩下限（总值）	—	2	—	—
P1570 [3]	CO：固定的磁通设定值	100.0	2	CUT	N
P1574 [3]	动态电压裕量	10	3	CUT	N
P1580 [3]	效率优化	0	2	CUT	N
P1582 [3]	磁通设定值的平滑时间	15	3	CUT	N
P1596 [3]	弱磁控制器的积分时间	50	3	CUT	N
r1598	CO：磁通设定值（总值）	—	3	—	—
P1610 [3]	连续转矩提升（SLVC）	50.0	2	CUT	N
P1611 [3]	加速度转矩提升（SLVC）	0.0	2	CUT	N
P1740	消除振荡的阻尼增益系数	0.000	3	CUT	N
P1750 [3]	电动机模型的控制字	1	3	CUT	N
r1751	电动机模型的状态字	—	3	—	—
P1755 [3]	电动机模型（SLVC）的起始频率	5.0	3	CUT	N
P1756 [3]	电动机模型（SLVC）的回线频率	50.0	3	CUT	N
P1758 [3]	过渡到前馈方式的等待时间（t_{wait}）	1500	3	CUT	N
P1759 [3]	转速自适应的稳定等待时间（t_{wait}）	100	3	CUT	N
P1764 [3]	转速自适应（SLVC）的 K_P	0.2	3	CUT	N
r1770	CO：速度自适应的比例输出	—	3	—	—
r1771	CO：速度自适应的积分输出	—	3	—	—
P1780 [3]	R_s/R_r（定子/转子电阻）自适应的控制字	3	3	CUT	N
r1782	R_s 自适应的输出	—	3	—	—
r1787	X_m 自适应的输出	—	3	—	—
P2480 [3]	位置方式	1	3	CT	N

（续）

参数号	参数名称	默认值	Level	DS	QC
P2481 [3]	齿轮箱的速比输入	1.00	3	CT	N
P2482 [3]	齿轮箱的速比输出	1.00	3	CT	N
P2484 [3]	轴的圈数	1.0	3	CUT	N
P2487 [3]	位置误差微调值	0.00	3	CUT	N
P2488 [3]	最终轴的圈数	1.0	3	CUT	N
r2489	主轴实际转数	—	3	—	—

12. 通信参数（P0004=20）

表 A.12　通信参数

参考号	参数名称	默认值	Level	DS	QC
P0918	CB（通信板）地址	3	2	CT	N
P0927	修改参数的途径	15	2	CUT	N
r0964 [5]	微程序（软件）版本数据	—	3	—	—
r0965	Profibus profile（总线形式）	—	3	—	—
r0967	控制字 1	—	3	—	—
r0968	状态字 1	—	3	—	—
P0971	从 RAM 到 EEPROM 的传输数据	0	3	CUT	N
P2000 [3]	基准频率	50.00	2	CT	N
P2001 [3]	基准电压	1000	3	CT	N
P2002 [3]	基准电流	0.10	3	CT	N
P2003 [3]	基准转矩	0.75	3	CT	N
r2004 [3]	基准功率	—	3	—	—
P2009 [2]	USS 标称化	0	3	CT	N
P2010 [2]	USS 波特率	6	2	CUT	N
P2011 [2]	USS 地址	0	2	CUT	N
P2012 [2]	USS PZD 的长度	2	3	CUT	N
P2013 [2]	USS PKW 的长度	127	3	CUT	N
P2014 [2]	USS 停止发报时间	0	3	CT	N
r2015 [8]	CO：从 BOP 链接 PZD（USS）	—	3	—	—
P2016 [8]	CI：从 PZD 到 BOP 链接（USS）	52：0	3	CT	N
r2018 [8]	CO：从 COM 链接 PZD（USS）	—	3	—	—
P2019 [8]	CI：从 PZD 到 COM 链接（USS）	52：0	3	CT	N
r2024 [2]	USS 报文无错误	—	3	—	—
r2025 [2]	USS 拒收报文	—	3	—	—
r2026 [2]	USS 字符帧错误	—	3	—	—

（续）

参考号	参数名称	默认值	Level	DS	QC
r2027 [2]	USS 超时错误	—	3	—	—
r2028 [2]	USS 奇偶错误	—	3	—	—
r2029 [2]	USS 不能识别起始点	—	3	—	—
r2030 [2]	USS BCC 错误	—	3	—	—
r2031 [2]	USS 长度错误	—	3	—	—
r2032	BO：从 BOP 链接控制字 1（USS）	—	3	—	—
r2033	BO：从 BOP 链接控制字 2（USS）	—	3	—	—
r2036	BO：从 COM 链接控制字 1（USS）	—	3	—	—
r2037	BO：从 COM 链接控制字 2（USS）	—	3	—	—
P2040	CB 报文停止时间	20	3	CT	N
P2041 [5]	CB 参数	0	3	CT	N
r2050 [8]	CO：从 CB 至 PZD	—	3	—	—
P2051 [8]	CI：从 PZD 至 CB	52：0	3	CT	N
r2053 [5]	CB 识别	—	3	—	—
r2054 [7]	CB 诊断	—	3	—	—
r2090	BO：CB 发出的控制字 1	—	3	—	—
r2091	BO：CB 发出的控制字 2	—	3	—	—

13. 报警、警告和监控参数（P0004=21）

表 A.13　报警、警告和监控参数

参数号	参数名称	默认值	Level	DS	QC
r0947 [8]	最新的故障码	—	2	—	—
r0948 [12]	故障时间	—	3	—	—
r0949 [8]	故障数值	—	3	—	—
P0952	故障的总数	0	3	CT	N
P2100 [3]	选择报警号	0	3	CT	N
P2101 [3]	停车的反冲值	0	3	CT	N
r2110 [4]	警告信息号	—	2	—	—
P2111	警告信息的总数	0	3	CT	N
r2114 [2]	运行时间计数器	—	3	—	—
P2115 [3]	AOP 实时时钟	0	3	CT	N
P2150 [3]	回线频率 f_ hys	3. 00	3	CUT	N
P2151 [3]	CI：监控速度设定值	0：0	3	CUT	N
P2152 [3]	CI：监控速度实际值	0：0	3	CUT	N
P2153 [3]	速度滤波器的时间常数	5	2	CUT	N
P2155 [3]	门限频率 f_1	30. 00	3	CUT	N

（续）

参数号	参数名称	默认值	Level	DS	QC
P2156 [3]	门限频率 f_1 的延迟时间	10	3	CUT	N
P2157 [3]	门限频率 f_2	30.00	2	CUT	N
P2158 [3]	门限频率 f_2 的延迟时间	10	2	CUT	N
P2159 [3]	门限频率 f_3	30.00	2	CUT	N
P2160 [3]	门限频率 f_3 的延迟时间	10	2	CUT	N
P2161 [3]	频率设定值的最小门限	3.00	2	CUT	N
P2162 [3]	超速的回线频率	20.00	2	CUT	N
P2163 [3]	输入允许的频率差	3.00	2	CUT	N
P2164 [3]	回线频率差	3.00	3	CUT	N
P2165 [3]	允许频率差的延迟时间	10	2	CUT	N
P2166 [3]	完成斜坡上升的延迟时间	10	2	CUT	N
P2167 [3]	关断频率 f_off	1.00	3	CUT	N
P2168 [3]	延迟时间 T_off	10	2	CUT	N
r2169	CO：实际的滤波频率	—	2	—	—
P2170 [3]	门限电流 I_ thresh	100.0	3	CUT	N
P2171 [3]	电流延迟时间	10	3	CUT	N
P2172 [3]	直流回路电压门限值	800	3	CUT	N
P2173 [3]	直流回路电压延迟时间	10	3	CUT	N
P2174 [3]	转矩门限值 T_thresh	5.13	2	CUT	N
P2176 [3]	转矩门限的延迟时间	10	2	CUT	N
P2177 [3]	闭锁电动机的延迟时间	10	2	CUT	N
P2178 [3]	电动机停车的延迟时间	10	2	CUT	N
P2179	判定无负载的电流限值	3.0	3	CUT	N
P2180	判定无负载的延迟时间	2000	3	CUT	N
P2181 [3]	传动带故障的检测方式	0	2	CT	N
P2182 [3]	传动带门限频率 1	5.00	3	CUT	N
P2183 [3]	传动带门限频率 2	30.00	2	CUT	N
P2184 [3]	传动带门限频率 3	50.00	2	CUT	N
P2185 [3]	转矩上门限值 1	99999.0	2	CUT	N
P2186 [3]	转矩下门限值 1	0.0	2	CUT	N
P2187 [3]	转矩上门限值 2	99999.0	2	CUT	N
P2188 [3]	转矩下门限值 2	0.0	2	CUT	N
P2189 [3]	转矩上门限值 3	99999.0	2	CUT	N
P2190 [3]	转矩下门限值 3	0.0	2	CUT	N
P2192 [3]	传动带故障的延迟时间	10	2	CUT	N
r2197	CO/BO：监控字 1	—	2	—	—
r2198	CO/BO：监控字 2	—	2	—	—

14. PI 控制器参数（P0004=22）

表 A.14　PI 控制器参数

参数号	参数名称	默认值	Level	DS	QC
P2200 [3]	BI：使能 PID 控制器	0：0	2	CT	N
P2201 [3]	固定的 PID 设定值 1	0.00	2	CUT	N
P2202 [3]	固定的 PID 设定值 2	10.00	2	CUT	N
P2203 [3]	固定的 PID 设定值 3	20.00	2	CUT	N
P2204 [3]	固定的 PID 设定值 4	30.00	2	CUT	N
P2205 [3]	固定的 PID 设定值 5	40.00	2	CUT	N
P2206 [3]	固定的 PID 设定值 6	50.00	2	CUT	N
P2207 [3]	固定的 PID 设定值 7	60.00	2	CUT	N
P2208 [3]	固定的 PID 设定值 8	70.00	2	CUT	N
P2209 [3]	固定的 PID 设定值 9	80.00	2	CUT	N
P2210 [3]	固定的 PID 设定值 10	90.00	2	CUT	N
P2211 [3]	固定的 PID 设定值 11	100.00	2	CUT	N
P2212 [3]	固定的 PID 设定值 12	110.00	2	CUT	N
P2213 [3]	固定的 PID 设定值 13	120.00	2	CUT	N
P2214 [3]	固定的 PID 设定值 14	130.00	2	CUT	N
P2215 [3]	固定的 PID 设定值 15	130.00	2	CUT	N
P2216	固定的 PID 设定值方式，位 0	1	3	CT	N
P2217	固定的 PID 设定值方式，位 1	1	3	CT	N
P2218	固定的 PID 设定值方式，位 2	1	3	CT	N
P2219	固定的 PID 设定值方式，位 3	1	3	CT	N
r2224	CO：实际的固定 PID 设定值	—	2	—	—
P2225	固定 PID 的设定值方式，位 4	1	3	CT	N
P2227	固定的 PID 设定值方式，位 5	1	3	CT	N
P2231 [3]	PID-MOP 的设定值存储	0	2	CUT	N
P2232	禁止 PID-MOP 的反向设定值	1	2	CT	N
P2240 [3]	PID-MOP 的设定值	10.00	2	CUT	N
r2250	CO：PID-MOP 的设定值输出	—	2	—	—
P2251	PID 方式	0	3	CT	N
P2253 [3]	CI：PID 设定值	0：0	2	CUT	N
P2254 [3]	CI：PID 微调信号源	0：0	3	CUT	N
P2255	PID 设定值的增益因子	100.00	3	CUT	N
P2256	PID 微调的增益因子	100.00	3	CUT	N
P2257	PID 设定值的斜坡上升时间	1.00	2	CUT	N
P2258	PID 设定值的斜坡下降时间	1.00	2	CUT	N

（续）

参数号	参数名称	默认值	Level	DS	QC
r2260	CO：实际的 PID 设定值	—	2	—	—
P2261	PID 设定值滤波器的时间常数	0.00	3	CUT	N
r2262	CO：经滤波的 PID 设定值	—	3	—	—
P2263	PID 控制器的类型	0	3	CT	N
P2264 [3]	CI：PID 反馈	755：0	2	CUT	N
P2265	PID 反馈信号滤波器的时间常数	0.00	2	CUT	N
r2266	CO：PID 经滤波的反馈	—	2	—	—
P2267	PID 反馈的最大值	100.00	3	CUT	N
P2268	PID 反馈的最小值	0.00	3	CUT	N
P2269	PID 的增益系数	100.00	3	CUT	N
P2270	PID 反馈的功能选择器	0	3	CUT	N
P2271	PID 变送器的类型	0	2	CUT	N
r2272	CO：已标定的 PID 反馈信号	—	2	—	—
r2273	CO：PID 错误	—	2	—	—
P2274	PID 的微分时间	0.000	2	CUT	N
P2280	PID 的比例增益系数	3.000	2	CUT	N
P2285	PID 的积分时间	0.000	2	CUT	N
P2291	PID 输出的上限	100.00	2	CUT	N
P2292	PID 输出的下限	0.00	2	CUT	N
P2293	PID 限定值的斜坡上升/下降时间	1.00	3	CUT	N
r2294	CO：实际的 PID 输出	—	2	—	—
P2295	PID 输出的增益系数	100.00	3	CUT	N
P2350	使能 PID 自动整定	0	2	CUT	N
P2354	PID 参数自整定延迟时间	240	3	CUT	N
P2355	PID 自动整定的偏差	5.00	3	CUT	N
P2800	使能 FFB	0	3	CUT	N
P2801 [17]	激活的 FFB	0	3	CUT	N
P2802 [14]	激活的 FFB	0	3	CUT	N
P2810 [2]	BI：AND（“与”）1	0：0	3	CUT	N
r2811	BO：AND（“与”）1	—	3	—	—
P2812 [2]	BI：AND（“与”）2	0：0	3	CUT	N
r2813	BO：AND（“与”）2	—	3	—	—
P2814 [2]	BI：AND（“与”）3	0：0	3	CUT	N
r2815	BO：AND（“与”）3	—	3	—	—
P2816 [2]	BI：OR（“或”）1	0：0	3	CUT	N
r2817	BO：OR（“或”）1	—	3	—	—

（续）

参数号	参数名称	默认值	Level	DS	QC
P2818 [2]	BI：OR（“或”）2	0：0	3	CUT	N
r2819	BO：OR（“或”）2	—	3	—	—
P2820 [2]	BI：OR（“或”）3	0：0	3	CUT	N
r2821	BO：OR（“或”）3	—	3	—	—
P2822 [2]	BI：XOR（“异或”）1	0：0	3	CUT	N
r2823	BO：XOR（“异或”）1	—	3	—	—
P2824 [2]	BI：XOR（“异或”）2	0：0	3	CUT	N
r2825	BO：XOR（“异或”）2	—	3	—	—
P2826 [2]	BI：XOR（“异或”）3	0：0	3	CUT	N
r2827	BO：XOR（“异或”）3	—	3	—	—
P2828	BI：NOT（“非”）1	0：0	3	CUT	N
r2829	BO：NOT（“非”）1	—	3	—	—
P2830	BI：NOT（“非”）2	0：0	3	CUT	N
r2831	BO：NOT（“非”）2	—	3	—	—
P2832	BI：NOT（“非”）3	0：0	3	CUT	N
r2833	BO：NOT（“非”）3	—	3	—	—
P2834 [4]	BI：D-FF1	0：0	3	CUT	N
r2835	BO：QD-FF1	—	3	—	—
r2836	BO：NOT-QD-FF1	—	3	—	—
P2837 [4]	BI：D-FF2	0：0	3	CUT	N
r2838	BO：QD-FF2	—	3	—	—
r2839	BO：NOT-QD-FF2	—	3	—	—
P2840 [2]	BI：RS-FF1	0：0	3	CUT	N
r2841	BO：QRS-FF1	—	3	—	—
r2842	BO：NOT-QRS-FF1	—	3	—	—
P2843 [2]	BI：RS-FF2	0：0	3	CUT	N
r2844	BO：QRS-FF2	—	3	—	—
r2845	BO：NOT-QRS-FF2	—	3	—	—
P2846 [2]	BI：RS-FF3	0：0	3	CUT	N
r2847	BO：QRS-FF3	—	3	—	—
r2848	BO：NOT-QRS-FF3	—	3	—	—
P2849	BI：定时器 1	0：0	3	CUT	N
P2850	定时器 1 的延迟时间	0	3	CUT	N
P2851	定时器 1 的操作方式	0	3	CUT	N
r2852	BO：定时器 1	—	3	—	—
r2853	BO：定时器 1 无输出	—	3	—	—

（续）

参数号	参数名称	默认值	Level	DS	QC
P2854	BI：定时器 2	0：0	3	CUT	N
P2855	定时器 2 的延迟时间	0	3	CUT	N
P2856	定时器 2 的操作方式	0	3	CUT	N
r2857	BO：定时器 2	—	3	—	—
r2858	BO：定时器 2 无输出	—	3	—	—
P2859	BI：定时器 3	0：0	3	CUT	N
P2860	定时器 3 的延迟时间	0	3	CUT	N
P2861	定时器 3 的方式	0	3	CUT	N
r2862	BO：定时器 3	—	3	—	—
r2863	BO：定时器 3 无输出	—	3	—	—
P2864	BI：定时器 4	0：0	3	CUT	N
P2865	定时器 4 的延迟时间	0	3	CUT	N
P2866	定时器 4 的操作方式	0	3	CUT	N
r2867	BO：定时器 4	—	3	—	—
r2868	BO：定时器 4 无输出	—	3	—	—
P2869 [2]	CI：ADD（“加”）1	755：0	3	CUT	N
r2870	CO：ADD 1	—	3	—	—
P2871 [2]	CI：ADD 2	755：0	3	CUT	N
r2872	CO：ADD 2	—	3	—	—
P2873 [2]	CI：SUB（“减”）1	755：0	3	CUT	N
r2874	CO：SUB 1	—	3	—	—
P2875 [2]	CI：SUB 2	755：0	3	CUT	N
r2876	CO：SUB 2	—	3	—	—
P2877 [2]	CI：MUL（“乘”）1	755：0	3	CUT	N
r2878	CO：MUL 1	—	3	—	—
P2879 [2]	CI：MUL 2	755：0	3	CUT	N
r2880	CO：MUL 2	—	3	—	—
P2881 [2]	CI：DIV（“除”）1	755：0	3	CUT	N
r2882	CO：DIV 1	—	3	—	—
P2883 [2]	CI：DIV 2	755：0	3	CUT	N
r2884	CO：DIV 2	—	3	—	—
P2885 [2]	CI：CMP（“比较”）1	755：0	3	CUT	N
r2886	BO：CMP（“比较”）1	—	3	—	—
P2887 [2]	CI：CMP（“比较”）2	755：0	3	CUT	N
r2888	BO：CMP（“比较”）2	—	3	—	—
P2889	CO：以（%）值表示的固定设定值 1	0	3	CUT	N
P2890	CO：以（%）值表示的固定设定值 2	0	3	CUT	N

15. 编码器参数

表 A.15　编码器参数

参数号	参数名称	默认值	Level	DS	QC
P0400 [3]	选择编码器的类型	0	2	CT	N
P0408 [3]	编码器每转一圈发出的脉冲数	1024	2	CT	N
P0491 [3]	速度信号丢失时的处理办法	0	2	CT	N
P0492 [3]	允许的速度偏差	10.00	2	CT	N
P0494 [3]	速度信号丢失时进行处理的延迟时间	10	2	CUT	N

附录 B　MM440 变频器故障信息及排除

MM440 变频器发生故障时，变频器断电，并在显示屏上出现一个故障代码。为使故障代码复位，可以采用以下三种方法中的一种：使变频器断电，再重新通电；按 BOP 或 AOP 上的功能键；输入数字 3（默认设置）。

故障信息按其故障代码序号（如 F0003 = 3）存储在参数 r0947 中。相关的故障值可在参数 r0949 中查到。如果某个故障没有故障值，则输入值为 0。可以读出故障出现的时间（r0948）和存储在参数 r0947 中的故障信息数量（P0952）。

表 B.1　MM440 变频器故障信息及排除

故障代码	故障成因分析	故障诊断及处理
F0001 过电流	1. 电动机电缆过长 2. 电动机绕组短路 3. 输出接地 4. 电动机堵转 5. 变频器硬件故障 6. 加速时间过短（P1120） 7. 电动机参数不正确 8. 起动提升电压过高（P1310） 9. 矢量控制参数不正确	1. 变频器上电报 F0001 故障且不能复位，应拆除电动机并将变频器参数恢复为出厂设定值，如果此故障依然出现，应联系西门子维修部门 2. 起动过程中出现 F0001，可以适当加大加速时间，减轻负载，同时要检查电动机接线，检查机械抱闸是否打开 3. 检查负载是否突然波动 4. 用钳形表检查三相输出电流是否平衡 5. 对于特殊电动机，需要确认电动机参数，并正确修改 U/f 曲线 6. 对于变频器输出端安装了接触器的情况，应检查是否在变频器运行中有通断动作 7. 对于一台变频器拖动多台电动机的情况，应确认电动机电缆总长度和总电流
F0002 过电压	1. 禁止直流回路电压控制器（P1240 = 0） 2. 直流回路的电压（r0026）超过了跳闸电平（P2172） 3. 供电电源电压过高或者电动机处于再生制动方式下，引起过电压 4. 斜坡下降过快或者电动机由大惯量负载带动旋转而处于再生制动状态下	1. 电源电压（P0210）必须在变频器铭牌规定的范围以内 2. 直流回路电压控制器必须有效（P1240），而且正确地进行了参数化 3. 斜坡下降时间（P1121）必须与负载的惯量相匹配 4. 要求的制动功率必须在规定的限定值以内

（续）

故障代码	故障成因分析	故障诊断及处理
F0003 欠电压	1. 输入电压低 2. 冲击负载 3. 输入断相	1. 测量三相输入电压 2. 测量三相输入电流是否平衡 3. 测量变频器直流母线电压，并且与 r0026 显示值比较，如果相差太大，需维修 4. 检查制动单元是否正确接入 5. 检查输出是否有接地情况
F0004 变频器温度过高	1. 冷却风量不足，机柜通风不好 2. 环境温度过高	1. 检查变频器本身的冷却风机 2. 可以适当降低调制脉冲的频率 3. 降低环境温度
F0005 变频器 I^2t 过载	1. 电动机功率（P 0307）大于变频器的负载能力（P 0206） 2. 负载有冲击	检查变频器实际输出电流 r0027 是否超过变频器的最大电流 r0209
F0011 电动机过热	1. 负载的工作/停止周期不符合要求 2. 电动机超载运行 3. 电动机参数不对	1. 检查变频器输出电流 2. 重新进行电动机参数识别（P 1910 = 1） 3. 检查温度传感器
F0012 变频器温度信号丢失	变频器（散热器）温度传感器断线	检查变频器或散热器的温度传感器是否断线，连接线是否松动，感温元件是否损坏
F0015 电动机温度 信号丢失	电动机温度传感器开路或短路。如果检测到信号丢失，则温度控制切换成采用电动机热模型的监控模式	检查电动机的温度传感器是否开路，温度传感器是否损坏
F0020 电源断相	如果有三相输入中的一相丢失，便出现故障，但变频器的脉冲仍然允许输出，传动装置仍然带载	检查电源各相的输入线路连接
F0021 接地故障	如果相电流的总和超过变频器额定电流的 5%时将引起这一故障	1. 检查电动机是否有接地故障 2. 检查电缆是否有接地故障
F0022 功率组件故障	在下列情况下将引起硬件故障（r0947 = 22 和 r0949 = 1）： 1. 直流回路过电流 = IGBT 短路 2. 制动斩波器短路 3. 接地故障 4. I/O 板插入不正确 由于这些故障只指定了功率组件的一个信号来表示，不能确定实际上是哪一个组件出现了故障 当 r0947 = 22 和故障值 r0949 = 12、13 或 14（根据 UCE 而定）时，检测 UCE 故障	检查 I/O 板，必须完全插入
F0023 输出故障	电动机的一相断开	检查输出电缆是否有故障

（续）

故障代码	故障成因分析	故障诊断及处理
F0024 整流器过热	1. 通风不足 2. 风机不工作 3. 环境温度过高	1. 在变频器运行时风机必须正常运转 2. 脉冲频率必须设定为默认值 3. 环境温度可能高于变频器规定的温度
F0030 风机发生故障	风机不再工作	1. 在连接有操作面板选件时，故障不能被屏蔽 2. 需要更换新的风机
F0035 在 *n* 次之后 自动再起动	自动再起动尝试次数超过 P1211 的值	检查负载是否过重。如果过重，卸载后再起动
F0041 电动机参 数检测失败	电动机参数自动检测故障	检查电动机类型、接线，检查内部是否有短路 手动测量电动机阻抗写入数 P0350
F0042 速度控制优化失败	电动机动态优化故障	检查机械负载是否脱开 重新优化
F0453 电动机堵转	电动机转子不旋转	检查机械抱闸，重新优化
F0051 参数 EEPROM 故障	在保存非易失参数时出现读或写故障	1. 工厂复位并重新设置参数 2. 更换传动装置
F0052 功率组件故障	功率组件信息读出错误或者数据无效	更换传动装置
F0053 I/O EEPROM 故障	I/O EEPROM 信息读出错误或者数据无效	1. 检查数据 2. 更换 I/O 模块
F0054 I/O 板错误	1. 连接的 I/O 错误 2. 检查不到 I/O 板的 ID，无数据	1. 检查数据 2. 更换 I/O 模块
F0060 ASIC 超时	内部通信故障	1. 更换变频器 2. 与服务部门联系
F0070 CB 给定值故障	在报文结束时间内没有从 CB（通信板）接收到给定值	检查 CB 和通信对应台
F0071 USB（BOP 链 路）给定值故障	在报文结束时间内没有从 USS 接收到给定值	检查 USS，检查主站
F0072 USS（COM 链 路）给定值故障	在报文结束时间内没有从 USS 接收到给定值	检查 USS，检查主站
F0080 ADC 输入信号丢失	1. 断线 2. 信号超出极限范围	1. 检查 ADC 的输入信号线接线是否正确 2. 检查信号值是否在规定范围内

（续）

故障代码	故障成因分析	故障诊断及处理
F0085 外部故障	由端子输入触发的外部故障	禁止故障触发的端子输入
F0090 编码器反馈 信号丢失	来自编码器的信号丢失（检查报警值r0949）	1. 报警值=0：编码器反馈信号丢失 2. 报警值=5：在P0400中没有配置编码器，但传感器控制需要编码器（P1300=21或23） 3. 报警值=6：没有找到编码器模块。但P0400中已设置 4. 检查编码器与变频器之间的连接。检查编码器是否处于故障状态（选择P1300=0，以固定速度运行，检查r0061中的编码器反馈信号） 5. 增大P0492中的编码器反馈信号丢失
F0101 堆栈溢出	软件出错或者处理器故障	运行自测试程序
F0221 PID反馈信号 低于最小值	PID反馈信号低于最小值P2268	1. 更改P2268的值 2. 调整反馈增益
F0222 PID反馈信号 高于最大值	PID反馈信号高于最大值P2267	1. 更改P2267的值 2. 调整反馈增益
F0450 BEST测试 故障	1. 故障值=1：功率部分的有些测试发生故障 2. 故障值=2：控制板的有些测试发生故障 3. 故障值=4：有些功能测试发生故障 4. 故障值=8：I/O板的有些测试发生故障（仅是MM420） 5. 故障值=16：上电检测时内部RAM发生故障	1. 变频器可以运行，但有的功能不能正确工作 2. 检查硬件，与客户支持部门或维修部门联系
F0452 检测出传动 带故障	电动机的负载状态表明传动带故障或机械故障	检查以下各项： 1. 传动链有无断裂，卡死或阻塞 2. 如果使用外部速度传感器，检查是否正常工作，检查参数P2192（允许偏差的延迟时间） 3. 如果采用转矩包络线，检查下列参数：P2182，P2183，P2184，P2185，P2186，P2187，P2188，P2189，P2190，P2192

附录C　MM440变频器报警信息及排除

MM440变频器非正常运行，就是发生报警后变频器继续运行，面板显示以“A”字母开头的相应报警代码，报警消除后代码自然消除。

表 C.1　MM440 变频器报警信息及排除

故障信息	故障成因及分析	故障诊断及处理
A0501 过电流限幅	1. 电动机电缆过长 2. 电动机内部有短路 3. 接地故障、电动机参数不正确 4. 电动机堵转、补偿电压过高 5. 起动时间过短	1. 检查电动机电缆 2. 检查电动机绝缘 3. 检查变频器的电动机参数：补偿电压、加减速时间设置是否正确
A0502 过电压限幅	1. 线电压过高或者不稳 2. 再生能量回馈	1. 测量三相输入电压 2. 调整加降速时间 P1121 3. 安装制动电阻 4. 检查负载是否平衡
A0503 欠电压报警	1. 电网电压低 2. 输入断相 3. 有冲击性负载	1. 测量变频器输入电压 2. 如果变频器在轻载时能正常运行，但重载时报欠电压故障，则测量三相输入电流。可能断相或整流桥故障 3. 检查负载
A0504 变频器过温	冷却风量不足，机柜通风不好，环境温度过高	1. 检查变频器的冷却风机 2. 改善环境温度 3. 适当降低调制脉冲的频率
A0505 变频器过载	1. 变频器过载 2. “工作-停止”周期不符合要求 3. 电动机功率（P0307）超过变频器的负载能力（P0206）	可以通过检查变频器实际输出电流 r0027 是否接近变频器的最大电流 r0209，如果接近，说明变频器过载，建议减小负载
A0511 电动机 I^2t 过载	1. 电动机过载 2. 负载的“工作-停止”周期中，工作时间太长	1. 检查负载的“工作-停止”周期是否正确 2. 检查电动机的过温参数（P0626~P0628）是否正确 3. 检查电动机的温度报警电平（P0604）是否匹配 4. 检查所连接传感器是否是 KTY 84 型
A0512 电动机温度信号丢失	至电动机温度传感器的信号线断线	如果已检查出信号线断线，温度监控开关应切换到采用电动机的温度模型进行监控
A0520	整流器温度超过报警阈值	1. 检查环境温度必须在允许范围内 2. 检查变频器运行时，冷却风机必须正常转动 3. 检查冷却风机，进风口不允许有任何阻塞
A0521 运行环境温度过高	运行环境温度超出报警值	1. 检查环境温度，必须在允许限值以内 2. 检查变频器运行时，冷却风机必须正常转动 3. 检查冷却风机，进风口不允许有任何阻塞
A0522 I^2C 读出超时	通过 I^2C 总线周期性访问 UCE 值和功率组件温度受到干扰	确定干扰信号是否降低到最小
A0523 输出故障	电动机的一相断开	报警信息可以被屏蔽

（续）

故障信息	故障成因及分析	故障诊断及处理
A0535 制动电阻发热	制动电阻发热	1. 增加工作/停止周期 P1237 2. 增加斜坡下降时间 P1121
A0541 电动机数据自动检测已激活	已选择电动机数据的自动检测功能或者检测正在运行	检查以下各项： 故障值=0：检查电动机是否与变频器正确连接 故障值=1~40：检查 P0304~P0311 中的电动机数据是否正确
A0542 速度控制最优化功能激活	速度控制最优化功能（P1960）被选择或者正在运行	无须采取措施，该报警在检测功能结束后会自动消失
A0911 V_{dc-max}控制器激活	直流回路最大电压（V_{dc-max}）控制器已激活；因此，斜坡下降时间将自动增加，从而自动将直流回路电压（r0026）保持在限定值（P2172）以内	检查 CB 参数
A0912 V_{dc-min}控制器激活	如果直流回路电压（r0026）降低到最低允许电压（P2172）以下，直流回路最小电压V_{dc-min}控制器将被激活 1. 电动机的动能受到直流回路电压缓冲作用的吸收，从而使驱动装置减速 2. 短时的掉电并不一定会导致欠电压跳闸	不要同时按正向和反向 JOG 键
A0920 ADC 参数设定不正确	ADC 参数不应设定为相同的值，因为这样会产生不合逻辑的结果 1. 变址 0，输出的参数设定相同 2. 变址 1，输入的参数设定相同 3. 变址 2，输入的参数设定与 ADC 类型不相同	不要同时按正向和反向“JOG”键
A0921 DAC 参数设定不正确	DAC 参数不应设定为相同的值，因为这样会产生不合逻辑的结果 1. 变址 0，输出的参数设定相同 2. 变址 1，输入的参数设定相同 3. 变址 2，输入的参数设定与 DAC 类型不相同	不要同时按正向和反向“JOG”键
A0922 变频器没有负载	变频器没有负载，因而有些功能不能像正常负载条件下那样工作	不要同时按正向和反向“JOG”键
A0923 同时请求反向 JOG 和正向 JOG	已同时请求正向 JOG 和反向 JOG（P1055/P1056）。这会使 RFG 输出频率稳定在当前值	不要同时按正向和反向“JOG”键
A0936 PID 自动整定激活	PID 自动整定功能（P2350）已被选择或者正在运行	取消 PID 自动整定功能（P2350）
A0923 传动带故障报警	电动机的负载状态表明传动带故障或机械故障	1. 检查传动链无断裂、卡死或者阻塞 2. 检查外部速度传感器是否正常工作 3. 检查转矩包络线 4. 需要时加润滑油

参考文献

[1] 童克波. 变频器原理及应用技术 [M]. 大连：大连理工大学出版社，2012.

[2] 宋爽，周乐挺. 变频技术及应用 [M]. 北京：高等教育出版社，2008.

[3] 肖朋生，张文，王建辉. 变频器及其控制技术 [M]. 北京：机械工业出版社，2008.

[4] 王廷才. 变频器原理及应用 [M]. 3 版. 北京：机械工业出版社，2015.

[5] 邓其贵，周炳. 变频器操作与工程项目应用 [M]. 北京：北京理工大学出版社，2009.

[6] 吕惠芳. 变频调速在恒压供水系统中的应用 [J]. 信息技术，2010 (12)：209－211.

[7] 宁耀斌，明正峰，钟彦儒. 变频调速恒压供水系统的原理与实现 [J]. 西安理工大学学报，2001，17 (3)：305－309.

[8] 张秉祺. 变频器在风机风量调节中的应用 [J]. 电机与控制应用，2008，35 (1)：30－31.

[9] 路殿宇，商恩来，刘洪辉. 变频器在电机控制中的应用研究 [J]. 中国科技博览，2014 (34)：246.

[10] 屈文斌，赵政. 变频调速在空调系统中的应用 [J]. 电子测试，2013 (19)：166－167.

[11] 刘旭东，叶明哲. 变频调速在空调中的应用 [J]. 中国高新技术企业，2010 (18)：30－33.

[12] 洪慧. 变频器与 PLC 在工业锅炉给水系统上的应用 [J]. 科技展望，2015 (31)：52.

[13] 张莉，侯思阳，吴永佩. PLC 控制变频调速系统在模型电梯中的应用 [J]. 中国新技术新产品，2009 (2)：84.

[14] 王翠芝. 变频器在电梯控制中的应用 [J]. 数字技术与应用，2010 (10)：126+128.

[15] 周忠林，王麒鹏. 变频器在起重设备上的应用 [J]. 变频器世界，2015 (10)：75－77.

[16] 王廷才，刁红宇. 空气压缩机变频调速的应用 [J]. 风机技术，2005 (03)：36－40.

[17] 王冬青. 欧姆龙 CP1 系列 PLC 原理与应用 [M]. 北京：电子工业出版社，2011.

[18] 赵瑞林. PLC 应用技术与技能训练 (欧姆龙 CP1E 型) [M]. 西安：西安电子科技大学出版社，2015.